高职高专规划教材

石油钻井井控技术与设备

主　编　朱天玉
副主编　徐　鑫　焦艳红　龙小菊

U0808464

中国石化出版社

内 容 提 要

井控技术是油气井安全钻井的前提和保障，本书结合国际井控标准和现场操作规范，介绍了井控技术基本理论、井控设备的使用和维护方法等知识，每章之后附有复习思考题。

本书可以作为石油工程专业高职高专的教材使用，也适合从事井控工作的技术人员、管理人员的培训或学习使用。

图书在版编目(CIP)数据

石油钻井井控技术与设备／朱天玉主编. —北京：
中国石化出版社，2016.8(2025.2 重印)
高职高专规划教材
ISBN 978-7-5114-4225-3

Ⅰ.①石… Ⅱ.①朱… Ⅲ.①油气钻井-井控-高等职业教育-教材 ②油气钻井-井控设备-高等职业教育-教材 Ⅳ.①TE28②TE921

中国版本图书馆 CIP 数据核字(2016)第 165418 号

未经本社书面授权，本书任何部分不得被复制、抄袭，或者以任何形式或任何方式传播。版权所有，侵权必究。

中国石化出版社出版发行
地址:北京市东城区安定门外大街 58 号
邮编:100011　电话:(010)57512500
发行部电话:(010)57512575
http://www.sinopec-press.com
E-mail:press@ sinopec.com
北京鑫益晖印刷有限公司印刷
全国各地新华书店经销

*

787×1092 毫米 16 开本 15.75 印张 392 千字
2016 年 8 月第 1 版　2025 年 2 月第 3 次印刷
定价:38.00 元

前　　言

井控技术是石油与天然气勘探开发技术的一个重要组成部分，已经越来越受到油田企业的重视。随着国家对安全生产工作的日益重视，石油行业各部门也把井控工作放在了一个前所未有的高度，《钻井井控技术规程》(SY/T 6426—2005)规定，从事钻井生产、技术和安全管理的各级人员应持“井控操作证”上岗，井控工作已经深入到石油勘探开发的各个领域。在这种背景下，为了进一步加强石油高职高专井控技术的学习，便于技能型人才的培养，编写了《石油钻井井控技术与设备》这本教材。

本书注重实用性和技能性，在编写过程中，参照国际标准，结合了IADC国际井控培训规范，内容包括井控技术的基本知识、井控设备的操作和维护，适合高职高专院校作为教材使用，亦可以作为现场技术人员的学习、培训用书。

《石油钻井井控技术与设备》由东北石油大学朱天玉主编，负责统稿。其中第一部分的第一章至第四章由焦艳红编写，第五章至第七章由龙小菊编写，第二部分的第八章至第十二章由朱天玉编写，第十三章至第十六章由徐鑫编写，附录由苑庆山编写。

由于编者水平有限，书中难免有错误和不足之处，敬请广大读者批评指正。

目　　录

第一部分　井控技术

第二部分　井控设备

◇第一部分　井控技术◇

第一章　绪　论

在石油天然气勘探开发过程中，地层流体一旦失去控制地进入井内，就会导致井喷或井喷失控，使井下情况复杂化，无法进行正常作业。在井喷过程中，如果处理方法不当，极易引起井喷失控着火、井场爆炸等灾难性事故，甚至会危及周围群众生命财产安全，给国家和企业造成重大经济损失和不良社会影响。随着油气勘探开发领域的不断延伸和扩大，钻井难度也越来越大，对井控技术和钻井相关人员的要求也越来越高，人们越来越意识到安全生产的重要性，因为只有油气井的控制技术发展了，人们的井控意识、管理水平和技术素质提高了，才能安全优质钻井，最大限度地发现油气层和保护油气层，才能确保预期的经济效益。也就是说，井控技术是实施安全钻井的关键和保障。

第一节　井控及其相关概念

1. 井控(Well Control)

井控即井内压力控制。在钻井过程中，只有采取一定的方法控制住地层孔隙压力，保持井内压力平衡，才能保证钻井的顺利进行。

2. 井侵(Influx)

当地层孔隙压力大于井底压力时，地层孔隙中的流体(油、气、水)将侵入井中，通常称之为井侵。最常见的井侵为气侵和盐水侵。

3. 溢流(Overflow)

当井侵发生后，井口返出的钻井液的量比泵入的钻井液的量多，停泵后钻井液自动外溢，这种现象称之为溢流。

4. 井涌(Well Kick)

溢流进一步发展，钻井液涌出井口的现象称之为井涌。

5. 井喷(Well Blowout)

地层流体(油、气、水)无控制地涌入井筒，喷出地面的现象称之为井喷。井喷流体自地层经井筒喷出地面叫地面井喷，井喷流体经井筒流入其他低压层称之为地下井喷。

6. 井喷失控(Out of Control for Blowout)

井喷发生后，无法用常规方法控制井口而出现敞喷的现象称为井喷失控。这是钻井过程中最恶性的钻井事故之一。

总之，井侵、井涌、井喷、井喷失控反映了地层压力与井底压力失去平衡以后井下和井口所出现的各种现象及事故发展变化的不同严重程度。

7. 井控的三个阶段

人们根据井控内容和控制地层压力程度的不同，通常将井控作业分为三级，即一级井控、二级井控和三级井控。

(1)一级井控(初级井控)：是依靠适当的钻井液密度来控制地层孔隙压力，使得没有地层流体侵入井内，井涌量为零，自然也无溢流产生。一级井控工作是钻井过程中井控工作的基础。

(2)二级井控：是指溢流或井喷发生后，通过实施关井与压井，重新建立井内压力平衡的工艺技术。这是钻井井控工作的关键，也是目前培训钻井人员掌握井控技术的重点。

(3)三级井控：是指二级井控失败，发生井喷失控，采用适当的技术与设备重新恢复对井口控制的技术，达到初级井控状态。这是平常说的井喷抢险，可能需要灭火、打救援井等各种具体技术措施。

搞好井控工作的原则是：立足于初次井控、搞好二级井控，杜绝三次井控，确保各种施工顺利进行。

一般来讲，要力求使一口井经常处于一级井控状态，同时做好一切应急准备，一旦发生井涌和井喷能迅速地做出反应，进行控制、处理，并恢复正常钻井作业。在钻井过程中，如果地层压力与井眼系统压力失去平衡，一般可通过一级井控和二级井控就能够有效地减少井下复杂情况和故障(井喷、井漏、卡钻等)的发生，实现安全快速钻井。因此，科学地把握和运用井控技术，对于安全快速钻井、提高钻井工程质量和经济效益，具有十分重要的意义。

8. 井控工作中的“三早”

井控工作中的三早就是“早发现、早关井和早处理”。

(1)早发现：溢流被发现得越早越便于关井控制，越安全。国内现场一般将溢流量控制在1~2m^3之前发现，这是安全、顺利关井的前提。

(2)早关井：在发现溢流或预兆不明显、怀疑有溢流时，应停止一切其他作业，立即按关井程序关井。

(3)早处理：在准确录取溢流数据和填写压井施工单后，就应节流循环排出溢流和进行压井作业。

第二节　井喷失控的原因及危害

“一五”到“八五”期间，全国共钻各类油气井160398口(进尺27788万米)。据不完全统计，累计发生井喷失控271口，占完井的0.16%。其中井喷失控之后又着火的井81口，占井喷失控井的30%；因井喷失控着火烧毁钻机和井喷后井口周围地层塌陷埋掉钻机的共61口。另据统计，1994—2007年，我国共发生18次严重井喷失控(着火)事故。井喷事故的发生会直接影响钻井施工期间作业人员、钻井设备和油气资源的安全，不仅会带来重大的经济损失，还会造成严重的环境污染和不良的社会影响。

一、井喷失控的原因

综观各油气田发生井喷失控的实例，分析井喷失控的原因，大体上可归纳为以下 14 个方面：

(1)起钻抽汲，造成诱喷。

(2)起钻不灌钻井液或没有灌满。

(3)不能及时准确地发现溢流。

(4)发现溢流后处理措施不当。比如，有的井发现溢流后不是及时正确地关井，而是继续循环观察，致使气侵段钻井液或气柱迅速上移，再想关井，为时已晚。

(5)井口不安装防喷器。井口不安装防喷器主要是认识上的片面性：其一，实行一口井大承包后，片面追求节省钻井成本，想尽量少地投入钻井设备；其二，认为地层压力系数低，不会发生井喷，用不着安装防喷器；其三，井控装备配套数量不足，配有的防喷器只能保证重点探井和特殊工艺井；其四，认为几百米的浅井几天就打完了，用不着安装防喷器。

(6)井控设备的安装试压不符合《石油与天然气钻井井控技术规定》的要求。比如，放喷管线、钻井液回收管线、内控管线各部位的连接不是法兰丝扣连接，而是现场低质量的焊接；连接管线的尺寸、壁厚、钢级不合要求；弯接头不是专用的铸钢件，弯头小于90°；放喷管线不用水泥基墩固定，或是虽然固定了但间隔太远；放喷管线没有接出井场，管线长度不够；防喷管线器及节流管汇各部件没有按规定的标准试压，各部件的阀门出现的问题最多，有的打不开，有的关不上，有的刺漏；防喷器不安装手动操纵杆；不安装灌钻井液管线，而是把高压内控管线当作灌钻井液管线使用；井口套管接箍上面的双公升高短节丝扣不规范，造成刺漏；防喷器与井口安装不正、关井时闸门板推不严，造成刺漏；防喷器橡胶件老化，不能承受额定压力；控制系统蓄能器至防喷器的液压油管线安装不规范，漏油；蓄能器装置控制系统摆放位置不合要求等。

(7)井身结构设计不合理。表层套管下的深度不够，技术套管下的深度又靠后，当钻到下部地层遇有异常压力而关井时，在表层套管鞋外憋漏，钻井液窜至井场地表，无法实施有效关井。还有的井应该在打开油气层前实施先期完成，但往往设计上却是后期完成，给井控工作带来了麻烦。

(8)对浅气层的危害性缺乏足够的认识。许多人认为浅气层井浅，最多几百米，地层压力低，不会惹麻烦。而实际上，井越浅，平衡地层压力的钻井液柱压力越小，一旦失去平衡，浅层的油气上窜速度很快，时间很短就能到达井口，很容易让人措手不及。而且浅气层发生井涌井喷，多是在没有下技术套管的井，即使关上井，很容易在上部浅层或表层套管鞋处憋漏。所以，浅气层的危害性必须引起人们的重视，要从井身结构和一次井控上下功夫。

(9)地质设计未能提供准确的地层孔隙压力资料，造成使用的钻井液密度低于地层孔隙压力。

(10)空井时间过长，又无人观察井口。由于长时间空井不能循环钻井液，造成气体有足够的时间向上滑脱运移。当运移到井口时已来不及下钻，此种情况下关闸板防喷器不起作用，关环形防喷器要么没有安装，要么胶芯失效，往往造成井喷失控。

(11)钻遇漏失层段发生井漏未能及时处理或处理措施不当。发生井漏以后，钻井液柱压力降低，当液柱低于地层孔隙压力时就会发生井侵、井涌乃至井喷。

(12)相邻注水井不停注或未减压。这种情况多发生在老油田、老油区打调整井的情况。由于油田经过多年的开发注水，地层压力已不是原始的地层压力，尤其是遇到高压封闭区块，它的压力往往大大高于原始地层压力。如果采油厂考虑原油产量，不愿意停掉相邻的注水井，或是停注但不泄压，往往造成钻井的复杂情况发生。

(13)钻井液中混油过量或混油不均匀，造成液柱压力低于地层孔隙压力。这种情况多发生在深井、探井、复杂井，出于减少摩阻、改善钻井液性能、稳定井壁、钻井工艺的需要，往往要在钻井液中混入一定比例的原油。但在混油过程中，加量过猛导致不均匀，或是总量过多，都会造成井筒压力失去平衡。此外，当卡钻发生后，由于需要泡原油、柴油、煤油解卡，从而破坏了井筒内的压力平衡，此时如果不注意二次井控，常常会造成井涌、井喷，酿成更重大的事故。

(14)思想麻痹，违章操作。由于思想麻痹、违章操作而导致的井喷失控在这类事故中占有一定的比例，解决这个问题主要要从严格管理和技术培训两个方面入手，做好基础工作。

二、井喷失控的危害

大量的井喷事实告诉我们，井喷是钻井工程中性质严重、损失巨大的灾难性事故，其危害可以概括为以下几个方面：

(1)打乱全面的正常工作秩序，影响全局生产。

一旦井喷失控，应立即启动井控应急预案，成立相应的指挥组、技术组、保障组等应急机构全面组织、指挥抢险工作。油气田的主要领导需进行组织、指挥工作，必要时还需要兄弟油田、地方政府的支援，以及动用消防车辆，组织抢险队伍等。

(2)油气资源受到损失和破坏。

井喷将造成油气储量的损失，严重的能导致储量枯竭或产层生产能力破坏，使油气层不再具有工业开采价值。1958 年，四川长桓坝气田长 1 井，嘉陵江气藏井喷，气量超过 100 万 m^3/d，损失天然气达 4.61 亿 m^3，占该气田总储量的 62%，致使该气藏几乎失去开采价值。

(3)钻井设备被损坏或烧毁。

钻井设备可能毁于大火，也可能为陷坑吞没。2003 年 2 月 18 日，大港油田滩海工程公司承钻的中 4—72 井在起钻过程中发生井喷失控，40min 后井架朝大门方向倒塌，井架、绞车及大量钻具工具报废。

(4)危及人身安全，造成人员伤亡。

2003 年 12 月 23 日，川东钻探公司 12 队罗家 16H 井井喷失控，导致硫化氢大量外泄，造成 243 人死亡，4000 多人受伤。

(5)严重污染环境，造成不良社会影响。

2010 年 4 月 20 日，英国石油公司位于墨西哥湾的“深水地平线”钻井平台发生井喷爆炸着火事故，11 人死亡，17 人受伤；35000~60000 桶/天的原油流入墨西哥湾，以致大面积海域受到严重污染，酿成一场经济和环境惨剧。

(6)处理井喷失控、井喷失火不仅延误钻井时间，而且会在经济上造成巨大的损失，使钻井成本大大增加。

“井喷失控是钻井工程中性质严重、损失巨大的灾难性事故”，这一结论是用鲜血、生命和财产损失换来的。为此，必须牢固树立全员井控意识，深刻认识井喷失控的危害，把杜绝井喷失控作为安全的头等大事来抓。要全面提高钻井作业人员的素质，培养高素质的井控技术队伍。只有了解和掌握正确、合理的压井处理方法和步骤，坚持平衡钻井和平衡压井，才能安全、成功地控制井喷，从而恢复正常钻井或完井作业。

第三节　井喷失控案例分析

一、重庆开县12·23井喷失控案例分析

(一)基本情况

罗家16H井是位于川东罗家寨构造上的一口国家重点工程项目水平井，该井设计井深4322m，垂深3410m，水平段长700m，地层压力当量钻井液密度为1.28g/cm³，是培育$100\times10^4m^3/d$以上的高产井，由四川石油管理局川钻12队(70555钻井队)承钻。

该井于2003年5月23日开钻，2003年12月23日02：29钻至井深4049.68m，水平段长424m，循环泥浆后起钻。起钻过程中，顶驱滑轨偏移，导致挂吊卡困难，起至井深1948m套管鞋内修顶驱滑轨。12月23日21：51起钻至井深209.31m发现溢流泥浆1.1m³，立即下放钻具，抢接回压凡尔无效，21：55抢接顶驱无效，发生强烈井喷。井喷发生后，硫化氢气体从井眼喷出并迅速扩散，硫化氢浓度超过100ppm(150mg/m³)。

井喷事故总共导致243人死亡，2142人因硫化氢中毒住院治疗，4000多人受伤，9.3万人受灾。

(二)事故经过

2003年12月23日

2：55钻至井深4049.68m，垂深3410m，水平段424m；

2：55~3：30循环(共35min)；

3：30~12：00起钻；

12：00~16：20修顶驱(共4h20min)；

16：20~21：51继续起钻(其中18：40~19：40共9柱未灌泥浆)；

21：51起钻发现溢流，抢接回压阀(钻具上未装)；接顶驱不成功；钻杆内喷高5~10m，大方瓦飞出转盘，钻具上行2m；

21：59关闭环形、半封闸板防喷器；钻杆内液气喷高达二层台；

22：01钻杆顶部着火；

22：04关全封闸板防喷器，火熄灭；钻杆内仍然喷气体液体；

24日0：00人员撤离井场；

24日16：00点火(井喷此时共18h)。

(三)井喷原因分析

对高含硫高产量大斜度水平井的井控工艺技术特点认识不足；一系列严重违规操作的叠加，是引发井喷失控事故的直接原因。

(1)发生事故的前一趟起钻就存在严重的违规操作，起钻循环时间严重不够。

(2)钻具组合中未安装钻具回压阀是造成井喷失控的最直接原因之一。

(3)钻进中有明显的直接油气显示但未采取任何措施。

(4)在气层中钻进没有进行短程起下钻。

(5)发现起钻时溢流征兆明显却不作认真分析和处理。

(6)起钻过程中安排修理顶驱，修理完后，又未下至井底循环。

(7)起钻没有按照规定及时灌泥浆，是造成井喷失控事故的主要原因之一。

(四)造成井喷事故扩大和恶化的原因

(1)现场人员违反有关规定拆除了钻具中安装的回压阀，导致井喷严重失控。

(2)井喷失控以后，没有及时对放喷管线实施点火，以致大量含有高浓度硫化氢的有害气体喷出，造成这次事故的扩大和恶化。

(五)经验教训

该井井喷抢险耗用了大量的人力、物力、财力，打乱了正常生产秩序和当地群众的正常生活秩序，造成万人大撤离，2142 人受伤住院，243 人中毒死亡，是人类开采天然气史上最大的悲剧事件之一。仅赔偿补偿就达上亿元，直接经济损失更大。数千万元的投资被沉淀，数百万的天然气产量胎死腹中。造成上至中国石油天然气集团总公司总经理、四川石油管理局局长的引咎辞职、撤职，下至部长、经理受处分，数十名职工被传讯，6 名职工被追究刑事责任。从罗家 16H 井严重井喷失控原因能够看出，我们在生产管理、工艺技术和人员素质等方面还存在不少问题，要举一反三，引以为戒，努力提高整体井控技术水平，杜绝类似事故再次发生。

二、墨西哥湾“深水地平线”钻井平台井喷失控案例分析

(一)基本情况

2010 年 4 月 20 日 21 时 49 分，美国墨西哥湾“深水地平线”钻井平台发生爆炸，随后引起大火，并于 22 日沉入海底。事故造成 11 人死亡，17 人受伤，大量原油泄漏，持续 87 天，近 1500km 海滩受到污染，至少 2500km^2 的海水被石油覆盖，并引发影响多种生物的环境灾难，当地渔业和旅游业都受到波及，成为美国“史上危害最严重的海上漏油事故”。

(二)事故经过

事发井号为 MC252 号 1-01，设计井深 6096m，完钻井深 5596m，作业区水深 1544m。该井在钻至 5486m 完钻，采用低密度水泥浆固井。

4 月 19 日，下入 7″+9⅞″复合完井套管 5598m，固井后坐密封总成，候凝 16.5h；

4 月 20 日 8：00，BP 公司决定不测固井质量，下 6⅝″钻杆+3½″油管(国外通常在注塞

段用油管)；

14：00，下注塞管柱至2550m，下钻中多次观察溢流情况；

15：00，BP决定用海水替出重泥浆后再注914.4m临时水泥塞(换成采油平台)；

20：00，用海水($1.03g/cm^3$)顶替$1.92g/cm^3$泥浆；

20：10，泥浆罐的液量增加，但现场无人发现溢流，继续进行循环；

21：49，立压迅速上升，泥浆出口流量突然增加，发生强烈井喷失控。

(三)井喷原因分析

1. 直接原因

(1)固井质量不合格，是导致井喷的直接原因。在固井过程中，因水泥浆设计、水泥充填、候凝时间、固井质量测试和水泥环风险评估等环节存在缺陷，造成固井质量不合格，套管外环空水泥环未能有效地封隔油气层，地层流体突破了水泥环。

(2)不测固井质量，没有及时发现固井质量缺陷。因该井施工进度比原计划推后了大约6周，为了赶工期，没有按规定测试固井质量曲线，超越程序进行下一步作业，为了赶工期水泥浆候凝16.5h甲方就下令用海水替浆。

(3)未及时发现溢流，发现溢流后采取措施不当。在大量溢流的情况下，仍然坚持开泵循环，直到井筒天然气到达井口才停泵，观察4min后关井。然后两次开泵排气，井筒已经全部为天然气，再次关闭其他防喷器，由于喷势太大，防喷器也发生刺漏，最后强烈井喷，爆炸着火。

(4)在采用负压试验验证固井质量时，使用较轻的海水替换套管内环空钻井液，使油井处于不可控的负压状态；同时对负压试验时的压力读数和体积流量判断失误，误认为测试成功，未能发现地层流体与井筒存在连通性。

(5)井控装备失效。该井安装的卡梅隆公司生产的防喷器组合有3种应急模式：应急解脱程序、自动功能模式、水下机器人启动剪切功能，但这三种应急模式在封堵油井过程中都失败了。一个原因认为是关井时间已晚，在井涌加剧的紧急情况下关井导致防喷器胶芯刺漏。另一个原因认为是控制管线泄漏，压力不够或者遇钻杆接头导致不能关井。

2. 管理原因

(1)录井人员责任人不强，未及时发现溢流。据录井和负压试验资料分析，在替浆时已经发生溢流，但现场人员没有发现，错误地继续循环，大约40min后直到油气穿过防喷器进入隔水管后，钻工们才开始采取关井措施，错过了关闭防喷器的最佳时机。

(2)为了赶进度，采取了不当的操作程序。在讨论打水泥塞封井施工方案时，是先打水泥塞再替浆，还是先替浆再打水泥塞，BP公司(油公司，甲方)和越洋公司(钻井公司，乙方)产生分歧。经过协商，最终同意BP公司的意见，先用海水替换钻井液后再打水泥塞。如果采用先打水泥塞封井，然后用海水替浆，就不会破坏套管内压力平衡。

(3)麻痹大意，监管不力，管理人员缺岗，对现场生产过程失去有效监控。

(4)节约成本，忽视安全。为了降低成本，减少了防喷器控制系统的配备。

(四)经验教训

井喷发生后，美国总统任命的国家调查委员会、美国海岸警卫队(U. S. Coast Guard)与美国海洋能源管理监督和执行局(Bureau of Ocean Energy Management, Regulation and Enforcement)联合调查组、BP公司调查组等分别对该事故进行了调查。最终调查报告认为：墨西哥湾原油泄漏事件是“可以预见”、“可以避免”的，英国石油公司、哈里伯顿公司以及瑞士越洋钻探公司的错误和误判是事件发生的重要原因，这些公司在削减时间和成本的同时加大了安全风险，最终导致事故的发生，而政府当时的监管是“无效的”，且跟不上近海钻探领域的技术进步。该委员会最终将事故责任归咎于一个问题，即管理方面的疏漏。

通过“深水地平线钻井平台井喷失控”案例的分析，不难看出，先进技术、科学管理、现场人员责任心和安全技能是做好井控工作的关键。

安全工作只有起点，没有终点；井控安全是甲乙双方共同的责任，任何一方都必须确保人员和设备的安全，任何时候对井控工作都不能掉以轻心，要警钟长鸣，常抓不懈，扎扎实实做好井控工作。

复习思考题

一、选择题

1. 井喷发生后，无法用常规方法控制井口而出现敞喷的现象称为(　　)。

   A. 井侵　　B. 溢流　　C. 井涌　　D. 井喷失控

2. 地层流体无控制地涌入井筒，喷出转盘面(　　)米以上的现象称为井喷。

   A. 0.5　　B. 1　　C. 1.5　　D. 2

3. 通常情况下，力求一口井保持(　　)井控状态，同时做好一切应急准备，一旦发生井涌和井喷能迅速做出反应，及时加以处理。

   A. 一次　　B. 二次　　C. 三次　　D. 四次

4. 钻井施工队伍应坚持干部(　　)小时值班制度，采取切实可行的措施，强化对现场的技术支撑和井控管理。

   A. 8　　B. 12　　C. 16　　D. 24

二、名词解释

井控技术　　井侵　　井涌　　溢流　　井喷　　井喷失控

三、判断题

1. 井控就是采用一定的方法平衡地层孔隙压力，即油气井的压力控制技术。
2. 一次井控是指靠钻井液密度来控制地层压力，使得没有地层流体进入井内，溢流量为0。
3. 井喷发生后地层流体只能从井筒内喷出。
4. 起钻不按规定及时灌注钻井液是造成井喷的直接原因之一。
5. 井喷失控是钻井工程中性质严重、损失巨大的灾难性事故。

四、简答题

1. 井控作业分哪三级？各级的核心问题是什么？
2. 井喷有什么危害？
3. 联系实际分析怎样才能做好井控工作？
4. 井喷失控的原因有哪些？
5. 重庆开县12·23井喷失控事故的原因有哪些？

第二章　井下各种压力的概念

压力是井控最主要的基本概念之一，了解压力的概念及各种压力之间的关系对于掌握井控技术和防止井喷是非常重要的。油气井压力控制的主要任务主要表现在两个方面：一是通过控制钻井液密度使钻井在合适的井底压力与地层压力之差下进行；二是在地层流体侵入井筒后，通过调整合理的钻井液密度及控制井口压力，将侵入井眼与钻具间环空内的地层流体排出，并建立新的井底压力与地层压力平衡。

一、压力

所谓压力是指物体单位面积上所受的垂直力，可见压力与力和面积有关。例如，一段圆柱体放在桌面上，方向向下。因为没有运动，桌子也在反方向给其以相等的力。如图 2-1 所示，此种情况下压力的大小取决于该圆柱的底面积和其重量的大小，压力值就是底面积去除其重量所得的商。

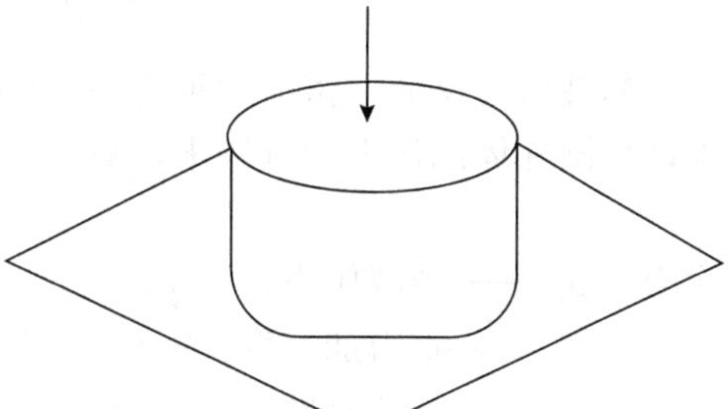

图 2-1　圆柱作用下的压力

压力的单位是帕，符号是 Pa，1Pa 是 $1m^2$ 面积上受到 1N 的力时形成的压力。即

$$1Pa = 1N/m^2$$

根据需要，有时用千帕(kPa)或兆帕(MPa)

$$1kPa = 1\times10^3Pa$$

$$1MPa = 1\times10^6Pa$$

它与过去常用的工程大气压的换算关系是：

$$1MPa = 10.194kgf/cm^2$$

或

$$1kgf/cm^2 = 98.067kPa$$

粗略计算时，可认为 $1kgf/cm^2 = 100kPa = 0.1MPa$，其误差约为 2%。

在英制中，压力是每平方英寸面积上受多少磅的力来衡量的，单位符号是 psi，换算关系是：

$$1psi \approx 6.895kPa$$

通常换算方法是：1000psi ≈ 7MPa

井控中的很多压力是由液体和气体产生的，但压力的概念是一样的，所不同的是液体和气体在某点上的压力在各个方向均相等。

二、静液压力

静液压力是由静止液体重力产生的压力。我们常见的水、油通常为液体，而天然气则是气体。在这里为了简单起见，我们仅讨论液体的静液压力。如图 2-2 所示。

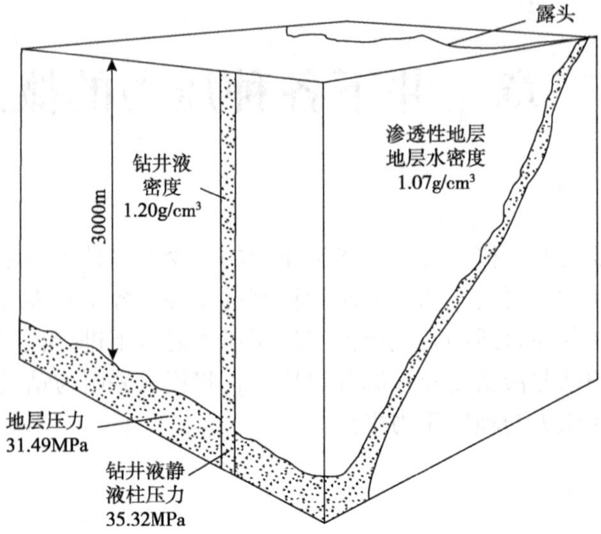

图 2-2　钻井液静液压力与地层压力

静液压力是液柱密度和垂直高度的函数，其大小取决于液柱密度和垂直高度，我们可以用计算圆柱体的压力的方法来计算：

$$p_{\mathrm{H}} = 10^{-3}\rho g H \quad (2-1)$$

式中　p_{H}——静液压力，MPa；

g——重力加速度，9.81m/s^2；

ρ——液体密度，g/cm^3；

H——液柱高度，m。

例如，清水的密度为 1.00g/cm^3，则作用于游泳池内 3m 深处的压力为：

$$p_{\mathrm{H}} = 10^{-3} \times 9.81 \times 1.00 \times 3 = 0.02943(\mathrm{MPa})$$

这个概念同样适用于井内钻井液。

例 2-1　如图 2-2 已知钻井液密度=1.20g/cm^3，地层水的密度为 1.07g/cm^3，求 3000m 处井底静液压力及地层孔隙内流体的压力。

解：钻井液静液柱压力 $p_{\mathrm{m}} = 10^{-3} \times 9.81 \times 1.20 \times 3000 = 35.316(\mathrm{MPa})$

地层孔隙流体(水)的压力为：

$$p_{\mathrm{p}} = \rho g H = 1.07 \times 9.81 \times 3000 \times 10^{-3} = 31.490\ (\mathrm{MPa})$$

对井深需要特别注意的是，若是一口定向井，井深必须用垂直井深，而不是测量井深(或钻柱的长度)。

静液压力难取决于流体的密度和液柱的垂直高度，与井眼尺寸无关，了解这一点是很重要的。

图 2-3 给出了几种情况下的井底静液柱压力。

三、地层压力

地层压力是地下岩石孔隙内流体的压力，也称孔隙压力。正常情况下，地下某一深度的地层压力等于地层流体作用于该处的静液压力，这个压力就是由某深度以上地层流体静液压

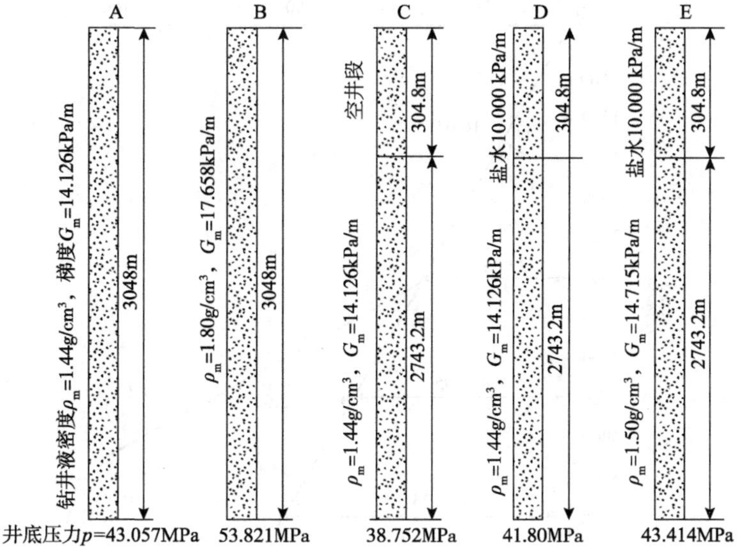

图 2-3　井底静液柱压力

力所形成的。即正常地层压力表达式为：

$$p_{\mathrm{p}} = p_{\mathrm{H}} = 10^{-3}\rho_{\mathrm{n}} g H \qquad (2-2)$$

式中　p_{p}——正常地层压力，MPa；

p_{H}——地层流体静液压力，MPa；

H——地层垂直高度，m；

ρ_{n}——地层流体密度，g/cm³（取决于地层水的矿化度，其正常变化范围为 1.00～1.07g/cm³）。

1. 正常地层压力

盐水是常见的地层流体，它的密度大约为 1.07g/cm³。因此，地层压力梯度大约是 10.496kPa/m。按习惯，10.496kPa/m 的地层压力梯度是正常的，将深度乘以 10.496kPa/m 就可以求得含盐水地层中的压力。此外，如所有静液压力计算一样，对斜井井深必须用垂直井深。

2. 异常高压和异常低压

地层压力正常或者接近正常静液压力，则地层内的流体必须一直与地面连通。这种通道常常被封闭或隔层截断。在这种情况下，隔层下部的流体必须支撑上部岩层。岩石重于地层水，所以地层可能超过静液压力。我们称这种压力为异常高压地层或超压地层，即地层压力大于正常压力梯度时，称为异常高压。如图 2-4 所示，我国大部分油田，世界大部分沉积盆地都有异常高压存在。反之，有些地层是异常低的，即其压力低于盐水液柱压力，这种情况发生于衰竭产层和大孔隙的老地层。

四、上覆岩层压力

地下某一深处的上覆岩层压力就是指该点以上至地面岩石的重力和岩石孔隙内所含流体的重力之总和施加于该点的压力。即

上覆岩层压力=（基岩重力+流体重力）/面积

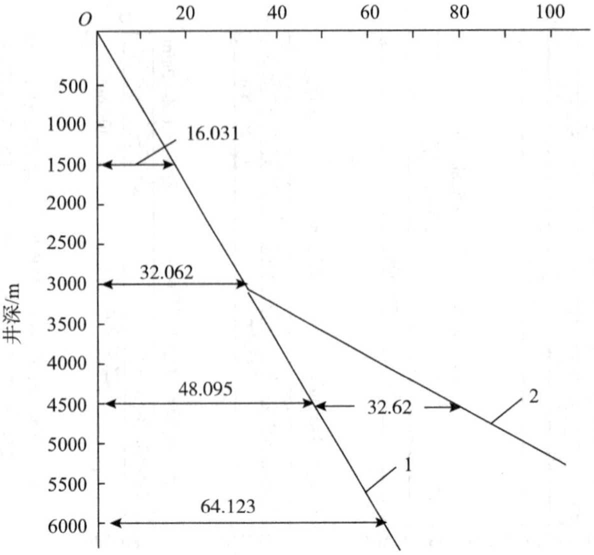

图 2-4　砂岩层的正常压力和异常压力

1—正常压力；2—异常高压

其表达式为：

$$p_o = [\phi\rho_f + (1-\phi)\rho_{ma}]gH \qquad (2-3)$$

式中　p_o——上覆岩层压力，MPa；

ϕ——岩石的孔隙度,%；

ρ_{ma}——岩石基质的平均密度，g/cm³；

ρ_f——岩石孔隙中流体的密度，g/cm³；

H——地层垂直深度，m。

这种情况与把圆柱体放在桌面上的情况很相似。地下岩石平均密度大约为 2.16~2.64g/cm³，于是平均上覆岩层压力梯度大约为 22.62kPa/m。

上覆岩层压力与地层孔隙压力的关系是：

$$\sigma_o = M + p_p \qquad (2-4)$$

式中　σ_o——上覆岩层压力，MPa；

M——基体岩石重力，MPa；

p_p——地层孔隙压力，MPa。

同样，可以写成

$$G_o = G_M + G_p \qquad (2-5)$$

式中　G_o——上覆岩层压力梯度，kPa/m；

G_M——基体岩石压力梯度，kPa/m；

G_p——孔隙压力梯度，kPa/m。

G_o 平均约为 22.625kPa/m；G_p（若盐水密度为 1.074g/cm³）则为 10.497kPa/m；G_M 为 12.123kPa/m。

五、基岩应力

基岩应力是指由岩石颗粒之间互相接触来支撑的那部分上覆岩层压力，亦称为有效上覆岩层压力或颗粒间压力，这部分压力是不被孔隙水所承担的。基岩应力用 σ 来表示。

上覆岩层压力、地层孔隙压力和基岩应力的关系如图 2-5 所示。

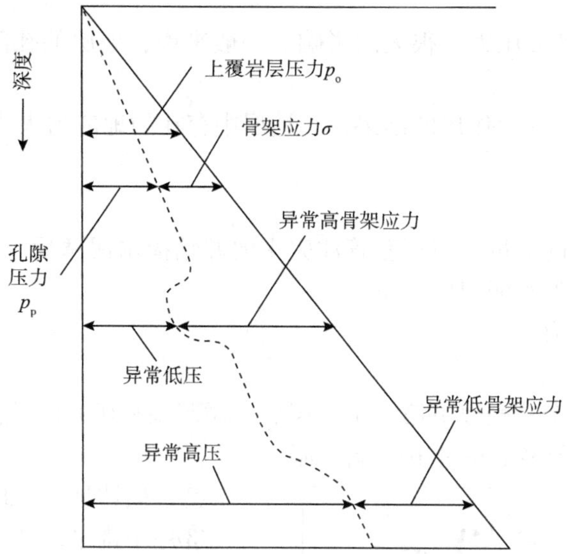

图 2-5　上覆岩层压力、地层孔隙压力和基岩应力的关系

六、地层破裂压力

地层破裂压力是指某一深度地层发生破碎和形成裂缝时所能承受的压力。井内压力过大会使地层破裂并将全部压井液漏入地层。

地层破裂压力与岩石的结构和性质有着密切的关系。例如，花岗岩非常硬，所以其破裂梯度也很高，砂岩或破碎灰岩是比较松软，所以容易破裂。破裂梯度一般随井深增加而增大。深部地层岩石受着较大的上覆岩层压力，可压得很致密，破裂压力较高。海底深水底部表层的岩层较松软，其破裂梯度可能很小，因此地层容易破裂。

为了便于比较，破裂压力通常以梯度或密度来表示，常用单位是 kPa/m 或 g/cm^3。

在钻井时，钻井液柱压力的下限要保持与地层压力相平衡，即不污染油气层，又能提高钻速，实现压力控制。而其上限则不应超过地层的破裂压力，以避免压裂地层造成井漏。尤其是地层压力差别较大的裸眼井段，如设计不当会造成先漏后喷的事故。破裂压力是合理进行井身结构设计，制定钻井施工方案和确定最大关井套压的重要依据。

地层破裂压力 p_f 的计算：

$$p_f = 0.0098\rho_f H_f \tag{2-6}$$

式中　p_f ——地层破裂压力，MPa；

ρ_f ——地层破裂压力当量密度，g/cm^3；

H_f ——漏失层垂直深度，m；

地层破裂压力梯度的计算：

$$G_f = \frac{p_f}{H_f} = 0.0098\rho_f \tag{2-7}$$

式中　G_f ——地层破裂压力梯度，MPa/m。

1. 影响地层破裂压力的主要因素

(1)取决于其自身的特性。这些特性主要包括地层中天然裂缝的发育情况、它的强度及其弹性常数的大小。

(2)地层压力对其破裂压力有很大的影响。一般来说，地层的孔隙压力越大，其破裂压力也越高。

(3)地层破裂是地层受力作用的结果，与地层中存在的地应力大小有很大关系。

2. 地层破裂压力试验

(1)试验目的：

①检查注水泥作业的质量。每层套管注完水泥并钻掉水泥塞后，再钻 1m 新井眼，进行液压试验，检查套管鞋处水泥封闭质量。

②实测地层破裂压力。

(2)试验方法和步骤：

①井眼准备。钻开套管鞋以下第一个砂层后，循环调整压井液性能，使压井液密度均匀稳定。一般钻 3~5m，最多不超过 10m 新井眼。

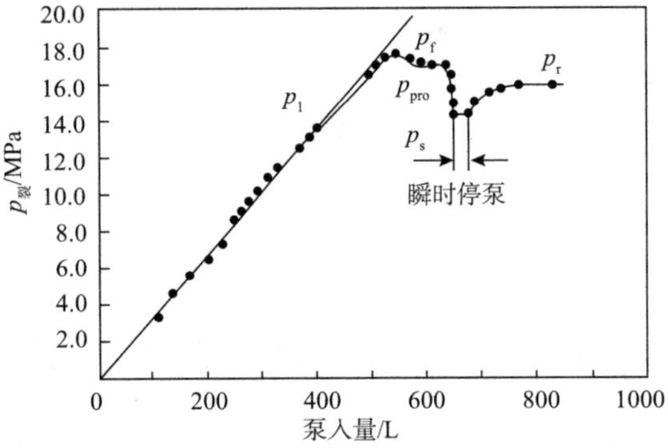

图 2-6　液压试验曲线

p_1—漏失压力；p_f—破裂压力；p_{pro}—延伸压力；
p_s—瞬时停泵压力；p_r—裂缝重张压力

②上提钻具，关封井器。

③用小排量高压泵以 0.8~1.32L/s 的排量缓慢向井内注入压井液(最好用水泥车)。

④准确记录不同时间的注入量和井口压力。

⑤一直注到井内压力不再升高并有下降(地层已经破裂漏失)，停泵，记录数据后，从节流阀泄压。

⑥在直角坐标系内作出以井口压力与泵入量为坐标的试验曲线；如果泵速不变，也可作出井口压力和泵入时间的关系曲线。如图 2-6 所示。

⑦从图上确定以下各压力值：

p_1——漏失压力，单位为 MPa，即开始偏离直线的点的压力值，此点之后的压力仍然上升，但非直线上升；

p_f——破裂压力，单位为 MPa，是最大压力值点的压力，此点之后压力下降。

p_{pro}——延伸压力，压力趋于平缓的点，它使裂缝向远处扩展延伸。

(3)确定破裂压力当量压井液密度 ρ_{max}：

$$\rho_{max} = \rho_m + 102\frac{p_1}{H} \tag{2-8}$$

式中　ρ_{max}——地层破裂压力当量钻井液密度，g/cm³；

ρ_m——钻井液密度，g/cm³；

p_1——漏失压力，MPa；

H——套管鞋以下砂岩层深度，m。

(4)计算地层破裂压力梯度 G_f：

$$G_f = 9.8\times10^{-3}\rho_m + \frac{p_1}{H} \tag{2-9}$$

式中　G_f——破裂压力梯度，MPa/m；其他符号同前。

(5)计算最大允许初始关井套压[p_a]。

根据地层破裂压力梯度和使用的钻井液密度，计算出最大允许关井套压值，使控制的套压不得超过该值，以保持地层不被憋漏。

$$[p_a] = (G_f - 9.8 \times 10^{-3}\rho_m)H_f \tag{2-10}$$

式中　[p_a]——最大允许关井套压，MPa；

G_f——易漏地层的破裂压力梯度，MPa/m；

H_f——压漏地层垂直井深，m。

七、循环压力损失

在压力的推动下钻井液从钻井泵进入循环系统。钻井液经地面管汇，沿钻柱向下，通过钻头喷嘴而后沿环形空间上返，当钻井液返至地面进入泥浆池时，处于大气压的情况下，表压为0，数十兆帕的压力损失到循环系统中。这个压力损失是由于钻井液循环及其与所碰到的物体发生摩擦所引起的。这些压力损失的大小取决于钻井液密度、钻井液黏度、排量和流通面积。大部分的压力损失在钻柱内和通过钻头喷嘴时，如图2-7所示。

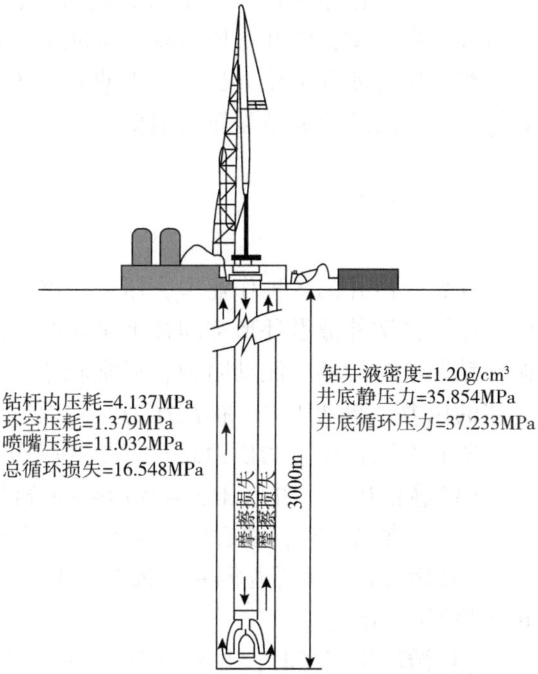

图2-7　井内循环压力损失

压力还消耗在循环系统的其他部分。在任何时候，流体通过管汇、管嘴或者是节流阀就要产生压力损失。排出气侵时，使用节流阀维持套管或环形空间内的回压，就是一个很好的例子。

钻井液上返速度越快，井越深，井径越不规则，环空间隙越小，钻井液密度越高，黏度、切力越高，环空流动阻力越大；反之，环空流动阻力越小。

环空流动阻力的大小取决于：

(1)压井液上返速度；

(2)环空间隙；

(3)井深和压井液性能。

如返速越快、井越深，环空间隙越小，压井液密度和黏度越高，则流动阻力越大。反之，流动阻力则越小。

八、激动压力和抽汲压力

抽汲压力发生在井内起钻时，随钻柱上行而空出来的空间将由其上面的钻井液充填，引起钻井液向下流动，而这部分钻井液在流动时有流动阻力，其结果是降低有效的井底压力。钻头泥包时，则会更容易加大抽汲压力。激动压力产生于下钻和下套管时，因为钻头下行，挤出该处的钻井液，钻井液流动受到的阻力，便是激动压力，其结果是增大有效井底压力。

激动压力和抽汲压力是类似的概念，其数值相等，激动压力是正值，抽汲压力是负值，这两个压力受下列因素的影响：

(1)管柱的起下速度；

(2)钻井液黏度；

(3)钻井液静切力；

(4)井眼和管子之间的环形空隙；

(5)钻井液密度；

(6)钻头泥包。

抽汲压力作用于钻柱下端以下直到井底，它使井底压力减小。如果钻头(钻柱下端)以下有高压层裸露，则井底压力降低可能引起地层流体侵入井内。

激动压力使井下压力加大，大的井下压力可能压破套管鞋处裸露地层，因为一般情况下套管鞋处裸露地层的破裂压力最低。

九、井底压力

在钻一口井的各种作业中，压力始终作用于井壁上，大部分来自钻井液柱静液压力。然而，用泵将钻井液沿环形空间往上泵送时所用的压力也作用于井壁。这个环形空间压力，即循环钻井液时的环空流动阻力，通常较小，很少超过 1.379MPa。其他还有侵入井内的地层流体的压力、激动压力、抽汲压力、地面回压等。

所有作用在环空的压力总和就是井底压力，这个压力随作业不同而变化。

(1)静止状态，井底压力=环形空间静液压力；

(2)正常循环时，井底压力=环形空间静液压力+环形空间压力损失；

(3)用旋转防喷器循环钻井液时，井底压力=环形空间静液压力+环形空间压力损失+旋转防喷器的回压；

(4)循环出气涌时，井底压力=环形空间静液压力+环形空间压力损失+节流器压力；

(5)起钻时，井底压力=环空静液压力+抽汲压力；

(6)下钻时，井底压力=环空静液压力+激动压力；

(7)空井时，井底压力=环空静液压力；

(8)关井时，井底压力=环空静液压力+井口回压+气侵附加压力。

十、压差

压差是井底压力和地层压力之间的差值。如果井底压力大于地层压力，其压差为正，如果颠倒过来，其值为负。井底压差为正通常称为超平衡，井底压差为负称为欠平衡，井底压差略大于 0 称为近平衡。在钻井过程中，井底压差是影响机械钻速的重要因素之一。为了保护油气层，提高机械钻速，通常采用近平衡压力钻井。

十一、泵压、液压、关井立压、套压

1. 泵压

泵压是克服井内循环系统中摩擦损失所需的压力。正常情况下，摩擦损失发生在地面管汇、钻柱、钻头水眼和环形空间。环形空间与钻具之间压力不平衡，也将影响泵压。

泵出气侵钻井液时，一定的气侵控制压力将使泵压增高。气侵控制压力包括节流阀和节流管线的压力损失。

2. 液压

液压用于驱动大多数的防喷设备，包括防喷器。压力液一般用轻质油和处理过的水，一般认为他们具有不可压缩的特性。作用在压力液上的驱动力，传送到防喷器内的活塞上，就可开启或关闭防喷器。驱动力来自液压泵的液体或蓄能器中的氮气。

3. 立管压力

(1)循环立压是指开泵循环时立管处的压力，其大小受循环阻力、控制套管压力等因素影响。

(2)关井立压是指关井状态下的立管压力，其大小受管柱内液柱压力、地层压力、圈闭压力等因素影响。

4. 套管压力

套压是指地层压力、圈闭压力大于环空液柱压力时对井口所产生的压力。

十二、压力的表示法

我国石油钻井现场有 4 种压力表示方法。

1. 用压力的单位表示

这是一种直接表示法，如 100kPa，10MPa。

2. 用压力梯度表示

压力梯度的方便之处在于对比不同深度地层中的压力时，可以消除深度的影响。而该点的压力只要把梯度乘上深度即可得到。

其计算公式为：

$$G = p/H = g\rho \tag{2-11}$$

式中 G——压力梯度，MPa/m；

p——压力，MPa；

H——深度，m。

在英制中，$g=0.052\text{ft/s}^2$，其静液压力公式为：

$$p = 0.052\rho H \tag{2-12}$$

式中 p——静液压力，psi；

ρ——流体密度，ppg；

H——液柱垂直高度，ft。

ppg 与 g/cm^3 的换算关系是：

$$1\text{g/cm}^3 = 8.33\text{ppg}$$

ft 与 m 的换算关系是：

$$1m = 3.048ft$$

其压力梯度公式为：

$$G = 0.052\rho \tag{2-13}$$

式中　G——压力梯度，psi/ft；

ρ——密度，ppg。

使用英制单位时，压力梯度一般为每英尺井深的压力增量。

3. 用流体当量密度表示

某点压力等于具有相当密度的流体在该点所形成的液柱压力，这个密度常称为钻井液当量密度。此方法的优点是便于同钻井液密度对比，非常直观方便。

$$\rho_e = p/(gH) = G/g \tag{2-14}$$

式中　ρ_e——钻井液当量密度，g/cm^3。

其他符号同前。

如 2000m 处的压力为 23.544MPa，则

$$\rho_e = 23.544MPa/(9.81\times2000m) = 1.20g/cm^3$$

这个压力表示方法，与压力梯度类似，也可以在对比不同深度压力时消除深度带来的不便。

4. 用压力系数表示

这种方法是指某点压力与该点水柱静压力之比，无因次，其数值等于该点的钻井液当量密度。我国现场人员常说某井深处的压力系数是多少，实际仍是当量密度，只不过去掉了密度量纲。

由于有压力表示方法的不同，对于某一压力可能有不同的叫法，但意思却是说的同一个压力。例如说 2000m 处的压力是 23.544MPa，也可说压力梯度是 11.77kPa/m，也可说当量密度是 $1.20g/cm^3$，或说压力系数 1.20。

英制中，除无压力系数的说法外，其余表示法相同，只是用英制单位。英制中清水的压力梯度为 0.433psi/ft。

复习思考题

一、选择题

1. 压力梯度是指(　　)压力的增加值。

A. 某一深度　　B. 套管鞋深度　　C. 单位井深　　D. 单位垂直深度

2. 计算钻井液的静液压力时，井深数值必须依据(　　)。

A. 钻柱长度　　B. 测量井深　　C. 垂直井深　　D. 设计井深

3. 地层压力当量钻井液密度是指把(　　)折算成钻井液密度。

A. 地层破裂压力　　B. 循环压力　　C. 地层压力　　D. 回压

4. 井深 2800m，钻井液密度 $1.24g/cm^3$，下钻时存在一个 1.76MPa 的激动压力作用于井底，计算井底压力当量钻井液密度(　　)g/cm^3。

A. 1.30　　B. 1.24　　C. 1.18　　D. 0.064

5. 地层压力是确定钻井液(　　)的依据。

A. 密度　　B. 黏度　　C. 失水　　D. 切力

6. 正常压力地层中随着井深的增加，地层压力梯度(　　)。

A. 增大　　B. 不变　　C. 减小　　D. 不确定

7. 上覆岩层压力是指某深度以上的(　　)所形成的压力。

A. 岩石的重力　　B. 孔隙流体

C. 岩石骨架应力　　D. 岩石基质和孔隙内流体的总重量

8. 当孔隙压力等于上覆岩层压力时，骨架应力(　　)。

A. 大于0　　B. 等于0　　C. 小于0　　D. 不确定

9. 地层破裂压力一般随着井深的增加而(　　)。

A. 不变　　B. 减小　　C. 增大　　D. 不确定

10. 地层破裂压力是确定(　　)的重要依据之一。

A. 地层压力　　B. 抽汲压力

C. 坍塌压力　　D. 最大允许关井套管压力

二、判断题

1. 静液压力的大小与井眼的尺寸有关。

2. 静液压力梯度受液体密度、含盐浓度、溶解气体的浓度以及温度梯度的影响。

3. 正常地层压力当量钻井液密度等于地层水的密度。

4. 异常高压地层压力当量钻井液密度小于地层水的密度。

5. 在各种沉积物中，异常高压地层的地层压力大于从地表到地下某处连续地层水的静液柱压力。

6. 按习惯，把压力梯度在9.8~10.5kPa/m之间的地层称为正常压力地层。

7. 地层的埋藏深度越深，岩石的密度越大，孔隙度越小，上覆岩层压力越小。

8. 岩石骨架应力是造成地层沉积压实的动力，因此只要异常高压带中的基岩应力存在，压实过程就会进行。

9. 套管鞋处的地层通常是全井最强的部位。

10. 泵压是克服循环系统中摩擦损失所需的压力。

11. 在钻井泵克服这个流动阻力推动钻井液向上流动时，井壁和井底也承受了该流动阻力，因此，井底压力增加。

12. 钻井液在环空中上返速度越大、井越深、井眼越不规则、环空间隙越小，且钻井液密度、切力越高，则环空流动阻力越大；反之，则环空流动阻力越小。

13. 激动压力是由于下放钻柱而使井底压力增加的压力，其数值就是阻挠钻井液向上流动的流动阻力值。

14. 地面压力的变化会影响井底压力的变化。

15. 井底压力是不随钻井作业工况而变化的。

三、简答题

1. 什么是静液压力、地层压力、上覆岩层压力？

2. 什么是波动压力？波动压力的影响因素有哪些？

3. 什么是井底压力？写出不同钻井作业工况下的井底压力。

四、计算题

1. 已知地层压力为50.05MPa，垂直井深3231m，求压力梯度和当量钻井液密度。

2. 已知某钻井液密度为1.27g/cm^3，垂直井深1831m，求井底钻井液静液压力。

第三章　溢流的主要原因、预防及检测

井内压力失去平衡，地层流体将侵入井内，进而发生溢流。发生溢流将会在地面显示出来，只要加强检测，及时发现这些显示，就能及时发现溢流。发现后及时进行处理，就能防止井喷发生。钻井过程中及时发现溢流并采用正确的操作程序迅速控制井口，是防止发生井喷的关键。其中，争取时间是最重要的因素。

第一节　溢流的原因分析及预防

大量的地层流体进入井眼，将发生溢流或井涌。在正常钻进或起下钻中，可能由下列原因造成溢流或井涌，甚至井喷：

(1)井内环形空间钻井液静液压力小于地层压力。

(2)井涌地层必须有必要的渗透率，允许流体流入井内。

我们不能控制地层压力和地层渗透率，为了维持一级井控状态必须保持井内有适当的钻井液静液压力。造成静液压力不够的任何一种或多种原因都可能导致溢流或井涌，最普遍的原因是：

(1)起钻时灌浆不正确而导致井内未灌满钻井液。

(2)过大的抽汲压力。

(3)钻井液密度不够。

(4)循环漏失。

(5)地层压力异常。

引起井涌最常见的原因是钻井液密度不够，这可能是由两方面原因造成：一是在新区域钻井，对地下压力情况掌握不准，发生溢流时没能及时发现；二是在油田老区钻井时，认为地层比较熟悉，对井控重视程度不够。有时，为了发现和保护油气层而不合理地降低钻井液密度，也是造成井涌和井喷的根源。但导致井喷的大多数井涌发生在起下钻时，在起钻时发生的井涌，特别是在钻具都起出井眼以后的井涌是很难控制的。

一、起钻时井内未灌满钻井液

起钻过程中，由于钻柱起出，钻柱在井内的体积减少，井内的钻井液液面下降，这就减小了静液压力。不管在裸眼井中哪一位置上，只要钻井液静液压力低于地层压力，井涌就可能发生。

在起钻过程中，向井内灌钻井液可保持钻井液静液压力，起出钻柱的体积应等于新灌钻井液的体积，如果测得的灌浆体积小于计算的钻柱体积，地层内的流体就可能进入井内，井涌就可能在发展。

为了减少由于起钻时钻井液没灌满井筒而造成的井涌，应该做到以下几点：

(1)懂得钻具起出井筒，井内液面就下降。

(2)计算起出钻具的容积。

(3)测得灌满井眼所需要的钻井液体积。

(4)定期把钻井液体积与起出钻具的体积进行比较并记在起、下钻记录本上。

(5)若两种体积不相符合要立即采取措施。

钻具的体积取决于每段钻具的长度、外径、内径。对于大多数普通尺寸的钻杆与钻铤可从体积表查出，而且钻具体积表可以排除钻杆接头的影响。

由于钻铤比钻杆具有较大的体积，因此当起钻铤时，向井筒灌满钻井液是特别重要的，从井筒起出钻铤时灌钻井液体积应是起钻杆时的3~5倍。

实际灌入钻井液的体积可用下列装置中的一种进行测量：

(1)钻井液补充罐。

(2)泵冲数计数器。

(3)流量表。

(4)泥浆池液面指示器。

不论使用哪种灌钻井液的设备，灌入的钻井液量必须与起出钻具的体积进行比较，使之相等。现已有专门设备可以自动地进行上述这种比较，但井队人员中增加一人专门负责控制灌入钻井液是完全必要的。如果井眼不能充满适当的钻井液量，起钻作业就要停止，并采取安全措施。这需要重新下钻到井底，进行循环。

灌钻井液的原则是：

(1)至少每起出3~5个立根的钻杆，或起出一个立根的钻铤时，就需要检查一次灌入的钻井液量。灌钻井液前决不能让井内的液面下降超过30m。

(2)应当通过灌钻井液的管线向井内灌钻井液，不能用压井管线灌钻井液。使用压井管线可能会使管线和阀门腐蚀，这样在应急的情况下就不能发挥其作用。

(3)灌钻井液管线在防溢管上的位置不能与井口防溢管的出口管同一高度，如果两管同一高度则经过灌钻井液管线灌入可能直接从出口管流出，从而误认为井筒已灌满。

二、过大的抽汲压力

起钻时的抽汲作用会降低井内的有效静液压力，会使静液压力低于地层压力，从而造成井涌。这是由于钻井液黏附在钻具外壁上并随钻具上移，同时，钻井液要向下流动，填补钻具上提后的下部空间，井内钻井液下降没有上提钻具那样快时，就可能产生抽汲作用。无论起钻速度多慢，抽汲作用都会产生。井内环形空间的有效压力始终应能平衡地层压力，这样就可以防止发生井涌。

抽汲压力主要受管柱结构、井身结构和井眼尺寸、起钻速度、钻井液性能、钻头或扶正器泥包等因素的影响。在起钻前应检查井底压力是否平衡地层压力，判断是否会发生抽汲溢流。检查方法有短程起下钻法和校核灌入井内钻井液量法。

在起钻时减少抽汲作用至最小程度的原则：

(1)抽汲作用总是要发生的，所以应尽量把钻井液静液压力维持在稍微高于地层压力的值(这种超出的压力叫做起钻安全值)。

(2)环形空间间隙要适当。

(3)使钻井液黏度、静切力保持在最低水平，防止钻头泥包。

(4)降低起钻速度。

(5)用钻井液补充罐、泵冲数计数器、流量计或钻井液罐液面指示计来监控过大的抽汲作用。

三、钻井液密度过低

钻井液密度低是溢流的主要原因，这样引起的井涌是比较容易控制的，并且很少导致井喷。井喷通常是在打深井时遇到异常高压地层、断层多的地层或充满流体的地层时发生的。充满流体的地层的形成可能缘于注入作业产生漏失、固井质量不好、不合理的报废、以前发生过地下井喷或浅气层等原因。

钻井液密度不够而产生的井涌通常是突然遇到高压层，且地层压力高于钻井液静液压力条件下发生的，特别是为了获得高的机械钻速和低成本而使用较低密度的钻井液，井涌的可能性就更大。认真设计井身结构，密切监控钻井参数和电测资料，就可能正确估计地层压力，可以有效减少井涌。

减少因钻井液密度不够所引起的井涌的一般原则是：

(1)正确设计井身结构，尽量准确地估算地层压力。

(2)分析邻井资料，特别是发生地下井喷、注入作业、套管漏失、固井质量不好或不合理地报废井的情况。

(3)密切监控钻井参数和电测资料，以便在钻井过程中应用 d_c 指数法监测地层压力，对地层压力取得一个合理的估值。

(4)密切监控断层或地层变化情况。

(5)安装适当的地面装置，以便及时除掉钻井液中的气体，不要把气侵的钻井液再重复循环到井内。

(6)保持钻井液处于良好状态，做到均匀加重。

四、循环漏失

循环漏失是指井内的钻井液漏入地层，引起井内液柱和静液柱压力下降，下降到一定程度时，井涌就可能发生。由于钻井液密度过高或下钻时激动压力过大，使作用于地层上的压力超过地层的破裂压力或漏失压力而发生漏失。在深井、小井眼井使用高黏度钻井液钻进时，环空压耗过高也可能引起循环漏失。另外，在压力衰竭的地层、疏松的砂岩以及天然裂缝的碳酸岩中漏失也是很普遍的。

减少循环漏失的一般原则是：

(1)设计好井身结构，正确确定下套管深度是防止循环漏失的最好办法。

(2)试验地层，测出地层的压裂梯度，这样有助于确定下套管位置，有助于井涌发生时选择最佳方法。

(3)在下钻时将压力激动减小到最低程度，特别是在下套管时。

(4)保持钻井液处于良好状态，使钻井液的黏度和静切力维持在最小值上。
(5)做好向井内灌水、灌柴油或灌轻钻井液的准备。
(6)做好混合并向井内打堵漏物质和打重晶石塞的准备。

五、地层压力异常

钻遇异常压力地层并不一定会直接引起溢流，如用低密度钻井液钻此类地层，会造成井底压力小于地层压力，则会引起溢流的发生。因此，在钻井过程中，特别是钻探井时，要做好随钻压力监测，准确判断地层压力，现场可根据监测结果，及时调整钻井液密度和有关技术措施。

井控设备的选择和安装要符合井控管理规定的要求，并按规定进行日常维护、检查和试压，保证井控装备处于良好的工作状态。现场作业人员要严格执行坐岗制度以保证及时发现溢流。通过平时的防喷演习熟练掌握关井程序，确保在发现溢流后能正确关井，掌握常规压井方法，保证关井后能及时恢复井内的压力平衡。

六、其他原因

多数情况下，井涌可能是由于上述某种原因，但还有其他一些情况，造成井内静液柱压力不足以平衡或超过地层压力，如：
(1)中途测试控制不好。
(2)与邻井“相碰”并打穿。
(3)以过快的速度钻穿含油、气砂层。
(4)射孔时控制不好。
(5)固井时，水泥浆失重。

第二节　溢流的现象与检测

发生溢流时，地面总是可以观察到显示，识别和解释这些显示，并采取相应的措施，就能对其控制并防止井喷的发生。

根据这些信号对监测溢流的重要性和可靠性，可以分为溢流可能的信号(间接显示)和溢流可靠的信号(直接显示)两类。

一、溢流可能的信号

1. 机械钻速突然加快或放空

在钻正常压力的泥页岩地层时，如果钻压、转速、水力参数不变，机械钻速通常会逐渐减小。当钻遇异常高压地层时，井底压差及页岩密度减小将引起机械钻速的加快。钻遇裂缝发育地层或溶洞时，也会发生钻速加快和钻具放空现象。

2. 泵压下降，泵速加快

发生这种现象，应立即检查出口流量和钻井泵，如泵无问题，出口流量增加则是溢流顶替井内钻井液上返，如果返出量正常，则可能是钻具刺坏。

3. 钻具悬重发生变化

天然气或盐水侵入井内后，会使环空钻井液平均密度下降，钻具所受浮力减小而悬重增加。

4. d_c 指数减小

在正常压力地层，d_c 指数随井深的增加而增加。但在异常高压地层，d_c 指数则会减小。

5. 岩屑尺寸加大、形状改变

正常压力地层的页岩岩屑小、圆而扁平，而异常高压地层的岩屑则长而棱角分明。当井底压差减小时，岩屑倾向于崩离井底。

6. 钻井液性能发生变化

井口返出的钻井液性能发生变化，有可能发生了溢流。油气侵入钻井液，会使钻井液密度下降，黏度升高，地层水侵入钻井液，会使钻井液密度和黏度都下降，氯离子含量增加。钻井液中还有油花、气泡或硫化氢味等。但应注意，有时钻井泵吸入了空气，或加水处理钻井液，也会使井内钻井液密度发生变化。

7. 页岩密度减小

正常情况下，页岩密度随井深增加而增加，但当钻遇异常高压地层时，页岩密度将会减少。岩屑密度可以在地面测量并作出页岩密度与井深的关系曲线。

8. 温度变化

在返流槽处连续测量钻井液温度可以发现地温梯度的改变，这种改变与钻遇异常地层压力有一定的相关性。异常高压层的地温梯度总是高于正常压力地层，这种温度增加常发生在钻遇交界面之前，因而可以作为异常压力的早期信号。这种方法的局限性是：因为钻井液的温度只能在地面检测，因而会受到外部环境的影响。

应当注意的是，如果上述的现象之一出现，不能作为异常高压的信号；但如果这些现象连续同时出现，将是有价值的信号。

二、溢流的可靠信号

1. 钻井液罐液面上升

正常钻井时，钻井液循环是一个封闭的、体积固定的系统。钻井液罐液面上升，是发现溢流的可靠信号。罐内钻井液的增量就是井内已侵入的地层流体的量，即溢流量的大小取决于地层的渗透率、孔隙度和井底压差。地层渗透率越高，孔隙度越大，欠平衡值越大，溢流越严重。

2. 钻井液返流速度增加

由于溢流推动钻井液上返，钻井液返出速度开始增加，这可以从返流槽上观察到。流速增加早于钻井液池液面上升。有时能听到钻井液流动声音的增大。返速增加是一个最重要的信号，发现后应该立即进行溢流检查，流量测量仪须随时处于可靠工作状态。

3. 起下钻灌液量异常

由于循环系统是相对封闭的系统，钻井液总量在一定程度上保持稳定，起下钻时灌液量及排出量与起出或下入管子的体积相同。如果有差异，则预示着溢流或井漏的发生。

4. 停泵后井口外溢

在钻进过程中，因接单根、检修设备等工作而停泵后，如果出口管仍然不停地外溢钻井液，则说明地层流体正在侵入井内，应立即关井。但应注意，井筒中钻柱内外钻井液密度不一致时，钻柱内钻井液密度比环空密度高时，停泵钻井液也会外溢。

在开泵钻进时，如果怀疑可能有溢流现象，可以停钻、停泵，并检查出口管是否有向外溢流钻井液现象，停泵会导致井底压力降低，溢流更容易发生。如果停泵 5~15min 后没有溢流现象，则表明没有发生井侵；如果有溢流现象，就应立即关井。

三、溢流的检测方法

1. 钻井液罐液面检测法(液位计指示)

从理论上讲，当地层流体侵入井眼后，钻井液罐液面将会增高。对于油水侵入情况，如果忽略其在环空中的压缩性，地层油水侵入多少，在泥浆池应增加多少。但对气侵情况，由于其压缩性，必须等气体上升到井眼中上部有明显膨胀时，钻井液罐液面才有较明显变化。目前，钻井液罐液面检测是地层流体侵入检测的主要方法。图 3-1 所示液位计测量精度偏低，但由于其简单结实，现场应用较广。

2. 返出钻井液流量检测法

返出钻井液流量用返出钻井液流量测量仪表来测定(如图 3-2)。当环空钻井液返出量增加时，挡板将上浮，带动电位器旋转，从而改变其电阻值。依据电阻值大小，则可测得挡板在钻井液返出管线中的位置，也即测得钻井液在返出管线中的充满度，从而测得钻井液流量大小。一般情况下，利用测量返出钻井液流量比测量泥浆池液面发现溢流快。相比之下，如果地层流体侵入速度低，钻井液返出量变化较小时，根据泥浆池液面增加具有累加作用原理，测量泥浆池液面比本方法可以更有效地发现溢流。

图 3-1　液位计

图 3-2　流量测量仪

3. 声波法溢流检测法

在常温常压下，声波在水中的传播速度约为 1500m/s，在空气中传播速度约为 340m/s，而在空气—水气液两相流中传播速度可以低达每秒几十米。据此声波法可以比现有其他方法检测快得多。

复习思考题

一、选择题

1. 钻井中造成溢流的根本原因是(　　)。

A. 井底压力大于地层压力　　B. 井底压力小于地层压力

C. 井底压力等于地层压力　　D. 井底压力小于地层破裂压力

2. 起钻时发生溢流的显示是：灌入井内的钻井液量(　　)从井内起出钻具的体积。

A. 大于　　B. 小于　　C. 等于　　D. 不确定

3. 下钻时发生溢流的显示是：从井内返出的钻井液量(　　)下入钻具的体积。

A. 大于　　B. 小于　　C. 等于　　D. 不确定

二、判断题

1. 起钻时产生过大的抽汲压力，是导致溢流发生的一个主要的原因。

2. 钻速加快是判断溢流发生的最准确的信号。

3. 停止循环后，井口钻井液仍不断地外溢，说明已经发生了溢流。

4. 及时发现溢流并迅速控制井口是防止井喷的关键。

5. 起钻过程中井筒内钻井液液面下降最大不允许超过50m。

6. 天然气或盐水侵入井内后，会使环空钻井液平均密度下降，钻具所受浮力减小而悬重减小。

三、简答题

1. 溢流的主要原因有哪些？

2. 不同工况下溢流的主要现象有哪些？如何检测这些现象？

3. 溢流的可靠信号有哪些？

4. 怎样检测抽汲压力？

第四章　关 井 程 序

发现溢流后，准确无误地迅速关井，是防止井喷发生的唯一正确处理措施。迅速实现对井口的控制，有利于取得井控工作的主动权，有利于制止地层流体继续进入井内，有利于使井内有较多的钻井液，可以减小关井和压井时的套管压力值，有利于准确计算地层压力和压井液密度。

第一节　关 井 方 法

一、关井方法

目前采用的关井方法有软关井和硬关井两种方法。所谓软关井就是停泵后先适当打开节流阀，再关封井器，然后关节流阀。这种方法关井时间较长，在关井过程中地层流体仍要继续进入井内，关井套压相对较高。所谓硬关井，就是停泵后立即关闭封井器。这种关井方法关井时间短，关井套压相对较低，但关井时可能产生水击现象。究竟采用哪种方法好，目前国内外还未取得统一的认识。

我国大多数油田一般不推荐采用硬关井的方法，只有在特殊情况下，如钻井四通两侧平板阀均打不开、溢流量没有超过最大允许溢流量时，才可采用硬关井的方法，实现迅速关井。软关井尽管比硬关井慢，但它防止了对井口装置的水击效应，操作起来比较安全，各油田一般采用软关井方法制定关井程序。

二、关井原则

1. 关井要及时果断

一旦发现溢流，关井越迅速，溢流量就越小。溢流量越小，越容易控制，一般控制程序也越安全。要做到这一点，必须进行防喷演习训练，因为这样的操作通常需要多人的配合，全体井队人员必须熟练本岗位的操作，并且要对整个过程有统一认识。司钻是关井环节的关键，此时必须反应迅速，行动果断。

2. 关井不能压裂地层、保护好井口和套管的安全

关井中为确保地面设备、套管和地层三方面的安全，必须控制关井套压不大于最大允许关井套压。最大允许关井套压应是井口装置的额定工作压力、套管最小抗内压强度的 80% 和地层破裂压力所允许的关井套压值中的最小值。通常一口井的薄弱部分是在最后一层套管鞋附近。确定地层破裂压力梯度的最好办法是在下套管后进行地层破裂压力试验，从试验中获得的地层破裂压力梯度可以告诉操作者在关井或压井过程中地面最高能用多大的回压来控制。这个资料很重要，必须使现场有关人员都清楚。最大允许关井套压并不是一成不变的，

它与井内钻井液密度的增加成反比。

在井口关井和泄流操作中，一定要对井口压力进行精心的控制，要避免井口压力过高压漏地层而破坏井口。还要注意保护好液气分离器，保证连续有效地回收钻井液和压井液，这样才能确保压井作业连续和可持续地进行。

三、正常工况下节流、压井管汇各闸阀的开关状态

1. 节流、压井管汇的流程及闸门编号

管汇和各闸阀开关位置见图4-1、表4-1。

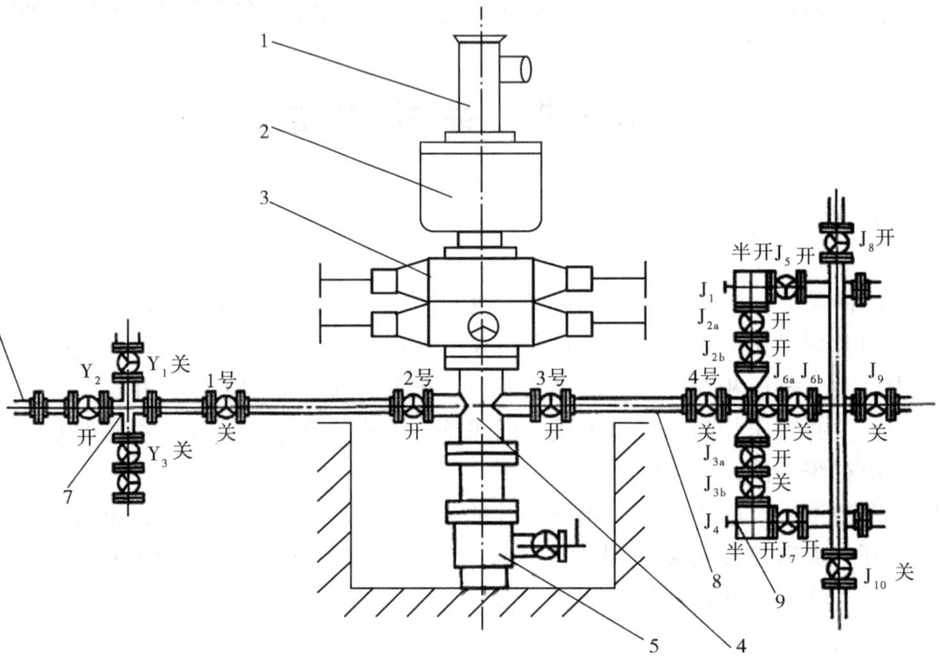

图4-1 单四通井口井控管汇示意图

1—防溢管；2—环形防喷器；3—双闸板防喷器；4—四通；5—套管头；6—放喷管线；7—压井管汇；8—防喷管线；9—节流管汇

表4-1 管汇各阀开关位置

阀门编号	开关位置
2号，3号，J_{2a}，J_{2b}，J_{3a}，J_5，J_{6a}，J_7，J_8，Y_2	开
J_1，J_4	开3/8~1/2圈
1号，4号，J_{3b}，J_{6b}，J_9，J_{10}，Y_1，Y_3	关

2. 节流、压井管汇关井时的正确操作

软关井时，迅速打开4号(单四通)或8号(双四通)阀门再关防喷器，试关J_1节流阀。若关至最小后套压未超过最大允许关井套压则再关J_{2a}。这样操作是考虑J_1节流阀是筒式节流阀而不能断流，要断流必须关它前面的平板阀J_{2a}；若J_1节流阀是针式节流阀则不必关它前面的平板阀。

硬关井时，直接关闭防喷器。

第二节 常规关井程序

发生溢流后，首先的工作就是迅速关井。关井原则是：在能够控制溢流的情况下，保护好井口装置、套管，防止压漏地层，尽可能为下一步压井创造有利条件。不同的施工工况有不同的关井程序，但主要内容、目的都是一样的。在国内，由四川石油管理局提出的关井“四·七”动作，得到普遍认可。

一、钻进过程中发生溢流的关井程序

1. 软关井

(1)发：发信号报警——当坐岗工发现溢流后，迅速通知司钻，司钻立即发出长笛信号。(一般不得低于30s)，值班干部立即上钻台负责全面指挥。

(2)停：停转盘——司钻在发讯号的同时，迅速摘掉转盘离合器。机房停1#车，用2#或3#车。夜间发电工先打开探照灯，后迅速关掉除控制台的其他电源。

(3)抢：抢提方钻杆，停泵——司钻上提钻具并停泵，使方钻杆下第一根钻杆本体露出转盘面0.5m左右，内外钳工扣好吊卡(关防喷器之前，钻杆不得坐在吊卡上)。

(4)开：开液动平板阀——司钻(外钳工)左手扳动气源手柄，右手将放喷阀手柄扳到开位5~10s方可放开，副司钻要密切注意蓄能器上换向阀气缸的工作情况，必要时要进行补位。

(5)关：关防喷器——司钻(外钳工)发出关防喷器信号后，左手扳动气源手柄，右手将防喷器手柄扳到关位5~10s方可放开，副司钻要密切注意蓄能器上换向阀气缸的工作情况，必要时要进行补位。此时内外钳工应观察井口是否关闭。

(6)关：关液动节流阀——当确认已关好防喷器后，操作液控箱上的三位四通换向阀手柄使之处于关位并观察井口套压是否达到最大允许关井套压，关至最小位置时，套压应仍低于最大允许关井套压，再关节流阀前的平板阀。

(7)看：看立管压力和套管压力及钻井液增量，一般关井10~15min后录取立管压力、套管压力及钻井液增量。此时从立管压力表上读到压力值，即是地层压力与钻柱内钻井液静液压力之差。

2. 硬关井

(1)发信号报警。

(2)停止钻进。发现溢流后，立即停止一切作业。

(3)上提钻具至合适位置，停泵。

(4)关防喷器。

(5)录取关井压力数据、钻井液增量。

二、起下钻杆时发生溢流的关井程序

1. 软关井

(1)发：发信号报警。

（2）停：停止起下钻——立柱在刚对扣时或已卸下，应迅速将其推入钻杆盒，井架工打开吊卡，司钻下放游车，井架工在游车过指梁后下井架。钻具立柱在起下过程中，应立即将吊卡坐在转盘上。

（3）抢：抢接回压凡尔——内外钳工必须在回压凡尔打开的情况下接好（当喷势大时须先接开着的旋塞阀接头，接好后关旋塞阀接头，接回压凡尔，再打开旋塞阀），紧扣，扣吊环，上提钻具，使吊卡离开转盘面0.1～0.3m，待关防喷器。

（4）开：开液动平板阀——司钻（外钳工）左手扳动气源手柄，右手将放喷阀手柄扳到开位5～10s方可放开，副司钻要密切注意蓄能器上换向阀气缸的工作情况，必要时要进行补位。

（5）关：关防喷器——司钻（外钳工）发出关防喷器信号后，左手扳动气源手柄，右手将防喷器手柄扳到关位5～10s方可放开，副司钻要密切注意蓄能器上换向阀气缸的工作情况，必要时要进行补位。此时内外钳工应观察井口是否关闭。

（6）关：关液动节流阀——当确认已关好防喷器后，操作液控箱上的三位四通换向阀手柄使之处于关位，并观察井口套压是否达到最大允许关井套压。关至最小位置时，套压应仍低于最大允许关井套压，再关节流阀前的平板阀。

（7）看：看立管压力和套管压力及钻井液增量。

2. 硬关井

（1）发信号报警。

（2）停止起下钻作业。

（3）抢装钻具内防喷器（或顶驱装置）。

（4）关防喷器。先关环形防喷器，再关闸板防喷器。

（5）接方钻杆（用顶驱时没有此步骤），录取关井压力数据、钻井液增量。

三、起下钻铤时发生溢流的关井程序

1. 软关井

（1）发：发信号报警。

（2）停：停止起下钻铤作业。

（3）抢：抢接带钻具内防喷器的钻杆。钻铤只能用环形防喷器封井；若喷势大来不及抢接钻杆，可直接用环形防喷器封井；若喷势不强烈，应抢接钻杆，以便用半封闸板封井，增加控制手段。接钻杆时，接一根还是接几柱要根据防喷器闸板的位置而定。

（4）开：开液动平板阀。

（5）关：关防喷器。

（6）关：关节流阀试关井。

（7）看：接方钻杆（用顶驱时没有此步骤），看立管压力和套管压力及钻井液增量。

2. 硬关井

（1）发信号报警。

（2）停止起下钻作业。

（3）抢装钻具内防喷器（或顶驱装置）。

（4）关防喷器。

(5)接方钻杆(用顶驱时没有此步骤)，录取关井压力数据、钻井液增量。

四、空井时发生溢流的关井程序

1. 软关井

(1)发：发信号报警。

(2)停：停止其他钻作业。

(3)抢：抢下钻具，装钻具防喷器——井队以控制井口为目的，不要求抢下钻杆，需抢下时由具有决策权的人员做出决定。

(4)开：开液动平板阀。

(5)关：关防喷器。

(6)关：关液动节流阀试关井。

(7)看：接方钻杆(用顶驱时没有此步骤)，录取立管压力和套管压力及钻井液增量。

如果溢流严重，有立刻发生井喷的可能，应迅速关闭全闭式封井器。如果井内有电缆应果断将电缆切断。如果溢流不严重，应迅速下入尽可能多的钻杆，然后按起下钻杆时的关井程序关井。如果井内有电缆应先起出电缆再下钻。

2. 硬关井

(1)发信号报警。

(2)停止其他作业。

(3)关防喷器。

(4)录取关井压力数据、钻井液增量。

第三节　特殊情况的关井程序

一、特殊情况的关井程序

1. 下套管和尾管时发生溢流的关井程序

下套管时发生溢流，通常的处理方法与起下钻杆过程中发生溢流一样，若溢流情况较轻，确认不致发生井喷失控时，可允许进行下列操作：

下套管作业，如尾管已接近井底，应尽量下到预定位置再关井；假如尾管不能下到预定位置，则考虑强行起到套管内。任何强行起下作业都必须以确保安全为前提，必须保持灌满钻井液。

(1)发：发信号报警。

(2)停：停止下套管作业。

(3)抢：抢下套管或接变径接头及应急旋塞。

(4)开：开液动平板阀。

(5)关：关防喷器。

(6)关：关液动节流阀。

(7)看：看立管压力和套管压力及溢流量。

2. 固井时发生溢流的关井程序

(1)发：发信号报警。

(2)停：停止其他作业。

(3)抢：继续固井替注作业至碰压。

(4)开：开 4#液动平板阀。

(5)关：关防喷器。

(6)关：关液动节流阀。

(7)看：看立管压力和套管压力及溢流量。

3. 剪切闸板剪断钻具

因钻具内防喷工具失效或井口钻具弯曲等原因，造成无法关井、无法控制井口时，可用剪切闸板剪断井内钻杆实施关井。其关井程序如下：

(1)发信号。

(2)停止其他作业。

(3)调整钻具位置。在确保钻具接头不在剪切闸板防喷器剪切位置后，锁定钻机绞车刹车装置。

(4)开节流阀前的平板阀。

(5)打开主放喷管线泄压。

(6)关闭剪切闸板防喷器以上的环形防喷器。

(7)使用预先计算好的间距，将钻杆坐挂在全封闸板或剪切闸板下面的半封防喷器闸板上。

(8)在钻杆上适当位置安装上相应的钻杆死卡，用钢丝绳与钻机连接固定牢靠。

(9)打开防喷器远程控制装置蓄能器旁通阀，关闭剪切闸板防喷器，直到剪断井内钻杆。

(10)上提钻具关闭全封闸板防喷器，控制井口(使用剪切/全封闸板防喷器时不进行此操作)。

(11)手动锁紧全封闸板防喷器或剪切/全封闸板防喷器。

(12)关防喷器远程控制装置蓄能器旁通阀。

4. 在气候寒冷地区钻井溢流时的关井程序

在极冷情况下，设备和技术都容易出现问题，如使用钻井液的类型、节流阀和节流管汇的情况、电器控制盒方钻杆连接等问题。在北极钻进时，通常把节流阀关上，并在管线内注满特殊液体以防止水基钻井液冰冻。另一个问题是方钻杆冰冻问题，如果关井后等待压力稳定的时候，悬在空气中的方钻杆会结冻。类似这些问题可按下列程序操作：

(1)发出报警信号。

(2)停转盘。如果需要，停泵检查井口是否有钻井液溢出。

(3)上提方钻杆，使第一根钻杆接头出转盘面 0.4~0.5m。

(4)开液动平板阀，打开节流阀。

(5)关防喷器。

(6)关节流阀。

(7)关闭钻杆下旋塞并卸开方钻杆，防冻(如果需要可重复操作)。

(8)待套管压力稳定后接方钻杆，开泵加压并缓慢打开方钻杆下旋塞(如果需要可重复操作)。

(9)观察并记录压力及钻井液池增减量。

在压井作业之前，若长时间等待，需要重复(7)、(8)步。用这种方法，有可能由于压差大而导致方钻杆下旋塞打不开，那就需要启动钻井泵使泵压等于这个压力。

5. 海上作业发现溢流时的水下关井

海上石油开发，所有作业都在钻井平台、采油平台或采油船上进行，井控作业也不例外。坐底式钻井平台的井控与陆地井控基本一致，而半潜式钻井平台的井控防喷器往往安装在距离钻台十几米或上百米的海底，设备和仪器必须工作可靠。司钻必须随时知道经过防喷器处钻具的情况。关井时，使钻杆接头(或钻铤)避开闸板。作业中平台往往上下浮动，引起钻杆的往复运动，从而过快地引起防喷器密封元件的疲劳和失效。平台上的运动补偿设备能在一定程度上解决这个问题。但为了安全起见，在井控作业中经常应用坐放程序，及关上闸板防喷器后下放钻具，直到钻杆接头坐在闸板上面以支撑钻具重量。如此时方钻杆提不到钻盘以上，就会出现间距问题。

海上井控关井，从发信号到录取三项资料与陆地关井程序完全一致，与之不同的是还需要继续完成以下步骤：

(1)调节环形防喷器关闭压力。

(2)假如合适，执行悬挂程序。

(3)重新计算关井压力。

(4)计算井控参数，开始压井程序。

不管什么原因导致压井作业不能连续安全进行时，必须采用关井、移离井位，其程序是水下关井和应急弃井程序：①泵入压差检查阀，经钻杆中心孔而后坐定；②使用预先计算好的间距，将钻杆挂在全封闸板或剪切闸板下面的半封闸板防喷器闸板上；③使用剪切/全封闸板或剪切闸板将钻杆剪短；④将上部钻杆起出井眼；⑤卸开隔水导管井口连接器，并离开井位。假如在压井过程中发生钻头或钻杆卡钻，应在井控压井完成后再处理。

二、关井岗位职责

1. 司钻

(1)上岗检查内容：

①认真了解所钻地层、岩性、井深、压力梯度、钻井液密度等井下情况及上班工作情况。

②检查司控台气源、各表压、各手柄是否符合要求。

③进入油气层后，每次下钻前开关活动闸板防喷器一次，每两只钻头必须在下钻前检查环形防喷器一次。

④指重表、立管压力表、报警喇叭是否灵活好用。

(2)发生溢流的职责：

①钻进过程中发生溢流的职责：

a. 接到溢流信号，立即鸣长笛报警。

b. 停转盘、上提方钻杆接头出转盘面、停泵。

c. 按正常关井程序在司控台实施关井。先开液动阀，再关环形防喷器，后关闸板防喷器。或者通知副司钻在远程控制台实施关井，迅速控制井口。

d. 将溢流量、关井立压、套压报告值班干部。

②接单根发生溢流的职责：

a. 接到溢流信号，立即鸣长笛报警。

b. 若刚卸开方钻杆，则抢接止回阀(有方钻杆旋塞可不接止回阀)，再迅速接上方钻杆。

c. 若已在小鼠洞接上单根，则应在井口快速接止回阀，然后上提小鼠洞单根并与止回阀相接，下放钻具方钻杆下接头至转盘面。

d. 在司控台关井或通知副司钻在远程控制台操作关井。先开液动阀，再关环形防喷器，后关闸板。

e. 将溢流量，关井立压、关井套压报告值班干部。

③起下钻杆过程中发生溢流的职责：

a. 接到溢流信号，立即鸣长笛报警。

b. 停止起下钻作业，将钻具坐于吊卡上，将大钩提高至转盘面以上 5m 左右。

c. 指挥内、外钳工，抢接止回阀。

d. 在司控台操作关井，或通知副司钻在远程控制台操作关井，先开液动阀，再关环形防喷器，再关闸板防喷器。

e. 指挥井架工试关节流阀，注意关井压力不能超过允许的安全压力。

f. 关井后，再挂水龙头接方钻杆。

g. 观察记录关井立压、套压、溢流量，将溢流量、关井立压、关井套压并报告值班干部。如果钻杆上已接上止回阀，则必须采用缓慢开泵顶开止回阀的方法求取立管压力。

④起下钻铤过程中发生溢流的职责：

a. 接到溢流信号，立即鸣长笛报警。

b. 停止起下钻作业。

c. 抢接带止回阀的钻杆单根。

d. 在司控台操作关井或通知副司钻在远程控制台操作关井。

e. 关井后，再接方钻杆。

f. 将溢流量、关井立压、关井套压报告值班干部。

注意：在起、下钻铤或空井时发现溢流，要根据当时具体情况，在条件允许的情况下，要尽量多下几柱钻杆，一则增加钻具重量，再则为下一步压井创造有利条件。究竟下不下钻杆，或者下多少钻杆，要根据当时井上具体情况而定。

⑤空井发生溢流的职责：

a. 接到溢流信号，立即鸣长笛报警。

b. 如果情况允许，要尽可能多下几柱钻杆、抢接止回阀。

c. 在司控台操作关井，先开液动阀再关环形防喷器，再关闸板防喷器，或通知副司钻在远程控制台关井。

d. 接方钻杆。

e. 如果情况紧急，已出现井涌，没有条件抢下钻杆，则在司控台迅速打开液动阀，再关闭环形防喷器，再关闭全封闸板防喷器或通知副司钻在远程控制台操作关井。

f. 将溢流量、关井立压、关井套压报告值班干部。

2. 副司钻

(1)上岗检查内容：

①检查蓄能器控制系统表压、油量、电控箱、电泵气泵、管汇及阀件是否符合规定要求，是否处于待命工况。

②进入油气层后，每只钻头下井，除环形防喷器外，必须对每个控制对象操作检查一次，对环形防喷器每两只钻头检查一次。

③检查加重、除气、搅拌装置及净化系统是否处于随时可运转的状态。

④加重料、重钻井液储备是否满足要求。

⑤钻井泵系统是否工作正常。

(2)发生溢流的职责：

①钻进过程中发生溢流的职责：

a. 听到报警信号，看到司钻上提钻具后停泵，迅速赶到远程控制台。

b. 密切注视钻台，接到司钻关井的指令后，在远程控制台迅速关井。先开液动阀，再关环形防喷器，再关闸板防喷器。

c. 检查控制对象是否操作到位。

d. 坚守岗位，随时听从指挥。

②接单根发生溢流的职责：

a. 听到溢流警报信号后，迅速赶到远程控制台待命。

b. 密切注视钻台，接到司钻关井指令后，按常规关井程序迅速关井，先开液动平板阀再关环形防喷器，再关闸板防喷器。

c. 检查控制对象是否操作到位。

d. 坚守岗位，保证控制系统运转正常，随时听从指挥。

③起下钻杆过程中发生溢流的职责：

a. 听到溢流警报后，立即赶到贮能控制台。

b. 密切注视钻台，接到司钻关井的指令后，按常规关井程序迅速关井。

c. 检查控制对象是否操作到位。

d. 坚守岗位，保证远程控制系统处于正常运转状态，随时听从指挥。

④起下钻铤过程中发生溢流的职责：

起下钻铤过程中发生溢流的职责与起下钻杆过程中发生溢流的职责相同。

⑤空井发生溢流的职责：

a. 听到溢流警报后，立即赶到钻台。

b. 根据溢流的大小，在情况允许的条件下，协助司钻强行下钻。

c. 如果情况紧急，不允许下钻，迅速赶到远程控制台。接到司钻关井指令后迅速关井。先开液动平板阀，再关环形防喷器，再关全封闸板防喷器。

d. 检查控制对象是否操作到位。

e. 坚守岗位，保证远程控制系统处于正常运转状态，随时听从指挥。

3. 井架工

(1)上岗检查内容：

①井口防喷装置、防护罩、手动锁紧操纵杆、节流管汇、放喷管线的固定、清洁卫生，是否符合要求。

②各阀门的开启与关闭是否符合规定要求。

③检查立压表、套压表、溢流监测装置是否齐全灵敏可靠。

(2)发生溢流的职责：

①钻进过程中发生溢流的职责：

a. 钻进时负责观察井口钻井液返出情况，做好钻井液池面变化情况记录，发现溢流及时报告司钻。

b. 听到长鸣报警信号，立即赶到节流管汇处，迅速扫视各阀开关状态是否符合要求，接到司钻指令后，迅速打开4#或8#平板阀(该平板阀若是液动的，由副司钻打开；如果是手动的，由井架工打开)。

c. 防喷器关井后，慢慢关闭手动节流阀(软关井)。

d. 记录关井稳定后的立管压力和套管压力及溢流量，并报告司钻或值班干部。

e. 从关井时算起，密切监视立压和套压的变化。如果超过允许的安全关井压力，则要开启节流阀降压。

②接单根发生溢流的职责：

接单根发生溢流的职责与钻进过程中发生溢流的职责相同。

③起下钻杆过程中发生溢流的职责：

a. 听到溢流长笛报警信号后，看游车不再上行立即停止起下钻作业。

b. 安全迅速从井架二层台下来，赶到节流管汇处。

c. 迅速扫视各阀门的开关状态是否符合待命工况的规定要求。

d. 密切注视钻台，接到司钻指令，迅速打开4#平板阀〔该阀如果是液动的，由副司钻打开，如果是手动的，由井架工打开)。

e. 防喷器关井动作完成后，慢慢关闭手动节流阀(软关井)。

f. 记录关井稳定后的立管压力和套管压力及溢流量，并报告司钻或值班干部。

g. 关井后，密切监视立压和套压的变化，如果超过允许的安全关井压力，则只有开启节流阀降压。

④起下钻铤过程中发生溢流的职责：

起下钻铤过程中发生溢流的职责与起下钻杆过程中发生溢流的职责相同。

⑤空井发生溢流的职责：

a. 听到溢流报警信号后，立即赶到钻台，听从司钻指挥。

b. 根据溢流大小，在情况允许可以强行下钻的条件下，立即上井架二层台，抢下钻杆。

c. 接到司钻停止下钻的指令后，安全、迅速从二层台下来，赶到节流管汇处。

d. 继续完成起、下钻杆时相应的a、b、c、d、e条职责。

e. 如果情况紧急，不允许强行下钻，则也要完成起下钻时相应的c、d、e、f、g条职责，只不过此时没有立管压力，只能记录套压。

4. 钻井液工

(1)上岗检查内容：

①当班钻井液的性能参数。

②检查加重剂的量足够，压井液的性能和量满足要求。

(2)发生溢流的职责：

①测定钻井液的性能参数。

②获取钻井液池液面的变化量。

5. 内钳工

(1)上岗检查内容：

①井口工具齐全、灵活好用，旋塞扳手放在明显处。

②立管压力表灵敏可靠。

③止回阀接头等内防喷工具无锈蚀，阻卡、丝扣清洁并涂有丝扣油。

(2)发生溢流的职责：

①钻进过程中发生溢流的职责：

a. 听到溢流警报后，立即上钻台。

b. 与外钳工配合，待方钻杆接头出转盘立即扣上吊卡。

c. 准备好旋塞扳手，听从司钻指挥。

d. 观察立管压力变化。

e. 必要时，关闭方钻杆下旋塞。

②接单根发生溢流的职责：

a. 听从司钻指挥，动作快速、准确地接好单根止回阀及方钻杆。

b. 观察记录关井立管压力。

③起下钻杆过程中发生溢流的职责：

a. 听到溢流长鸣报警信号后，与外钳工密切配合，坐好吊卡、接上止回阀，待关闭防喷器后迅速接上方钻杆。

b. 求压时，注意观察立压的变化。

④起下钻铤过程中发生溢流的职责：

a. 听到溢流长鸣报警信号后，立即上钻台，与外钳工密切配合卡好卡瓦与安全卡瓦。

b. 抢接带止回阀的钻杆单根，或者进行强行起下钻。

c. 待防喷器关闭后，迅速抢接方钻杆。

d. 根据当时情况，选择求压方法，求压时注意观察立压变化。

⑤空井发生溢流的职责：

a. 听到溢流报警信号后，立即赶到钻台，听从司钻指挥。

b. 根据溢流大小，在允许强行下钻的情况下，与外钳工密切配合，完成在井口强行下钻的操作。

c. 停止强行下钻后，坐好吊卡，接上止回阀，待关闭防喷器后，迅速接上方钻杆。

d. 如果情况紧急，不允许强行下钻，则只有在实施空井关井程序后(先开平板阀，再关环形防喷器，后关全封闸板防喷器，试关节流阀)，才能离开钻台。

6. 外钳工

(1)上岗检查内容：

外钳工上岗检查内容与内钳工上岗检查内容相同。

(2)发生溢流的职责：

发生溢流时外钳工的职责与内钳工相同。

7. 场地工

(1)上岗检查内容：

①钻井液净化系统电路无裸线，电线架空、照明灯闸刀开关及电机防爆，有保护罩。

②消防器材和工具齐全、完好。

(2)发生溢流的职责：

①钻进过程中发生溢流的职责：

a. 听到溢流警报信号后，停止振动筛工作，关掉井架照明、循环系统电源、保护探照灯、防喷器控制系统用电。

b. 赶到节流管汇处，协助井架工操作控制开关相应的平板阀、节流阀以及防喷器手动锁紧装置。

c. 做好消防设备、器材、工具的准备。

②接单根发生溢流的职责：

a. 听到溢流报警信号后，停止振动筛工作。

b. 上钻台，协助内、外钳工操作。

c. 接上止回阀后，跑到节流管汇处，协助井架工操作。

d. 关井后，做好消防器材、工具的准备。

③起下钻杆过程中发生溢流的职责：

a. 听到溢流报警信号后，上钻台协助内、外钳工操作。

b. 接上止回阀后，赶到节流管汇处，协助井架工操作。

c. 关井后做好消防器材、工具的准备。

④起下钻铤过程中发生溢流的职责：

起下钻铤过程中发生溢流的职责与起下钻杆过程中发生溢流的职责相同。

⑤空井发生溢流的职责：

a. 听到溢流报警信号后，首先上钻台，听从司钻指令。

b. 如果情况允许强行下钻，其职责与起下钻杆职责相同。

c. 如果情况紧急，没有条件强行下钻，则到节流管汇处，协助井架工操作。

d. 关井后做好消防设备、器材，工具的准备工作。

8. 柴油机司机

(1)上岗检查内容：

钻入油气层后，要保证机房及周围无油污，排气管通冷却水，消除一切火灾隐患。

(2)发生溢流的职责：

①听到溢流报警信号后，先开2#车、3#车，运转正常后再关停1#车。

②密切注视钻台，接受司钻各项指令。

9. 发电工

(1)上岗检查内容：

井控装置电路、气路的连接。

(2)发生溢流的职责：

①听到溢流报警信号，切断钻井液循环系统电源。

②关闭井架灯、钻台灯、机泵房灯。

③保护好防喷器控制系统用电和探照灯用电。

三、关井过程中容易出现的问题及对策

1. 措施不当

(1)发现溢流后不及时关井，仍循环观察。

这样操作不能及时阻止溢流，只会使溢流更严重，并造成关井、压井时，井口、套管、

地层承受更高的压力，甚至超过允许值，致使关井、压井变得困难或不可能。

因此发现溢流后无论严重与否，必须及时迅速地关井。

(2)先坐好吊卡或卡好卡瓦，再关防喷器。

因钻具与防喷器不能相对居中而造成井口关不严，刺坏防喷器胶芯。

正确做法是：在关防喷器时使钻具悬持居中，关完防喷器后再根据具体情况坐吊卡或卡瓦。

(3)起下钻发现溢流时，仍继续起下钻。

这种情况大多数出现在起下钻后期发生溢流时，操作人员企图抢时间完成起下钻，但往往适得其反，关井时间的延误会造成更严重的溢流，增加井控难度，甚至恶化为井喷失控。

在这种情况下，必须正确判定是否安全。正确做法是：关井再下钻到底；或关井后压井，再下钻到底。

(4)关井时，把钻具提离井底很高，甚至提到套管鞋内。

这样做是出于防止卡钻的考虑，但这样做恰恰贻误了关井时机，同时，钻具提离井底过高，会给以后循环排除溢流和压井带来困难。

正确做法是：及时关井，使钻柱尽可能靠近井底。

(5)在压力未超过最大允许关井套压的情况下放喷。

应合理控制井口压力，井口压力未超过最大允许关井套压不允许放喷。若井喷后不得不放喷时，也应控制一定的回压。即使放喷，也应控制较小的放喷量。

(6)强烈井喷时，硬关井。

这样做会产生强的“水击效应”，产生很大的附加压力。

正确的做法是：除非十分特殊的原因，都应采取软关井。

2. 操作失误

(1)关闸板防喷器时，三位四通换向阀扳至关位后直接回中位。

关井后未进行手动锁紧，直接将三位四通换向阀手柄扳回中位，这将导致防喷器泄压，封井失效。应在关闭闸板防喷器并进行手动锁紧后，再扳至中位。

(2)井内有钻具，企图用关全封闸板的方法剪切钻具。

这种做法是错误的，全封闸板只能封闭井口，起不到剪切闸板的作用。

3. 设备损坏

(1)节流阀堵塞或刺坏。

流体从地层进入井眼，携带出岩石和岩屑。大块硬岩屑能堵塞节流阀，高速喷出的岩屑可能刺坏节流阀内的碳化钨元件，这两类问题在关井时都要考虑。

节流阀堵塞时，通过节流阀的流动受到限制或被中断，此时套管压力会马上增加，立管压力在几秒钟后会与套管压力同时上升，附加在泵上的载荷将减小泵速，通常用快速开启的方法可以疏通节流阀(疏通后应当转回原有的固定位置，以减小岩屑的进一步进入)。如果这样不行，应当立即将流动改道成第二节流阀，遥控可调节流阀可专门用于此目的，否则就必须用手动来关井。

节流阀刺坏的显示与堵塞的显示正好相反。如果严重刺坏，也要用第二节流阀，然后把冲蚀的元件换掉。

(2)关井过程中，平板阀出现故障，阀门有的打不开，有的关不上，有的刺漏。

4. 固井时导致井喷

(1)没有换用与套管尺寸相应的防喷器芯子，井口失去控制。

(2)水泥浆初凝时，产生失重现象，减轻了环空压力，水泥石收缩又会产生微细裂纹，导致高压油气上窜。

(3)固井时，注入的前置液过多，减轻了环空压力，导致油气上窜。

(4)下套管时，没有按规定灌钻井液，导致回压阀压坏，诱使油气从套管内喷出。

5. 职责不明，配合失误

在关井过程中，作业人员应十分清楚本岗位的井控职责，做到分工负责，密切配合。关井应由司钻统一指挥，严防乱指挥造成误操作；要经常进行防喷演习，做到班自为战，要从严格管理和井控培训上下工夫，只有这样才能迅速、准确无误地控制住井口。

复习思考题

一、选择题

1. 关井操作由(　　)统一指挥，防止误操作。

A. 队长　　B. 工程师　　C. 值班干部　　D. 司钻

2. 关井后需要放喷泄压时，要通过(　　)放喷降压。

A. 节流管汇、放喷管线　　B. 压井管汇

C. 打开防喷器　　D. 打开钻具内空间

3. 下钻时发生溢流的显示是从井内返出的钻井液量(　　)下入钻具的体积。

A. 大于　　B. 小于　　C. 等于　　D. 不确定

4. 发生溢流后要求及时关井的目的是(　　)。

A. 防止井塌　　B. 防止卡钻

C. 防止井漏　　D. 保持井内有尽可能多的液柱压力

5. 发生溢流后正确的做法是(　　)。

A. 迅速关井　　B. 循环观察　　C. 及时请示　　D. 等待命令

6. 发生溢流硬关井时，容易产生(　　)现象。

A. 坍塌　　B. 卡钻　　C. 憋泵　　D. 水击

7. 发生溢流采取软关井的优点是(　　)。

A. 容易产生水击现象　　B. 关井时间比较长

C. 对井口冲击比较小　　D. 关井时间比较短

8. 关井程序中，如未安装司钻控制台，由(　　)通过远程控制台关防喷器。

A. 司钻　　B. 副司钻　　C. 井架工　　D. 场地工

二、判断题

1. 通常一口井的薄弱部分是在最后一层套管鞋附近。

2. 及时发现溢流并迅速控制井口是防止井喷的关键。

3. 软关井操作时间比较长，对控制井内压力不利，因此现场多不采用。

4. 关井时，应先坐好吊卡或卡好卡瓦，再关防喷器。

5. 关井时为了防止卡钻，应把钻具提到套管鞋内。

6. 硬关井的主要特点是地层流体进入井筒的体积多，即溢流量大。

7. 关井程序中，负责打开节流管汇前平板阀的是副司钻。

8. 关井时，如果套压升高到最大允许关井套压，要及时打开防喷器泄压。

三、简答题

1. 正常工况下节流、压井管汇阀门所处的状态如何？
2. 简述四种工况下的关井程序。
3. 关井原则是什么？
4. 简述剪切钻具的关井程序。
5. 简述各岗位在井控中的职责。

第五章　气侵对井内压力的影响

在钻井过程中，常见的也是最危险的溢流是气体溢流。由于天然气在不同温度、压力下具有溶解、膨胀和易燃易爆的特性，使井控过程更加复杂。气体溢流的种类有天然气、硫化氢、二氧化碳等。地层中流体存在的状态既有油、气、水单独存在的，也有油、气、水共存的，然而，即使是油侵、水侵，也往往伴随着一些天然气的侵入。天然气无论是在侵入的方式方面，还是在井内的运动状态方面，都不同于油侵和水侵，为了有效地进行井控作业，熟悉掌握气侵的一些特点是十分必要的。

第一节　气体的来源及特性

一、天然气侵入井内的方式

(1)随破碎岩屑的侵入。在钻开气层的过程中，随着井底岩石的破碎，岩石孔隙中的天然气被释放而侵入钻井液。侵入量与岩石的孔隙度、天然气饱和度、井径、机械钻速和气层的厚度等有关。如果是薄气层，就没有多少天然气侵入钻井液；如果是大段含气岩层，侵入钻井液的天然气总量就可能相当大。

(2)重力置换的侵入。钻遇大裂缝或溶洞时，由于钻井液的密度比天然气的密度大，产生重力置换，天然气被钻井液从裂缝或溶洞中置换出来，进入井内，并在井内聚积成气柱。

(3)浓度扩散侵入。气层中的天然气要通过泥饼向井内扩散，侵入钻井液。侵入井内的天然气数量取决于钻开气层的表面积、浓度差和泥饼的质量。一般通过泥饼扩散而侵入井内的气体量并不大，但当泥饼由于压力波动等原因受到破坏或停止循环时间很长时，侵入到井内的天然气量会增大。

上述三种侵入方式，即使在井底压力大于地层压力时，气体也不可避免地会侵入井内。

(4)压力差的侵入。井底压力小于地层压力时，天然气以气态或溶解状态大量进入井内或渗入钻井液。由前面我们知道，起钻时由于停止循环、抽汲作用等原因会使井底压力降低，井底的负压差越大，进入井内的天然气就越多，而且很容易在井内积成气柱。

二、气体在井内的状态

(1)分散的气泡状态。大多数情况下，由于钻井液流动和钻柱旋转的影响，气体以气泡的形式散布在钻井液中。

(2)连续气柱状态。如果发生重力置换或长期关井，或者定向井水平段较长时，可在井内形成连续气柱。

三、气体的膨胀特性

气体与液体最显著的差别，在于其可压缩性或膨胀性。气体受压增高，其体积减小；气体受压减小，体积增加。这种特性可用下面的公式来描述：

$$pV = ZnRT \tag{5-1}$$

或

$$\frac{p_1V_1}{Z_1T_1} = \frac{p_2V_2}{Z_2T_2} = \text{常数} \tag{5-2}$$

式中 p——气体所受到的绝对压力，MPa；

V——气体的体积，m^3；

Z——气体的压缩性系数；

n——气体的物质的量；

R——气体常数，$MPa \cdot m^3/K$；

T——气体的绝对温度，K。

如果不考虑气体的压缩性系数及温度的变化，则上式变为波义耳-马略特定律：

$$p_1V_1 = p_2V_2 \tag{5-3}$$

即气体压力增加一倍，体积减小一倍；相反，气体压力减小一倍，体积增大一倍。

第二节　气体溢流对井内压力的影响

一、气泡侵对钻井液柱压力的影响

1. 天然气泡侵的特点

(1)天然气泡向上运移。天然气以微小气泡形式侵入井底后，会因其密度小于钻井液密度而与钻井液发生重力置换，在钻井液中逐渐滑脱上升运移。

(2)天然气泡向上运移时体积会膨胀。天然气泡在井底时，受到整个井眼的钻井液液柱的压力，气泡的体积是很小的，对钻井液密度的影响也较小。在气泡滑脱上升的过程中，气泡上面的钻井液液柱高度越来越小，这样气泡所受到的钻井液液柱的压力就越来越小，由于天然气泡的体积与其所承受的压力成反比，这样就引起了气泡的体积逐渐膨胀，如图 5-1 所示。当气泡上升至接近地面时，气泡体积膨胀到最大。

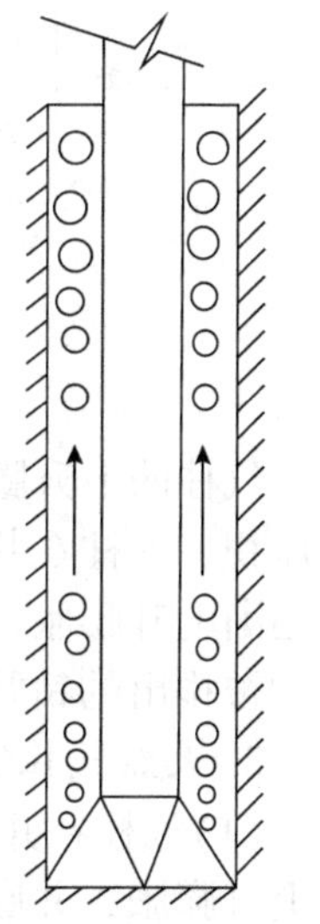

图 5-1　天然气泡在井内上升的特点

2. 天然气泡侵的注意事项

(1)天然气以气泡形式侵入钻井液后，环空气侵钻井液的密度随井深自下而上逐渐变小。因此，我们从返至钻井液槽中的钻井液测得的钻井液密度不是整个井眼的钻井液密度，不能用其值计算环空的钻井液液柱压力或井底压力。

(2)钻井液气侵后，一般不会使井底压力小于地层压力。但必须及时除气，保证泵入井内的钻井液密度始终为原浆密度。如果不及时除气，气侵钻井液就会被重新泵入井内，使井底压力进一步减小，导致井底压力小于地层压力，使地层中的天然气大量侵入井内，引起井喷。

(3)在钻至浅气层时，气侵使井底压力的减小程度比深井大。其原因是井浅时，侵入井内的气体所受到的钻井液液柱压力小。气泡体积大，随着气泡向上运移，气泡会越来越大，这种增大趋势比深井快，这就使浅井气侵后的平均钻井液密度比深井小，因而容易降低井底压力，使井底压力小于地层压力，较快地造成溢流与井涌。因此，在钻开浅气层时，应密切注视钻井液槽面的气泡现象，及时停钻观察溢流情况或关井观察立管压力与套管压力，根据井口压力情况进行压井或除气等工作。

二、天然气柱侵对井内压力的影响

1. 天然气柱侵的特点

天然气柱侵与天然气泡侵一样具有向上运移和体积膨胀两个特点。天然气柱上升到井深的一半，气柱所受到的钻井液液柱压力就减小一半，气柱体积就增加一倍，当气柱再向上运移一半，气柱体积又增加一倍。每上升到余下路程的一半，气柱体积就增加一倍，当气柱接近地面时，气柱体积增加到最大，如图5-2所示。

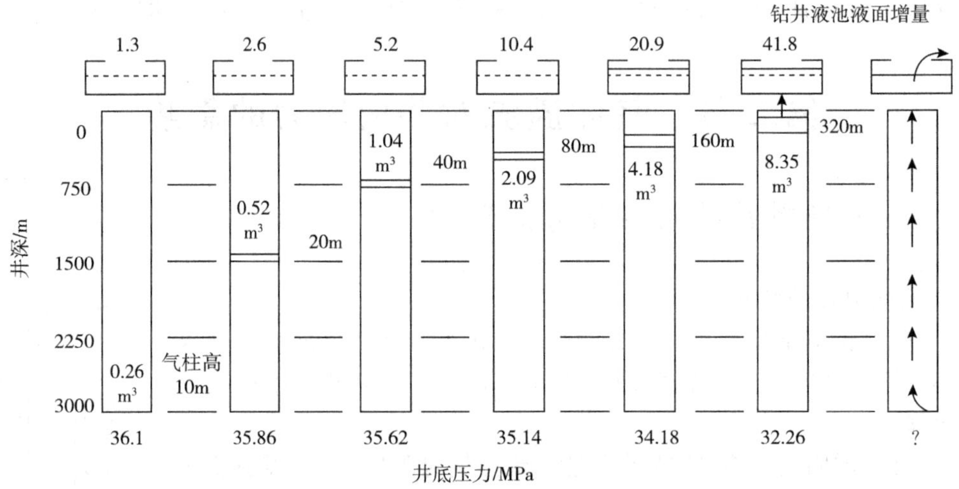

图5-2 井底气柱自动外溢的条件

气柱的上升膨胀，会使接近井口处的钻井液排出地面，排出的钻井液体积等于气柱膨胀的体积。气柱在井底时，气柱体积小，被排出的钻井液体积小，可能检测不出来；随着气柱的逐渐上升膨胀，被排出的钻井液体积就越来越多，溢流流速会越来越快；当气柱快到地面时，被排出的钻井液体积会迅速增加，溢流流速会大大增加。

2. 天然气柱侵的注意事项

(1)气柱在井底或者在井的深部时，对井底压力影响甚微，可以忽略。但是，随着气柱的上升膨胀，井底压力会逐渐减小；当气柱上升到一定高度时，井底压力就会小于地层压力，使井底又发生更大的气侵；当气柱快到井口时，气柱的膨胀力就会大于气柱上面的钻井液液柱压力。这时，膨胀的气柱就会推动其上面的钻井液自动外溢。发生钻井液自动外溢后，气柱上面的钻井液将会很快地全部溢完，造成井喷。

(2)气侵后，如果开泵循环钻井液，气柱上升膨胀得更快，更易造成井喷。

下面我们来看一下某井气柱侵后的溢流情况：某井井深4000m，气侵量为1m^3，循环钻井液时钻井液在环空的上返速度为0.8m/s。

当气柱由4000m上升到2000m时，气柱体积由1m^{3}增大为2m^3，所需的时间为38.2min；

当气柱由2000m上升到1000m时，气柱体积由2m^{3}增大为4m^3，所需的时间为20.3min；

当气柱由1000m上升到392m时，气柱体积由4m^{3}增加到9.8m^3，所需时间只有7.7min。这时，气柱的膨胀力就会推动气柱上面的钻井液自动外溢，因此，不到1min就会发生井喷了。

气柱侵引起的井侵与井喷来势较猛，在钻开气层的过程中，尤其是井下停止循环时间较长而又开始循环钻井液时更应密切注视气侵、溢流情况，尽早发现溢流，尽快关井，不得拖延。在上述的例子中，如果气柱体积增大为2m^{3}时，能在地面及时发现2m^{3}的溢流量，那么，从发现溢流到井喷还有28min的时间。虽然这28min的时间不太长，但却能保证有足够的关井时间。如果在气柱体积为4m^{3}时才发现地面的4m^{3}的溢流量，这时离井喷只有8min了，而关井也需要8min左右的时间，有时关井时间会更长，这就容易措手不及，稍慢就会造成严重的井喷。

(3)钻至浅气层(1000~1500m)后的气柱侵会使井涌来势迅猛，稍不注意，就会造成严重的井喷。因为在井侵量较小的情况下，地面不易发现溢流，而当发现地面有一些溢流显示后，井喷又很快来临。因此，在钻至浅气层后，要特别小心谨慎，要充分保证井底压力大于地层压力，钻速要特别缓慢，要分段打开气层。打开气层2m后，应停止钻进，循环一周，若发现溢流，应迅速关井，并进行压井；再钻进一段之后，又应该用充分的时间把侵入井内的天然气循环到地面上来，及时清除，再继续钻进，并仔细观察溢流显示。

三、关井时天然气对井内压力的影响

当天然气进入井内后，井处于关闭状态，天然气在封闭的井内上升时对井底、井口以及整个井筒内压力的影响则更大。

进入井内的天然气，在关井状态下是不稳定的，由于其密度比钻井液密度小，在钻井液中要滑脱上升，其上升趋势与钻井液性能有关，如钻井液的黏度、切力越小，滑脱越易产生。

由于井是关闭的，天然气不能膨胀，在上升过程中其体积不发生变化，始终保持其在井底时的体积，这样使得天然气的压力在上升过程中也不发生变化，仍然保持着原来在井底时的压力值，即地层压力值，因此，井底、井口和井内各深度所受的压力是随天然气的上升而变化的。当天然气上升到井口时，天然气的压力就加到钻井液柱上，作用于整个井筒，使井底、井口和井筒各处的压力达到最大，如图5-3所示。

例　井深3000m，井内钻井液密度为1.20g/cm^3，井底天然气的压力为：

$$p_p = 9.81 \times 1.20 \times 3000 + 0.098 = 35.316(\text{MPa})$$

天然气在体积不膨胀的条件下上升，当天然气上升到1500m井深处，仍然保持其在井底时的压力35.316MPa不变。此时，井底压力和井口套压分别为：

井底压力：$p_b = p_p + 9.81\rho_m L_1 = 35.316 + 9.81 \times 1.20 \times 1500 \times 10^{-3} = 53.018(\text{MPa})$

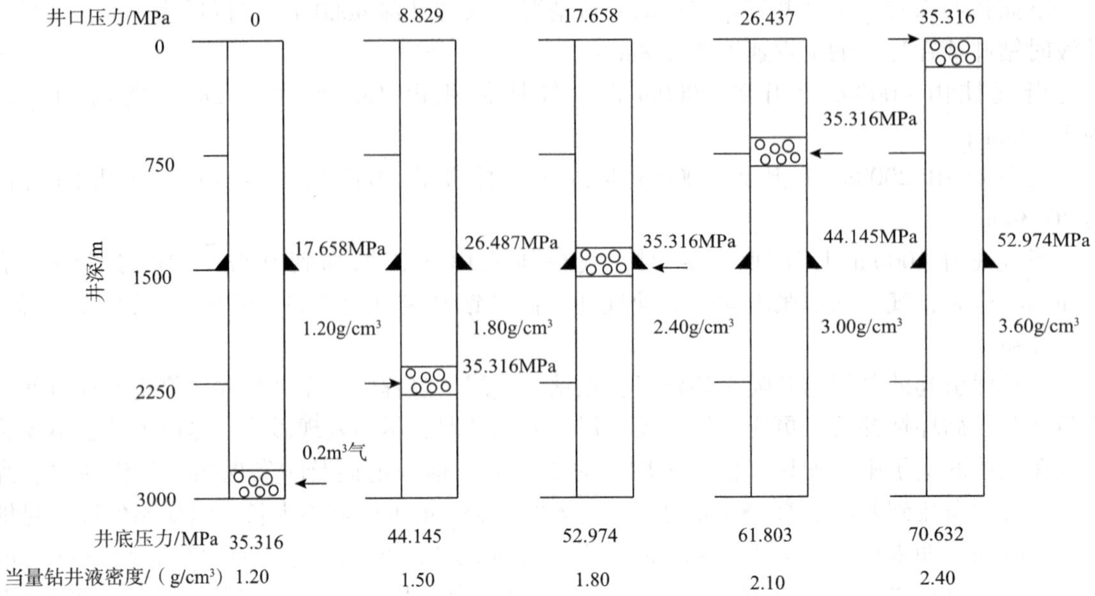

图 5-3　关井情况下气侵钻井液的压力（钻井液密度 1.20g/cm³）

井口套压：$p_a=p_p-9.81\rho_m L_2=35.316-9.81\times1.20\times1500\times10^{-3}=17.658$（MPa）

井深 1500m 处井壁受到的压力为 35.316MPa。

当天然气上升到井口时，井底压力和井口套压分别为：

井底压力：$p_b=p_p+9.81\rho_m H=35.316+9.81\times1.20\times3000\times10^{-3}=70.632$（MPa）

井口套压：$p_a=p_p=35.316$（MPa）

井深 1500m 处井壁受到的压力为：

$$p_{1500}=p_a+9.8\rho_m\times1500=35.316+9.8\times1.20\times1500\times10^{-3}=52.974\text{（MPa）}$$

认识天然气在关井条件下，体积不膨胀上升对井内压力的影响是很重要的，从中可得出一些很有实际意义的结论：

（1）考虑到关井时井口要承受很高的压力，要求井口装置要有足够高的工作压力。

（2）不应长时间不循环关井，避免井口和井底压力升高带来不良后果。若超过井口装置的工作能力就可能造成井口失控，超过地层破裂压力和套管抗内压强度就可能造成井漏等复杂情况。因此，当关井后，井口压力不断升高，井口和井内压力有可能超过上述极限值时，应通过节流阀或针形阀释放一部分压力。

（3）关井后，井口压力会随天然气在井内的上升而不断增加，此时，不能认为是地层压力很高，不能用关井较长时间后的井口压力计算地层压力和压井钻井液密度。

四、关井后天然气上升的处理方法

关井后天然气上升，会引起井内压力增高。当压力增加到一定值后，应适时处理，即释放部分压力以保证安全。现介绍两种处理方法。

1. 立管压力法

这种方法的基本原理是通过节流阀间隙放出一定数量的钻井液，使气体膨胀，并通过立管压力控制气体的膨胀和井底压力，使井底压力基本不变且大于地层压力，以防止气体再进入井内。

立管压力法操作方法如下：

(1)先确定一个比初始关井立管压力高的允许立管压力值 p_{d1} 和放压过程中立管压力变化值 Δp(国外资料 $\Delta p=343\sim686$kPa)。

(2)当关井后立管压力增加到($p_{d1}+\Delta p$)时，通过节流阀放出钻井液，当立管压力下降到 p_{d1} 时关井。

(3)关井后气体继续上升，立管压力再次上升到($p_{d1}+\Delta p$)时，再次按上述方法放压。这样重复进行，可使气体上升至井口。

立管压力法适用于正常条件，如果发生以下情况，则不能适用，而应采用容积法：

(1)钻头水眼被堵死。

(2)钻头离开井底。

(3)钻具刺漏等。

2. 容积法

容积法的原理是基于井底压力的变化是由地面套压的变化或环空静液压力的变化所引起，而环空静液压力的变化又是由于气体膨胀时钻井液量的减少(从井口放出)所致。

$$\Delta p_{m} = 9.8\rho_{m}\frac{\Delta V}{V_{a}} \tag{5-4}$$

式中 Δp_{m}——环空钻井液静液压力的减小值，kPa；

ΔV——环空钻井液量的减小值(放出的钻井液量)，m^3；

V_{a}——环空单位长度容积，m^3/m。

环空钻井液静液压力的减小值也是套压的增加值。

$$\Delta p_{m} = 9.8\rho_{m}\frac{\Delta V}{V_{a}} = \Delta p_{a} \tag{5-5}$$

式中 Δp_{a}——套压的增加值，kPa。

显然，可以利用间隙放钻井液的方法释放压力，并通过控制套压和放出的钻井液量控制井底压力不变，使井底压力高于地层压力，防止放压过程中气体进入井内。

操作方法如下：

(1)先确定一个大于初始关井套压的允许套压值 p_{a1}，再确定一个套压允许上升值 Δp_{a}。

如：初始关井套压 $p_{a}=4900$kPa，允许套压值为 $p_{a1}=5586$kPa，套压上升值为 $\Delta p_{a}=343$kPa。

(2)当套压上升到 $p_{a1}+\Delta p_{a}=5586+343=5929$kPa 时，通过节流阀放出钻井液，放出钻井液的体积应等于产生 343kPa 压力的钻井液体积。由公式 $\Delta p_{m}=9.8\rho_{m}\frac{\Delta V}{V_{a}}$ 得：

$$\Delta V = \frac{\Delta p_{a}V_{a}}{9.8\rho_{m}} \tag{5-6}$$

放出 ΔV 的钻井液后关井，此时的关井套压应为 5929kPa。

(3)关井后气体又继续上升套压再次升高 343kPa 时，再放出 ΔV 的钻井液，然后又关井。

(4)重复进行第(2)、(3)步骤，可使气体上升至井口，然后关井。

天然气上升到井口后，既不准在不循环的情况下让天然气放空又不能恢复循环。采用顶部压井法是一种较好的方法。

顶部压井法是从井口注入钻井液置换气体，以降低井口压力并保持井底压力不变。其基本操作步骤如下：

(1)通过反循环管线向环形空间注入一定量的钻井液，允许套管压力升高到某一定数值，但要防止压裂地层。

(2)待钻井液沉落后，通过节流阀慢慢释放气体，使套压降低某一定值后，关闭节流阀。套压的降低值应等于注入钻井液的静液压力值。

(3)重复上述步骤，直到井内充满钻井液为止。

容积法的假设条件是侵入井内的天然气是一个连续的气柱，占据整段环空，忽略气体的重量及天然气上升过程中无新的天然气侵入。此法的准确性受到井眼容积准确性的影响，因此适用于井身结构简单的井。

3. 天然气上升速度的计算

在关井条件下，天然气在环空的上升速度可由套压的升高值来确定。天然气不膨胀上升，天然气的压力保持不变，因此关井套压的升高值，就是天然气上面钻井液静液压力的减小值。故天然气上升的速度可用下式求得：

$$u_g = \frac{p_{a1} - p_a}{G_m} \tag{5-7}$$

式中 u_g——天然气柱的上升速度，m/h；

p_a——初始关井套压，Pa；

p_{a1}——关井 1h 后的套压，Pa；

G_m——气柱上面钻井液柱压力梯度，Pa/m。

通常，天然气在井内的上升速度大致为每小时 270~360m。

根据天然气的上升速度与上升时间则可求得天然气上升的距离：

$$L = u_g \times t \tag{5-8}$$

式中 L——天然气上升的距离，m；

t——天然气上升的时间，h。

如果令最大允许关井套压为 p_{ca}，那么天然气上升的允许高度 L_c 为：

$$L_c = \frac{p_{ca} - p_a}{G_m} \tag{5-9}$$

复习思考题

一、选择题

1. 对于(　　)溢流来说，更要强调及时发现溢流并迅速关井的重要性。

A. 气体　　B. 液体　　C. 液气混合　　D. 油水

2. 在常温下水的密度是天然气密度的(　　)倍以上。

A. 100　　B. 500　　C. 800　　D. 1000

3. 当发生岩屑气侵时，侵入天然气量与(　　)成正比。

A. 井径　　B. 井深　　C. 地层硬度　　D. 岩石塑性

4. 钻遇大裂缝或溶洞时，由于钻井液密度比天然气密度大而导致天然气侵入井内的现象称之为(　　)。

A. 岩屑气侵　　B. 置换气侵　　C. 扩散气侵　　D. 气体溢流

5. 钻井液发生气侵后，其密度的变化规律是(　　)。

A. 随井深自上而下逐渐降低　　B. 随井深自下而上逐渐降低

C. 全井不发生变化　　D. 全井无规律变化

6. 钻井液发生气侵对(　　)的影响，深井小于浅井。

A. 地层压力　　B. 井内静液柱压力

C. 地层破裂压力　　D. 地层坍塌压力

7. 在开井状态下，气体膨胀上升接近至(　　)才会使井底压力明显降低。

A. 套管鞋　　B. 井的中部　　C. 井口　　D. 任何位置

8. 为防止发生井下气侵而形成气柱，应尽可能减少(　　)时间。

A. 钻进　　B. 循环钻井液　　C. 停止循环时间　　D. 划眼

9. 在关井状态下，气体在带压滑脱上升过程中可导致(　　)。

A. 关井立压不变，关井套压不断上升

B. 关井立压不断上升，关井套压不变

C. 关井立压，套压不断上升

D. 关井立压，套压不断下降

10. 发生溢流关井后，当井口压力不断增大而达到井口允许的承压能力时，应(　　)。

A. 打开防喷器　B. 开井循环　　C. 节流泄压　　D. 继续观察

11. 关井情况下，套管压力上升的快慢反映了(　　)的快慢。

A. 地层压力增大　　B. 环空中气柱上升

C. 环空中油上升　　D. 环空中水上升

12. 关井时，随着气柱的上升，井内钻井液的液柱压力(　　)。

A. 会增大　　B. 会减小　　C. 不发生变化　　D. 逐渐变为零

13. 在处理关井后天然气上升的过程中，体积法(容积法)的原理是通过(　　)释放钻井液，使气体膨胀，环空静液压力由于钻井液量的减少而降低，为保证井底压力略大于地层压力，环空静液压力减小值通过增加套压补偿。

A. 放喷阀　　B. 节流阀　　C. 压井管汇　　D. 井口

14. 在处理关井后天然气上升的过程中，立管压力法适用于(　　)。

A. 钻头水眼被堵死时　　B. 钻头位置在气体之上

C. 钻具被刺漏　　D. 钻头在井底且水眼畅通

二、判断题

1. 长期关井后，井口压力不断升高，则证明地层压力在不断升高。
2. 长期关井后，天然气柱会向上运移膨胀。
3. 只有在钻井液液柱压力小于地层压力的时候，地层中的气体才会进入井中。
4. 发现溢流关井后，关井套压较高，此时可以打开节流阀通过放压的方式降低关井套压。
5. 油侵后，长期关井，关井立压会逐渐升高。

三、简答题

1. 天然气侵入井内的方式有哪些?
2. 关井状态下和开井状态下天然气进入井内，井口压力如何变化?

第六章　溢流控制原理

在钻井过程中，井内钻柱水眼与环形空间是一个连通的体系，犹如一个U形管。因此，可以依据U形管原理来控制溢流，利用地面节流装置产生的阻力(即回压)和井内的钻井液柱压力所形成的井底压力来平衡地层压力，并在压井过程中始终保持井底压力不变，制止地层流体再进入井内。

第一节　U形管原理

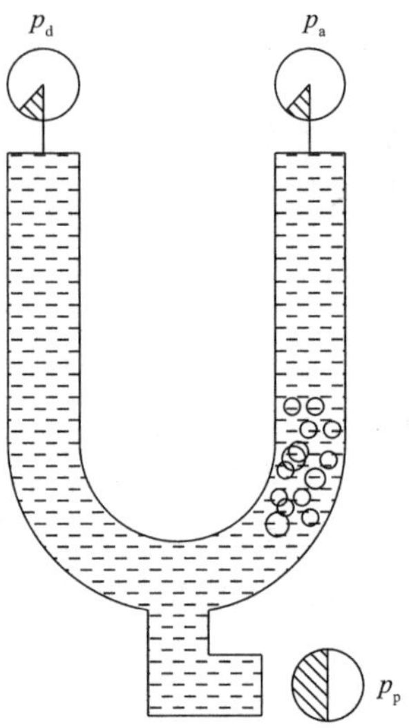

图6-1　关井期间U形管原理图

U形管的基本原理是：把井眼系统想象成一个U形管，则可以把钻柱内部看成是U形管的一个管，把钻柱与井眼间的环形空间看成是另一个管，U形管底部是一个压力平衡点，此处的压力只能有一个值，这个压力可以通过分析任意一个管的压力而获得。

如图6-1所示，钻柱、环空及地层之间的流体是连通的，它们之间的液体压力是可以传递的。关井期间，随着地层流体的侵入，井底压力增加，从而使井底压力与地层压力之差值减少。此时，立管压力与套管压力相应增加。当井底压力与地层压力差为零时，则有以下平衡式：

$$p_d + p_{md} = p_p = p_a + p_{ma} \tag{6-1}$$

式中　p_d——关井立管压力或称关井钻杆压力，(简称关井立压)；

p_{md}——钻柱水眼内的钻井液静液柱压力；

p_p——地层压力；

p_a——关井套管压力(简称关井套压)；

p_{ma}——环空内钻井液静液压力。

显然，要准确计算地层压力，关键是要尽可能在井底压力等于地层压力时读取立管压力与套管压力。

一、井底压力

钻井的各种作业中，井内始终作用着压力。其中，大部分来自钻井液静液柱压力，其他的有循环流动阻力、侵入井内的地层流体压力、激动压力、抽汲压力、地面回压等。不同作业时井底压力的变化如下：

(1)静止状态(不循环，不起下钻，无溢流)时：$p_b = p_{md} = p_{ma}$

(2)正常循环时(无溢流)：$p_b = p_{md} + p_{la} = p_{ma} + p_{la}$

(3)用旋转防喷器循环钻井液时：$p_b = p_{ma} + p_{la} + p_{ax}$

(4)循环出气涌时：$p_b = p_{ma} + p_{bp} + p_{aj}$

(5)起钻时：$p_b = p_{ma} - p_{sb}$

(6)下钻时：$p_b = p_{ma} + p_{sw}$

(7)空井时：$p_b = p_{ma}$

(8)关井时：$p_b = p_{ma} + p_a + p_e$

式中 p_b——井底压力，MPa；

p_{md}——钻柱内静液柱压力，MPa；

p_{la}——循环时环形空间压力损失，MPa；

p_{ma}——环形空间静液压力，MPa；

p_{ax}——旋转防喷器的回压，MPa；

p_{bp}——气侵后环形空间的压力损失，MPa；

p_{aj}——节流压力，MPa；

p_{sb}——抽汲压力，MPa；

p_{sw}——激动压力，MPa；

p_e——圈闭压力，MPa。

从U形管原理可以得出：套管压力和立管压力紧密相关，改变套管压力或节流阀压力可以控制井底压力，并影响到立管压力，使之产生同样大小的变化。

关井后，在地面上可以读得关井套压和关井立管压力两个值。溢流发生后，地层流体进入环空，环空钻井液静液压力减小，而钻柱内因未受地层流体的污染，钻井液静液柱压力未发生变化。因此，关井套压通常比关井立压高。环空静液压力减小值的大小与侵入井内的地层流体的种类和体积有关。由于受井径不规则、天然气在井内分布的不均匀和井温等客观条件的影响，不可能准确掌握地层流体侵入的体积和种类，因此，关井套压不能作为判断井底压力的依据。然而钻柱中的钻井液因未受到地层流体的污染，仍然保持原钻井液静液压力，故可根据关井立管压力和钻柱内的钻井液静液压力确定地层压力。即

$$p_d + 9.8\rho_m H = p_p \tag{6-2}$$

式中 ρ_m——钻柱内钻井液密度，g/cm^3；

H——垂直井深，m。

当井深和钻井液密度一定时，关井立压的大小就反映了地层压力的大小，因此，把关井立管压力作为判断地层压力的压力计来使用。

二、立管压力

立管压力是三部分压力的总和：

$$p_d = p_l + \Delta p + \Delta p_{al} \tag{6-3}$$

式中 p_d——立管压力，MPa；

p_l——循环压力损失($p_l = p_{ld} + p_{la}$)，MPa；

Δp——静液压力不平衡值，MPa；

Δp_{al}——控制井涌的压力，MPa；

p_{ld} ——钻柱内和钻头水眼循环压耗，MPa；

p_{la} ——环空循环压耗，MPa。

循环压力损失是指当泵送钻井液通过地面管线、井下钻柱、钻头水眼，进入环空上返至地面过程中，由于摩擦引起的压力损失。钻井液在高压下进入钻柱，回到循环罐时处于大气压下，表压为0，压力损失在循环过程中，大部分的压力损失发生在钻柱内以及水眼处。压力损失的大小取决于钻井液密度、黏度、流速和流通面积等。

静液压力不平衡值是指钻柱内与环空静液压力的差值。在无井涌时，不平衡值为0，因为这两个压力大致相等，然而，在二级井控中钻柱压力和环空静液压力可以相差很大。如果压力不平衡，钻井液将流向静液压力低的部位，直到平衡为止。钻柱内的静液压力超过环空静液压力时，泵送钻井液较省力，相反，则泵压就高。

控制井涌的压力，即在循环出气侵钻井液时所需要或出现的压力，它包括地面回压与节流管汇压力损失。有助于控制地层压力的地面回压是由节流阀产生的，这个压力由摩擦产生，取决于钻井液密度、流速及节流阀的开启度大小。停止循环关井时，仍可能有一定回压作用在环空或套管内，这个压力就是关井套管压力。

三、总压力

总压力是指井内液体作用于井内的压力。如深度是井底，总压力就称为井底压力，如图6-2所示，总压力=环空静液压力+环空压力损耗+井涌控制压力。

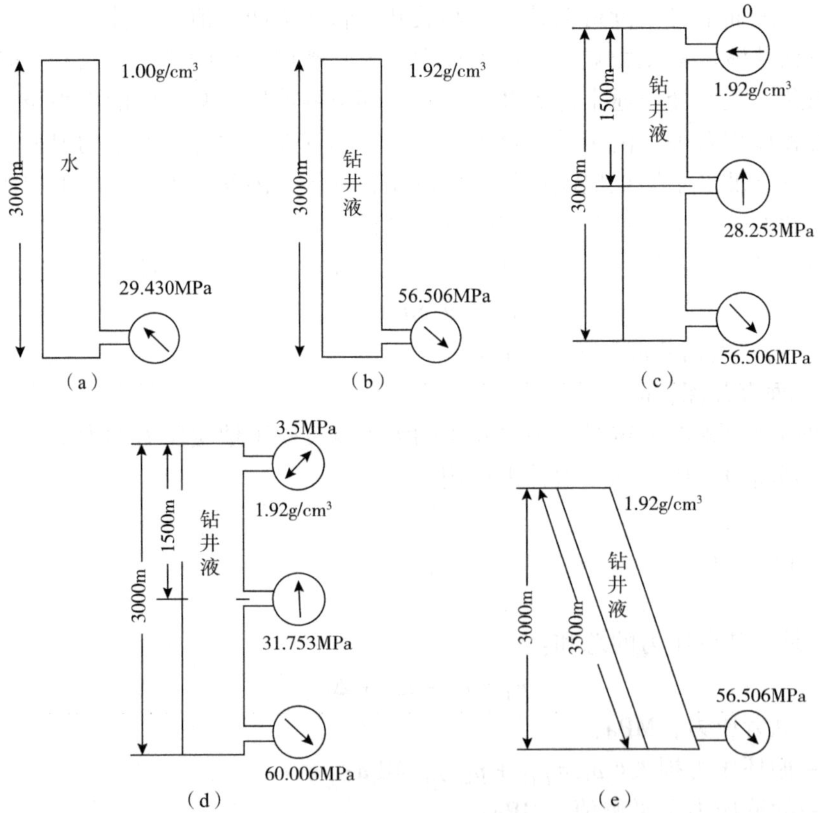

图6-2　钻井液密度、井深、井口回压、井身状况对总压力的影响

环空静液柱压力、环空压力损失与井深有关。井涌控制压力与井深无关，井涌控制压力作用在地面或接近地面时，是节流阀(套管)压力和节流管线压力损失之和。

第二节　井底常压原理

若井内压力得到控制，溢流就不会再进一步发展而造成井喷。迅速关井时井控的第一步，也是最重要的一步。但即使把井安全地关住了，控制也是暂时的。在气侵钻井液没有循环出来之前，一级井控就不可能达到对井内压力的控制。因此，必须尽快排出气侵钻井液，这是二级井控的目的。

控制一口井唯一正确的方法是使井底压力保持恒定，这是大多数具体压井技术的基本指导原则，贯穿于实施该技术过程的始终。基本原理是在实施压井过程中始终保持井底压力与地层压力的平衡，不使新的地层流体流入井内，同时又不使控制压力过高。

最常用的压井方法有司钻法、等待加重法、循环加重法。它们每一种都是井底常压法的特例，区别在于第一个循环周所用的钻井液密度不同。

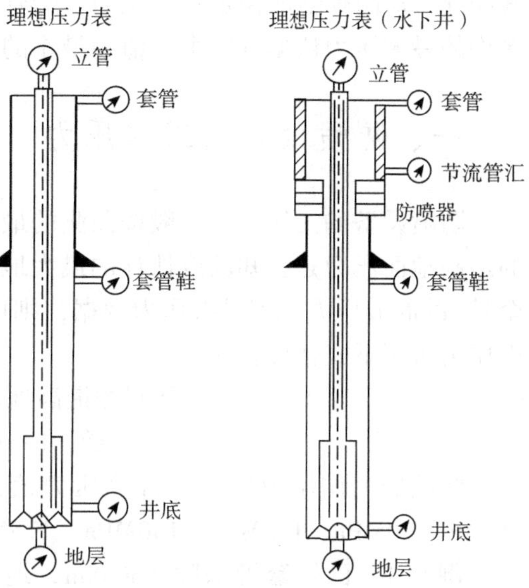

图 6-3　井底常压法压力表理想位置

为了更好地理解上述原理，假设在循环系统中安装了压力表，从理论上讲，希望把压力表安装在循环系统的关键地方，这样就可以指导整个压井作业。压力表安装有 5 个理想位置，如图 6-3 所示。

(1)立管(或钻杆)：这块表可以用来监控变化着的井下情况。

(2)地层处：这块表可以告诉当前的地层压力值和连续的地层压力值。

(3)井底：这块表可以告诉是否维持了足够的压力，以防止更多的各种流体从地层进入井内。

(4)最薄弱的地层处(通常是在最后一层套管的套管鞋处)：这块表可以把压裂地层的机会减至最小。

(5)套管：这块表位于或接近于套管的顶部，或者在节流管汇上，可以把超过地面设备压力极限的机会减至最小。

对于使用海底防喷器组的井，第 6 块表最理想的安装位置应在节流管汇中。海底节流管线的压力损失可能很高，这块表可以监测这些压力损失，并有助于防止压裂地层。

在这些理想的压力表之中，只有立管压力和套管压力表可以安装在地面上，地层、井底、套管鞋压力表难以安装，但这些压力对井底常压法来说十分重要。对于这些压力，我们可以利用立管与套管压力监控并计算出来，这就需要了解 U 形管原理和循环系统的基本压力关系。

第三节　关井允许最大套管压力

关井允许的最大套管压力是指在不破坏防喷设备、套管或地层条件下，一口井所能承受的最大关井压力。一口正确设计的井中，地层通常是最薄弱的，而防喷设备却是最强的。尽管如此，对防喷器的额定工作压力、套管抗内压强度与地层压裂梯度还需要进行比较。关井允许的最大压力依据这三个数值中最小的来确定。

一、防喷设备的工作压力

防喷设备的工作压力一般按预测的最高裸眼地层压力选择相应压力级别的防喷器。预计的最高地面压力是已知的或估计的最大地层压力减去气柱(气柱高度为目的层深度到地面的全长)的静液压力。若没有压力数据，则可以假定一个正常的地层压力梯度。预测的最高地面压力可用下式估计：

$$预测的最高地面压力=地层压力\times系数 \tag{6-4}$$

$$系数=1-(0.018\times深度)\div304.8 \tag{6-5}$$

防喷器工作压力应大于计算压力值，并且符合 API 系列额定值，即 14MPa、21MPa、35MPa、70MPa、105MPa、140MPa、175MPa。

例 6-1　已知套管深度=3048m，地层压力=39.302MPa，求：(1)预测的最高地层压力；(2)防喷器的额定工作压力。

解：(1)系数=1-(0.018×3048)÷304.8=0.82

预测的最高地面压力=39.302×0.82=32.227(MPa)

(2)根据 API 系列压力额定值防喷器的额定工作压力选为 35MPa。

防喷器的额定工作压来是按压力系列确定的，必须大于预测最高地面压力值。

井控管汇、设备的选择应以预测的最高地面压力为依据。

二、套管抗内压强度

套管抗内压强度的大小主要取决于套管外径、壁厚和套管材料。井控中，一般规定关井最大套管压力不能超过套管抗内压强度的 80%。

$$套管抗内压强度=1.75\times最小屈服强度\times壁厚\div外径 \tag{6-6}$$

屈服强度值可在套管资料中查出，例如 N-80 套管的最小屈服强度是 552MPa，壁厚与直径取决于套管尺寸与质量。

例 6-2　已知套管外径=244.5mm，套管质量=59.528kg/m，套管钢级为 K55。求额定的抗内压强度。

解：壁厚=10mm(查表)

最小屈服强度=379.225(MPa)

抗内压强度=1.75×379.225×10/244.5=27.143(MPa)

套管抗内压强度公式计算出的“理论值”，不包括安全系数或由于套管磨损降低预测工作压力所做的系数调整，也不包括使额定压力增加的张力效应。有硫化氢气体存在时，套管强度会大大降低，因为硫化氢会引起套管氢脆现象。高强度钢在大张力与低温下特别容易损坏。对于卡瓦、大钳、套管卡瓦所造成的应力集中部位，硫化氢对其的损伤更为严重。

三、地层破裂压力

地层所能承受的关井压力取决于地层破裂压力梯度、深度以及该深度的静液压力。套管鞋通常是裸眼井段最薄弱的部分。套管下入深度浅以及在深水钻井时，破裂压力梯度更低。破裂压力梯度应通过试漏试验测量取得。

根据这一理论，我们可以求得最大允许套管压力为：

$$p_{amax} = 10^{-3}(\rho_f - \rho_m) g H_f \tag{6-7}$$

式中 ρ_f ——破裂压力当量密度，g/cm^3；

ρ_m ——钻井液密度，g/cm^3；

p_{amax} ——最大允许关井套管压力，MPa；

H_f ——最薄弱地层的深度，m。

例 6-3 已知钻井液密度为 1.27g/cm^3，套管鞋深度 1067m，破裂压力当量密度 1.71g/cm^3，求最大允许关井套管压力。

解：最大允许关井套压：

$$p_{amax} = 10^{-3}(\rho_f - \rho_m) g H_f = 10^{-3} \times (1.71 - 1.27) \times 9.81 \times 1067 = 4.606(\text{MPa})$$

四、当量钻井液密度

作用在井内的总压力，对两个深度是非常重要的：一是井底；二是最薄弱地层，通常最薄弱地层是在最后一层套管的套管鞋处。为了有效地维持井控安全，在套管鞋处的总压力不得超过地层破裂压力。破裂压力通常是以梯度给出，其单位是 MPa/m，这样，就很容易把总压力换算成当量钻井液密度。

如果静液压力是由一种钻井液密度引起的，那么当量钻井液密度就很容易由下式计算出来：

$$\text{当量钻井液密度} = \text{总压力} \div \text{深度} \div 9.81 \tag{6-8}$$

$$\text{当量钻井液密度} = \text{环空钻井液密度} + \text{钻井液密度增量} \tag{6-9}$$

$$\text{钻井液密度增量} = \text{附加压力} \div \text{深度} \div 9.81 \tag{6-10}$$

在通常情况下，附加压力包括环空压力损失与井涌控制压力；对于定向井，深度应为垂直井深。

井内静止关井又无套管情况下，钻井液密度与当量钻井液密度是相同的，环空压力损失与井涌控制压力为 0，所以钻井液密度的增量为 0。在正常钻井条件下，环空压力损失是唯一的附加压力。这种条件下的当量钻井液密度习惯上又称为当量循环密度。

例 6-4 已知钻井液密度 1.44g/cm^3，井深 2438m，环空压力损失 1.034MPa。求在 2438m 处的当量钻井液密度。

解：钻井液密度增量 $= 1.034 \div (10^{-3} \times 9.81 \times 2438) = 0.0432(g/cm^3)$

当量钻井液密度 $= 1.44 + 0.0432 = 1.4832(g/cm^3)$

第四节　关井立管压力

一、准确录取关井立管压力的要素

1. 关井后井内压力的平衡

关井后，井内压力达到平衡需要一定的时间，如图 6-4 所示，待地层压力恢复到原始地层压力时，井内压力达到平衡，这时录取的关井立管压力才准确。

2. 圈闭压力

圈闭压力是指关井立管压力表及关井套管压力表记录到的超过平衡地层压力的关井压力值。例如：地层压力 $p_p = 37.24\text{MPa}$，钻柱内钻井液静液柱压力 $p_{md} = 35.28\text{MPa}$，平衡地层压力所需的关井立管压力为：

$$p_d = p_p - p_{md} = 37.24 - 35.28 = 1.960(\text{MPa})$$

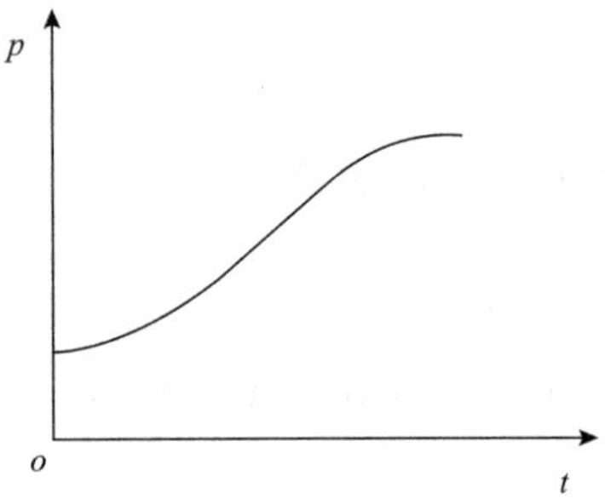

图 6-4　井底压力恢复图

实际记录的关井立管压力值为 2.94MPa，这说明记录的关井立管压力值不真实，超过了应有的关井立管压力值 0.98MPa，此压力值即为圈闭压力。

产生圈闭压力的原因：一是关井先于停泵，圈闭了一部分泵的能量；二是气体在关井状态下滑脱上升增加的压力，形成圈闭压力。气体滑脱上升是形成圈闭压力的主要原因。

二、检查关井圈闭压力的方法

圈闭压力的存在导致记录的立管压力和套管压力不准，进而影响求取地层压力的准确性。检查圈闭压力的方法：通过节流管汇阀，从环空内放出少量钻井液(40~80L)，然后关闭节流阀及上游的平板阀，并观察关井压力的变化情况，如果立管压力与套管压力均有下降，说明有圈闭压力，应再次打开节流阀及上游的平板阀继续放出 40~80L 钻井液，然后关井。直到立管压力停止下降为止，这时记录的立管压力值才是真实的关井立管压力值。

如果放压后，立管压力没有变化，而套压有所增高，说明没有圈闭压力。而套压升高是由于环空钻井液静液压力减少所引起的。

三、判断溢流种类

关井立管压力是计算地层压力和压井钻井液密度的重要依据，准确录取立管压力对于压井十分重要。关井状态压力关系如图 6-5 所示。

当井内压力达到平衡后有如下关系：

$$p_p = p_b \tag{6-11}$$

$$p_p = p_d + 10^{-3}\rho_m g H \tag{6-12}$$

$$p_p = p_a + 10^{-3}\rho_m g(H - h_w) + 10^{-3}\rho_w g h_w \tag{6-13}$$

$$h_w = \frac{\Delta V}{V_a} \tag{6-14}$$

$$\rho_w = \rho_m - \frac{p_a - p_d}{10^{-3} g h_w} \tag{6-15}$$

式中　H——垂直井深，m；

h_w——溢流高度，m；

ΔV——钻井液池钻井液增量，m^3；

V_a——溢流所在位置环空容积，m^3/m；

ρ_w——溢流密度，g/cm^3。

依据式(6-9)、式(6-10)可确定溢流种类，当溢流密度 ρ_w 在1.07~1.20g/cm^3 时，为盐水溢流；ρ_w 在0.12~0.36g/cm^3 时，为天然气溢流；ρ_w 在0.36~1.07g/cm^3 时，为油溢流或混合流体溢流。

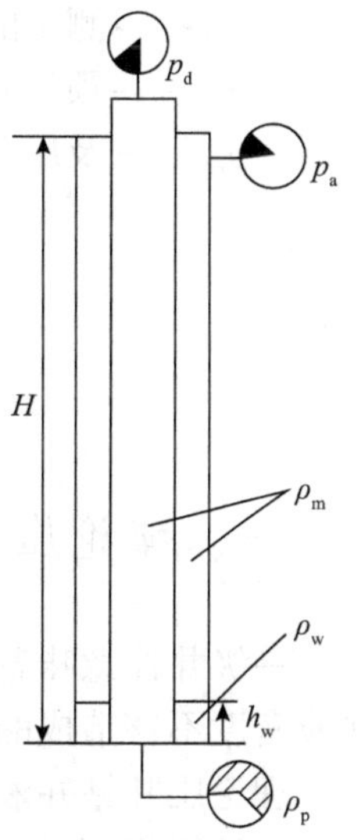

图6-5　关井状态的压力示意图

四、钻柱中装有回压阀时测定关井立管压力

1. *不循环法*

在未知压井泵速和该泵速下的循环压力时，采用以下方法测定关井立管压力：

(1)缓慢启动泵，向钻具内注入少量钻井液，并观察立压及套压的变化。

(2)当套压超过关井套压0.5~1MPa时停泵，说明钻杆回压阀被顶开，记录这时的立管压力及套管压力。则

$$\Delta p_a = p_{a1} - p_a \tag{6-16}$$

式中　Δp_a——套压升高值，MPa；

p_{a1}——停泵时记录的套压值，MPa；

p_a——关井套压，MPa。

计算出套压升高值后，可用下式计算关井立管压力：

$$p_d = p_{d1} - \Delta p_a \tag{6-17}$$

式中　p_d——关井立管压力，MPa；

p_{d1}——停泵时记录的立管压力，MPa。

2. *循环法*

在知道压井排量和该排量下的循环压力时，采用：

(1)缓慢启动泵，迅速打开节流阀及下游平板阀，通过调节节流阀使套压等于关井套压。

(2)当排量达到选定压井排量时保持不变，通过调节节流阀，使套压恰好等于关井套压，记录此时的循环立管压力，停泵关节流阀及下游的平板阀。

(3)计算关井立管压力

$$p_d = p_T - p_{ci} \tag{6-18}$$

式中　p_d——关井立管压力，MPa；

p_T ——测量的立管压力，MPa；

p_{ci} ——预先测量的压井排量循环立管压力，MPa。

p_{ci} ——及压井排量可以从预先记录的资料中查出。

第五节　钻井液密度的确定

一、理论压井钻井液密度

一级井控意味着在裸眼井内钻井液静液压力能够平衡最高地层压力。如果井涌是由于钻井液密度不够造成的，那么必须加重到超过压井钻井液密度，并在井中循环一周以上。

理论压井钻井液密度是根据稳定的关井压力计算得到的，从理论上讲，压井液密度用以下两式计算都可以：

$$p_d = p_p - p_{md}$$

$$p_a = p_p - p_{ma}$$

关井立管压力是平衡地层压力所需要的静液压力增量，它可以转换成：

$$\Delta\rho_m = p_d/(10^{-3}gH) \quad (6-19)$$

$$\rho_{ml} = \rho_m + \Delta\rho_m \quad (6-20)$$

式中　$\Delta\rho_m$ ——钻井液密度增量，MPa；

ρ_{ml} ——压井钻井液密度，g/cm^3。

对于定向井，深度应当是垂直井深，所需要的钻井液密度增量加上原有的钻井液密度就可以得到理论压井钻井液密度。

例 6-5　已知井深 3048m，钻井液密度 1.34g/cm^3，关井立管压力 4.137MPa。求理论压井钻井液密度。

解：钻井液密度增量

$$\Delta\rho_m = p_d/(10^{-3}gH) = 4.137 \div (10^{-3} \times 9.81 \times 3048) = 0.138(g/cm^3)$$

理论压井液密度 $\rho_{ml} = \rho_m + \Delta\rho_m = 1.34 + 0.138 = 1.48(g/cm^3)$

二、实际压井钻井液密度

理论压井钻井液密度是压力平衡条件下计算的结果，是一个平衡地层压力的最低密度值，是不能直接进行压井的。要进行成功的压井，还必须增加一个安全增量，并以此确定压井实际密度。

1. 起下钻钻井液安全增量

若压井钻井液恰好平衡地层压力，起钻抽汲将会引起气侵。为了减少抽汲所带来的液柱压力下降，应当增加一个起下钻安全增量。通常，油井安全增量为 0.05~0.10g/cm^3，气井为 0.07~0.15g/cm^3。在井被控制之后以及在配制钻井液准备起下钻期间，钻井液都应加上这一增量。

2. 隔水导管钻井液安全增量

在考虑压井液密度时，对于使用海底防喷器的井，可能遇到与地面不同的问题，隔水导管的损坏会使得在导管里的钻井液静液压力被海水的静液压力所替换。隔水导管钻井液安全增量是隔水导管损坏时，维持一级井控所需要的钻井液密度增量，通常的计算程序如下：

(1)计算(或估算)地层压力。

(2)计算在泥线处海水的静液压力。

(3)两个压力相减。

(4)把压力差转换成钻井液密度。

(5)求出隔水导管钻井液安全增量。

例 6-6 已知(水下防喷器组)水深 152m，井深 1829m，压井钻井液密度 1.41g/cm³，求隔水导管钻井液安全增量。

解： 地层压力 $=10^{-3}\times1.41\times9.81\times1829=25.299$(MPa)

海水压力 $=10^{-3}\times1.02\times9.81\times152=1.521$(MPa)

压差 $=25.299-1.521=23.788$(MPa)

所需钻井液密度 $=23.788\div[10^{-3}\times9.81\times(1829-152)]=1.45$($g/cm^3$)

隔水导管钻井液安全增量 $=1.45-1.41=0.04$(g/cm^3)

在深水里，隔水导管钻井液安全增量可能达不到所需要的钻井液密度，因为它很容易大于地层压裂梯度。但隔水导管的钻井液安全增量是有用的，须小心处理。

三、新钻井液密度

(1)新钻井液密度是指压井循环开始时的钻井液密度，其范围从原有钻井液密度直到压井钻井液密度，同时也用以区别不同的压井方法。

①司钻法。

第一周：新钻井液密度=原有钻井液密度

第二周：新钻井液密度=压井钻井液密度

②等待加重法：新钻井液密度是由原钻井液密度增加到大于压井钻井液密度，然后再逐步降至钻井液密度。

(2)新钻井液密度的选择要根据井控技术的规定，可能还受到其他条件的影响。选择不同压井方法的优缺点如下：

①司钻法。

a. 计算量少。

b. 对井队人员来说，压井的程序最简单。

c. 压井前的准备时间最短。

d. 在气侵钻井液未循环出井眼之前，不进行加重。

e. 套管鞋处当量钻井液密度最大。

f. 需要二次循环。

②工程师法。

a. 只需一次循环。

b. 在加重钻井液时需要关井。

c. 地面压力低。

③边循环边加重法。

a. 需要连续循环。

b. 不需要关井。

c. 压井时间长，溢流量大。

d. 人力、物力消耗大。

四、钻井液加重

新钻井液密度的选择，取决于加重材料与加重设备。优质的重晶石可以使钻井液密度加重到大约 $2.64g/cm^3$，超过此值，高固相含量使钻井液变得非常稠而且难以泵送。因此，钻井液密度大于 $2.64g/cm^3$ 时，需要用钛铁矿作为加重剂。

重晶石用量计算方法如下。

1. 限制最终体积的算法

配制 $1m^3$ 钻井液所需加重材料的计算：

$$G=\frac{\rho_s V_1(\rho_1-\rho_0)}{\rho_s-\rho_0} \tag{6-21}$$

式中 G——配制定量新浆所需加重料的重量，t；

ρ_s——重晶石密度，$4.25t/m^3$；

ρ_1——需要达到的密度，t/m^3；

ρ_0——原浆密度，t/m^3；

V_1——新浆体积，m^3。

例 6-7 已知原浆密度 $\rho_0=1.20g/cm^3$，要加重到 $\rho_1=1.35g/cm^3$，欲配制新浆容积 $V_1=191m^3$。求：(1)重晶石的袋数；(2)重晶石增加的体积。

解：(1)根据公式求重晶石的重量：

$$G=\frac{\rho_s V_1(\rho_1-\rho_0)}{\rho_s-\rho_0}=\frac{4.25\times191\times(1.35-1.20)}{4.25-1.20}=39.922(t)$$

每袋重晶石 50kg，重晶石袋数为：$n=39922\div50=799$(袋)

(2)加重的重晶石所占的体积：$V_h=39.922/4.25=9.393(m^3)$

2. 不限制最终体积的算法

若已知原钻井液体积，需要加重提高密度时按下述方法计算：

$$G=\frac{\rho_s V_0(\rho_1-\rho_0)}{\rho_s-\rho_1} \tag{6-22}$$

式中 V_0——原浆体积，m^3。

例 6-8 已知原浆密度 $\rho_0=1.20g/cm^3$，原钻井液容积 $V_0=191m^3$，把此浆加重到 $\rho_1=1.35_g/cm^3$。求：(1)需重晶石多少袋；(2)加重后钻井液总体积。

解：(1)根据公式重晶石的重量：

$$G=\frac{\rho_s V_0(\rho_1-\rho_0)}{\rho_s-\rho_1}=4.25\times191(1.35-1.2)/(4.25-1.35)=41.987(t)$$

所需重晶石袋数$=41987\div50=840$(袋)

(2)加入重晶石占的体积$=41.987/4.25=9.88(m^3)$

加重后钻井液的总体积$=191+9.88=201(m^3)$

复习思考题

一、选择题

1. 发生溢流关井后，一般情况下，要等(　　)min 才能读取稳定的立管压力值。

A. 1~2　　B. 3~5　　C. 10~15　　D. 60~90

2. 检查或消除圈闭压力的方法是，通过节流管汇，从环空放出(　　)L 钻井液来实现的。

A. 1~2　　B. 5~10　　C. 10~20　　D. 40~80

3. 根据套管抗内压强度确定关井套压时需要考虑一定的安全系数，即一般要求关井套压不能超过套管抗内压强度的(　　)。

A. 80%　　B. 85%　　C. 90%　　D. 95%

4. 地层所能承受的关井压力，取决于地层破裂压力梯度、井深以及(　　)。

A. 井眼尺寸　　B. 井内液柱压力

C. 地层渗透率　　D. 地层流体种类

二、判断题

1. 地面压力的变化会影响井底压力的变化。
2. 油水井的钻井液静液压力安全附加值为 1.5~3.5MPa。
3. 在发生溢流关井后，会出现关井立压大于关井套压的现象。
4. 关井后，关井套压、关井立压都等于 0 时，应进行开井除气。
5. 关井后，钻井队要根据关井套压和环空压力确定地层压力。

三、填空题

1. 在起下钻和空井时，若溢流较小则应将钻具(　　)。
2. 在进行试关井时，必须一边慢关(　　)，一边密切注视(　　)变化。
3. 最大允许关井套压，不应超过(　　)(　　)(　　)三个数值中的最小值。
4. 地层破裂压力所允许的最大关井套压，一般都以(　　)为标准。
5. 钻井时，最大允许钻井液密度不能超过(　　)当量钻井液密度。
6. 当关井套压大于最大允许关井套压时，则应(　　)。
7. 在环空一侧，地层压力与井底压力的平衡关系公式为(　　)。
8. 在钻柱内部一侧，地层压力与井底压力的平衡关系公式为(　　)。
9. 在关井套压和关井立压都大于 0 时，必须(　　)。
10. 在天然气井钻探时，发现溢流越慢，关井套压值就会越(　　)。
11. 关井后，套压较高，若打开节流阀放压会使关井套压越来越(　　)。

12. 对于一般的气井来说，在关井后 5~20min 之前，关井套压增高较(　　)，在关井后 5~20min 之后，关井套压增高较(　　)。

13. 关井后，在天然气柱上升过程中，井底压力、井内压力、井口压力都不断(　　)。在气柱到达井口时，井底压力最(　　)，等于(　　)压力与(　　)压力之和。井口压力等于(　　)压力。

14. 长期关井后，气柱向上运移时，始终保持着(　　)压力。

15. 发生溢流关井后，记录的关井套压为4MPa，顶开回压阀后，立压为5MPa，套压为6MPa，则关井立压为(　　)MPa。

16. 圈闭压力是由(　　)和(　　)引起的。

四、计算题

1. 已知低泵速泵压8.274MPa，关井钻杆压力4.137MPa，求初始循环立管压力。

2. 已知原钻井液密度1.34g/cm³，压井液密度1.49g/cm³，低泵速泵压5.171MPa，垂直深度2895.6m。求终了循环立管压力。

3. 已知原钻井液密度为1.62g/cm³，需要钻井液密度为1.76g/cm³。求①不增加钻井液体积，加重1m³钻井液到需要的密度所需要的重晶石袋数(每袋50kg)；②所用重晶石体积。

第七章　压 井 方 法

压井方法是关系到压井成败的关键，一般包括常规压井法和非常规压井法。常规压井法一般是指井底常压法压井，是一种保持井底压力不变而排出井内气侵钻井液的方法，包括司钻法、工程师法和边循环边加重法。

第一节　常规压井法的优点和基本原则

常规压井法以U形管原理为依据，利用地面节流阀产生的阻力和井内钻井液液柱压力来平衡地层压力。在整个压井过程中，应始终保证井内压力等于或略大于溢流地层的压力。

一、常规压井法的优点

常规压井法是最常用的压井方法，也是控制井涌最合适的方法，当今在油田已广泛应用，它的突出优点主要表现在以下几个方面：

(1)它是一个通用的方法，包括大多数作为特殊情况的现有方法。

(2)能处理发生井涌时遇到的各种复杂情况。

(3)简单而易为油田人员使用。

(4)包括了其他方法所忽略的一些情况。

(5)适用于油田且为实践所证明。

二、常规压井应遵循的基本原则

应用常规压井法，应遵循以下原则：

(1)在整个压井过程中，应使用包括压井排量不变。

(2)采用小排量压井，一般压井排量为钻井排量的1/3~1/2。

(3)压井液储备量一般为井筒有效容积的1.5~2倍。

(4)通过控制井口回压(立压、套压)，来达到控制井内压力的目的。

(5)保证压井施工的连续性。

三、压井循环时的压力平衡关系

发生溢流后的循环压井，是在控制地层压力平衡的情况下进行的，压井循环时的压力平衡关系如下：

$$p_d + p_c - p_{ld} + p_{md} = p_p = p_a + p_{la} + p_{ma} \quad (7-1)$$

式中 p_c——正常(即开井状态)循环总立管压力，MPa；

p_{ld}——钻柱内和钻头水眼循环压耗，MPa。

p_d——关井立管压力，MPa；

p_{md}——钻柱内静液柱压力，MPa；

p_p——井底压力，MPa；

p_a——关井套管压力，MPa；

p_{la}——环空循环阻力，MPa；

p_{ma}——环空内静液柱压力，MPa。

与关井状态压力平衡关系相比，压井节流循环时作用于井底的压力只多环空流动阻力 p_{la}。实际上，p_{la} 使井底压力增加，压井时有利于平衡地层压力，可忽略不计，则上式可简化为：

$$p_d + p_c - p_{ld} + p_{md} = p_p \approx p_a + p_{ma}$$

在钻具及井眼尺寸一定的循环系统中，当钻井液性能和排量一定时，p_{ma} 及 p_{ld} 均为常数，那么要在循环时保持井底压力不变，就可以通过控制循环时的立管总压力不变来实现。可见压井循环时的立管压力仍可作为判断井底压力的压力计来使用。

$$p_T = p_d + p_c \quad (7-2)$$

式中 p_T——关井节流状态循环立管总压力，MPa。

四、压井要求

压井时，不论采用什么方法压井，均应达到下列基本要求：

(1)压井时，保持压井排量不变，使 p_{ld} 不变，才能实现作用于井底的压力不变。

(2)压井时的井底压力必须等于或稍大于地层压力并保持不变，使地层流体在压井过程中和压井结束后不能再进入井内。

(3)在压井过程中，严格按照井控要求和措施施工，不能发生溢流失控造成井喷事故。

(4)在压井时不能使井眼受压过大，要保证不压漏地层，不损坏防喷器和套管，避免出现井下复杂情况或地下井喷。

(5)要保护好油气层，防止损害油气层的生产能力。

第二节 常规压井法的工作程序

常规压井法是一个通用程序，一般通过填写压井施工单来实现。压井施工单的逻辑次序使压井人员按一定次序进行，可减少混乱和计算错误，且计算步骤简便，次序固定。

一、压井基本数据计算

1. 判断溢流类型

发生溢流关井后，应判断溢流的性质，确定压井钻井液的附加值。侵入流体可能是油气水或其混合物。这种判断是近似的，因为井径不规则，钻井液池增量可能不准等因素会影响计算的准确度。

计算公式参见第六章式(6-14)、式(6-15)。

溢流的性质确定以后，便可以确定钻井液的密度。同时还应考虑地层孔隙压力预测精度、油气水层的埋藏深度、地层油气水和硫化氢的含量、井控装置配套情况和工作人员的井控水平等因素。

2. 计算地层压力

地层压力按第六章式(6-8)计算。

3. 计算压井液密度

压井液密度根据地层压力计算，附加一个安全值。计算方法如下：

$$\rho_{ml} = \rho_m + \frac{p_d}{10^{-3} g H} + \rho_e \tag{7-3}$$

式中 ρ_{ml}——压井液密度，g/cm³；

ρ_m——钻井液密度，g/cm³；

p_d——关井立管压力，MPa；

H——垂直井深，m；

ρ_e——安全附加压力值，g/cm³。

关于是否考虑附加压力的问题，现有两种看法。有人认为考虑到压力表不准确等因素，计算压井钻井液密度时加附加压力较安全。有人主张在压井时不考虑附加压力，避免压井时的套压过高。压完井后，再将钻井液密度适当提高，然后再进行正常作业。

若考虑附加压力 ρ_e，一般地层或油层 ρ_e 取 0.05～0.1g/cm³，气层 ρ_e 取 0.07～0.15g/cm³。

4. 计算钻柱内容积、环空容积及重钻井液量

(1)钻柱内容积 V_d

$$V_d = \frac{\pi}{4}(d_1^2 L_1 + d_2^2 L_2 + \cdots + d_n^2 L_n) \tag{7-4}$$

式中 V_d——钻柱内容积，m³；

$d_1 \sim d_n$——各段钻具内径，m；

$L_1 \sim L_n$——各段钻具长度，m。

(2)环空容积 V_a

$$V_a = \frac{\pi}{4}[(D_{h1}^2 - D_1^2)L_1 + (D_{h2}^2 - D_2^2)L_2 + \cdots + (D_{hn}^2 - D_n^2)L_n] \tag{7-5}$$

式中 V_a——环空容积，m³；

$D_{h1} \sim D_{hn}$——各段井眼(技术套管)的内径，m；

$D_1 \sim D_n$——各段钻具外径，m。

(3)总容积 V

$$V = V_d + V_a \tag{7-6}$$

式中 V——钻柱内容积和环空容积之和，m³。

所需钻井液量一般取总容积的1.5~2倍。

所需重晶石粉量，查钻井手册。

5. 计算注入重钻井液的时间

(1)注满钻柱内容积所需的时间，即重钻井液由井口到达钻头所需时间 t_d

$$t_d = \frac{10^3 V_d}{60Q_k} \tag{7-7}$$

式中 t_d——注满钻柱内容积所需要的时间，min；

Q_k——压井排量，L/s。

(2)注满环空所需的时间，即重钻井液由井底返到地面的时间 t_a：

$$t_a = \frac{10^3 V_a}{60Q_k} \tag{7-8}$$

式中 t_a——注满环空容积所需要的时间，min。

压井时一般均采用小排量压井，压井排量一般取正常钻进时的排量的1/2~1/3。主要原因是用小排量循环压井，泵压较低，可以减小循环设备和管汇的负荷，有利于提高这些设备在压井作业中的可靠性，保证压井作业顺利进行；同时，较低的循环速度，在调节节流阀时有较长的反应时间，安全可靠性高。如果采用大排量压井，会使泵压增高，也许会超过泵的额定工作压力，而且大量流体流经节流阀可能会引起过高的套管压力，甚至会憋漏地层。

6. 计算压井循环时的立管总压力

在压井循环时，要通过立管压力来控制井底压力，要把立管压力作为井底压力计来使用。因此，在压井以前必须计算出循环时的立管总压力。

(1)初始循环立管总压力

初始循环立管总压力是指用加重前的钻井液和已确定的压井排量循环时的立管总压力。在压井循环时，必须克服关井立管压力和整个循环系统的流动阻力。故有

$$p_{Ti} = p_d + p_{ci} \tag{7-9}$$

式中 p_{Ti}——初始循环立管压力；

p_{ci}——钻柱内外及外钻头水眼内的压力降。

要求得 p_{Ti} 值，必须先求得 p_{ci} 值，压井排量下的循环压力测定方法一般有两种：

①利用实测法求低泵速压耗 p_{ci}。测定 p_{ci} 时，一般选用钻进排量的1/2~1/3作为压井排量。当钻至可能的高压油、气层时，要求井队在每天的早班用已选定的压井排量或不同的小排量进行循环试验，把测试的立管压力值所用排量记到班报表上，以便压井时查用。

②利用关井立管压力及初始压井立管压力求测 p_{ci}，操作方法如下：

a. 缓慢启动泵并打开节流阀及下游的平板阀，调节节流阀保持套压等于关井套压不变。

b. 当排量达到压井排量时，记录立管压力，然后停泵、关井。所记录的立管压力就是初始循环立管总压力 p_{Ti}，则有：

$$p_{ci} = p_{Ti} - p_d \tag{7-10}$$

此法适用于事先没有求得 p_{ci} 值时使用。因循环时天然气上升膨胀会影响 p_{Ti} 的准确性，故应尽可能缩短循环时间。

(2)终了循环立管压力

终了循环立管总压力是指用重钻井液和已确定的压井排量循环时的立管总压力。

$$p_{Tf} = p_d + p_{cf} \tag{7-11}$$

式中　p_{Tf} ——终了循环立管总压力；

p_{cf} ——用重钻井液循环时钻柱内外及钻头水眼内的压力降。

钻井液在同一系统内循环时，循环系统的压力降正比于钻井液的密度，由此可以用轻钻井液循环时的压力降 p_{ci} 求得用重钻井液循环时的压力降 p_{cf}：

$$\frac{p_{cf}}{p_{ci}}=\frac{\rho_{m1}}{\rho_{m}} \tag{7-12}$$

在用重钻井液循环时，随着重钻井液在钻柱中下行，钻柱内钻井液静液压力逐渐增加，而关井立管压力逐渐减小，当重钻井液到达井底时，钻柱内重钻井液的静液压力与地层压力平衡，关井立管压力则降为0。因此，终了循环立管压力即为：

$$p_{Tf}=p_{cf}=\frac{\rho_{m1}}{\rho_{m}}p_{ci} \tag{7-13}$$

7. 计算最大允许关井套压

一般规定：任何情况下关井，其最大允许关井套管压力都不得超过井口装置额定工作压力、套管抗内压强度的80%和薄弱地层破裂压力所允许关井套压三者中的最小值。一般情况下，地层通常是最薄弱的，通常多以地层破裂压力梯度为常数计算最大允许关井套压。因裸眼井段内地层所受的压力等于关井套压和钻井液静液压力之和，所以最大允许关井套压可用下式求得。

$$[p_a]=(G_f-G_m)H_f \tag{7-14}$$

式中　$[p_a]$ ——最大允许关井套压，MPa；

G_f ——地层破裂压力梯度，MPa/m；

G_m ——原钻井液压力梯度，MPa/m；

H_f ——套管鞋处垂深，m。

二、填写压井施工单

根据关井录取到的资料计算压井数据，并填写压井施工单、绘制出立管压力控制进度曲线，作为压井施工的依据。压井施工单如图7-1所示。

三、压井操作

常规压井法中的司钻法和工程师法压井，是在发生溢流正常关井后，压井过程中始终遵循井底压力略大于地层压力的原则而完成压井作业的方法。

1. 司钻法(二次循环法)操作步骤

司钻法又称两步法，司钻法压井分两步完成：第一步(第一循环周)，循环排除井内受污染的钻井液；第二步(第二循环周)，用重钻井液循环压井。该方法往往在边远井及加重剂供应不及时的情况下采用。从关井到恢复循环的时间短，容易掌握。

基本做法是通过节流阀用原钻井液循环，调节节流阀的开启程度控制立管压力不变，以保证在井底压力不变的条件下，将环空受污染的钻井液排至地面。具体步骤是：

(1)根据计算出的各项压井数据和关井前后记录数据，认真、准确地填写好压井施工单，绘制出立管压力控制进度曲线，作为施工的依据。

地面BOP压井施工单-直井

日期：____________________

井号：____________________

地层强度数据：

地层漏失时地面压力 （A） MPa

测试时钻井液密度 （B） g/cm^3

最大允许钻井液密度= （C） g/cm^3

$$（B）+\frac{（A）\times 102}{套管鞋垂深}$$

最大允许关井套压=

$$\frac{（C）-在用钻井液密度}{102}\times 套管鞋垂深=$$ MPa

井的基本数据

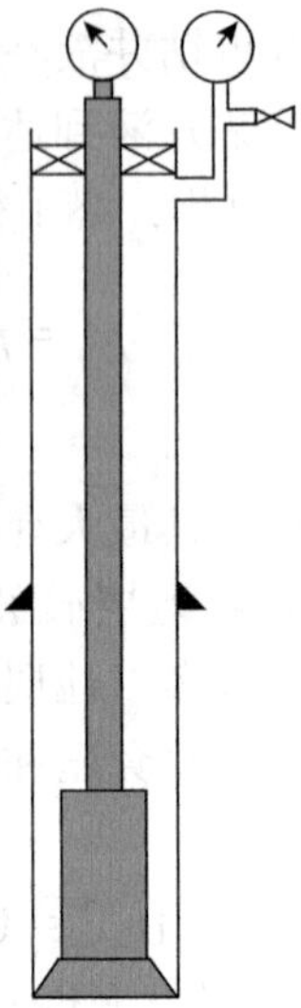

在用钻井液密度 ______ g/cm^3

套管鞋数据：

尺寸 ______ mm

测深 ______ m

垂深 ______ m

井眼尺寸：

尺寸 ______ mm

测深 ______ m

垂深 ______ m

1号泵排量	2号泵排量

	低泵速压耗	
低泵速数据	1号泵	2号泵
冲/分		
冲/分		

预记录的体积数据：	长（m）	容积（L/m）	体积（L）	泵冲数（stks）	时间（min）
钻　杆	×	=		体积/泵排量	泵冲数/低泵速
加重钻杆	×	=	+		
钻　铤	×	=	+		
钻柱内容积			（D） L	（E） stks	min
钻铤×裸眼	×	=			
钻杆/加重钻杆×裸眼	×	=	+		
裸眼体积			（F） L	stks	min
钻杆×套管	×	=	（G）	stks	min
环空总容积	（F+G）=（H）		L	stks	min
井眼系总容积	（D+H）=（I）		L	stks	
地面钻井液体积	（J）		L	stks	
钻井液总容积	（I+J）		L	stks	

图 7-1(a) 压井施工单样表

地面BOP压井施工单-直井	日期：------------------------------ 井号：------------------------------

井涌数据

关井立压 ________ MPa　关井套压 ________ MPa　钻井液池增量 ________ 升

压井液密度（KMD）	在用钻井液密度+关井立压/（垂深×0.0098）+附加密度 ------------ + ------------------×0.0098 + = ------------ g/cm³
初始循环立管压力（ICP）	低泵速压耗 + 关井立压 ------------ + ---------- = ------------ MPa
终了循环立管压力（FCP）	压井钻井液密度/在用钻井液密度 × 低泵速压耗 ---------- × ---------- = ------------ MPa

（K）=ICP—FCP　　MPa	（K）×100/（E）=　　MPa/100 strokes

冲数	压力/MPa

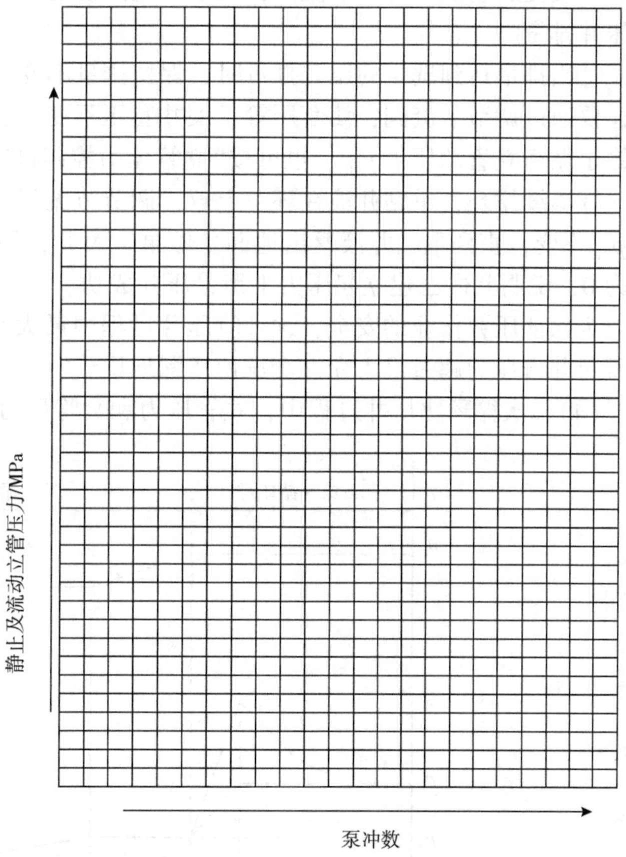

图 7-1(b)　压井施工单样表

(2)用原钻井液循环排除溢流。

①缓慢启动泵并打开节流阀，调节节流阀，使套压保持关井套压不变，一直保持到压井排量。

②当排量达到选定的压井排量时，保持排量不变循环。调节节流阀使立管压力等于初始循环立管总压力 p_{Ti}，并在整个循环周内保持不变。如立管压力超过 p_{Ti} 时，应开大节流阀，反之，则应关小节流阀。

应该注意，在调节节流阀的开启大小和立管压力呈现上升或下降之间存在着迟滞现象，其迟滞时间取决于液柱传递压力的速度和井深。液柱传递压力的速度，大约为 300m/s。如在 3000m 深的井中，在调节节流阀后的压力值，要经过约 20s 才能呈现在立管压力表上。实际的迟滞时间还受液柱中天然气的含量和钻井液密度的影响。在实际施工中，如果不注意迟滞时间，就会造成调节节流阀过头，导致对井底压力的控制不准确。

③环空受侵污的钻井液排完后，应停泵，关节流阀，此时关井套管压力应等于关井立管压力。

在排溢流的过程中，应配制加重钻井液，准备压井。同时要注意观察井口压力的变化情况。

(3)第二循环周，用加重钻井液压井，重建井内压力平衡。

①缓慢启动泵并打开节流阀，调节节流阀使套压等于第一步结束后的关井套压，直到达到压井排量。

②当排量达到选定的压井排量时，保持排量不变。重钻井液由井口到达钻头的这段时间内，要通过调节节流阀，使套压等于关井套压不变，立管压力由初始循环立管总压力 p_{Ti} 降至终了循环立管总压力 p_{Tf}。也可按“立管压力控制进度表”控制。

③继续循环，重钻井液在环空上返，调节节流阀，控制立管压力等于终了循环立管总压力 p_{Tf} 不变，直到重钻井液返出地面。停泵，关井，检查立管压力和套管压力是否为 0。若均为 0，说明井内已建立起压力平衡，压井成功。

为保证压井作业的安全，须计算压井过程中最大套压和套管鞋处所承受的最大压力值，以避免井口压力超过最大允许套压值压漏地层。

(4)二次循环法压井过程中，立管压力和套管压力变化曲线如图 7-2 所示。

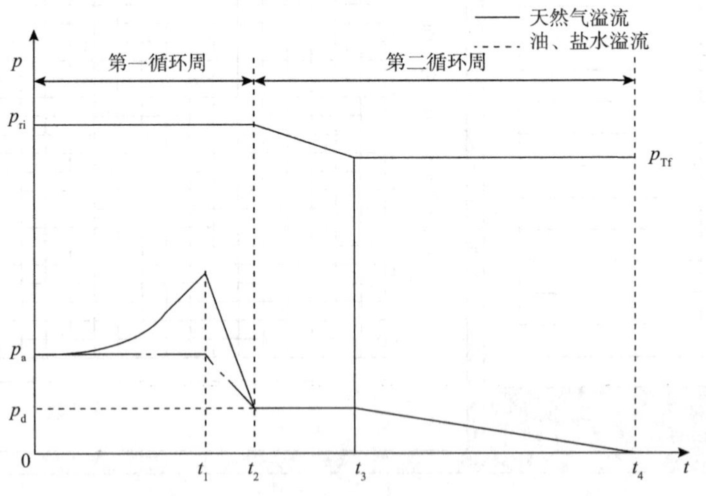

图 7-2 司钻法压井(气体溢流)立管压力与套管压力变化曲线

下面把压井时立管和套管压力的变化规律作进一步的归纳。

①立管压力的变化规律。

在第一循环周内($0\sim t_2$)，立管压力保持不变，即 $p_{Ti}=p_d+p_{ci}$。

在第二循环周内，重钻井液由井口到达钻头的时间($t_2\sim t_3$)内，由于钻柱内的重钻井液柱压力逐渐增大，关井立管压力则逐渐减小，当重钻井液到达钻头时重钻井液压力与地层压力平衡，关井立管压力即降为0。因此，在这段期间循环立管压力应用 p_{Ti} 逐渐降至 p_{Tf}。

重钻井液在环空上返直至返出地面($t_3\sim t_4$)这段期间内，立管压力保持 p_{Tf} 不变。

②套压的变化规律。

套压的变化比较复杂，在压井过程中，环形空间的井底压力是套压、钻井液柱压力和溢流液柱或气柱压力之和。而在压井过程中又要求井底压力必须保持不变。因此，环空内的钻井液或溢流的体积发生变化时，必然会引起套压的变化。溢流的种类不同引起的套压变化也不同。

a. 溢流为油、盐水时套压的变化。

在第一循环周内，溢流由井底向井口上返的过程中在($0\sim t_1$)这段时间内，由于溢流的体积不发生变化，钻井液的体积也不发生变化，套压则保持关井套压值不变。当溢流从井口开始返出时，环空的钻井液柱压力逐渐增大，套压逐渐下降，溢流排完后，关井套压就等于关井立管压力($t_1\sim t_2$)段曲线。

在第二循环周内，重钻井液由井口到达钻头的过程中，即($t_2\sim t_3$)的时间内，环空内的钻井液柱压力没有发生变化，套压也保持关井立管压力值不变。

重钻井液在环空上返的过程中($t_3\sim t_4$)，随着重钻井液的返高增加，钻井液静液压力逐渐增大，套压则逐渐下降，重钻井液返到井口时，套压就降为0。

b. 溢流为天然气时套压的变化。

在第一循环周内，天然气在环空上返($0\sim t_1$)时间内，天然气上部受到的钻井液柱压力逐渐减小，气体体积不断膨胀，环空钻井液柱压力随之减小，套压则逐渐增加。当天然气的顶端到达井口时，套压达到最大。

天然气从井口排出时($t_1\sim t_2$)，环空钻井液柱高度增加，套压下降。天然气排完后关井，关井套压就等于关井立管压力。

在第二个循环周内，套压的变化与溢流为油和盐水时的变化相同。

值得注意的是，在第一循环周的循环过程中，当天然气上返到接近井口时，其体积迅速膨胀，套压迅速升高，这是正常现象，在这个重要时刻，不要开大节流阀降压，仍应控制立管压力不变。否则会造成井底压力降低，使地层流体再次进入井内，导致压井失败。

另外，从上面的讨论可知，采用司钻法压井时，进行完第一步后，井内的地层流体已排完，管柱内外的钻井液压力相等。这样在进行第二步时，重泥浆由井口到达钻头的过程中，只要通过调节节流阀控制套压等于关井立管压力值不变，就可以保持井底压力不变，立管压力自然会由 p_{Ti} 降到 p_{Tf}。因此，可不做“立管压力控制进度表”。

例 7-1 某探井钻至3200m发生溢流，关井后测得数据如下：测量井深3200m，垂直井深3200m，钻头直径 D_h 等于215.9mm，钻杆直径 D_p 等于127mm，内径 D 等于108.6mm，技术套管外径244.5mm，内径224mm，下深2400m，本井无钻铤，原钻井液密度 ρ_m 等于1.25g/cm^3，溢流前排量10L/s循环时 p_{ci} 等于3.8MPa，钻井泵3NB-1000泵，缸套直径170mm，允许泵压16.8MPa。地层破裂压力测试时钻井液密度1.20g/cm^3，漏失时地面压力为 12.33MPa。溢流关井 10min 内压力趋于平衡测得：关井立管压力 P_d 等于 5MPa；关井套压 p_a 等于 6.5MPa；钻井液增量 ΔV 等于 2.5m³。

试计算压井所需数据，并填写压井施工单，叙述压井步骤。

解：(1)计算压井所需数据

①确定溢流类型，选取安全附加量：

$$V_a=\frac{\pi}{4}(D_h^2-D_P^2)L=0.785\times(2.159^2-1.27^2)\times10=23.93(\text{L})$$

$$h_w=\frac{\Delta V}{V_a}=\frac{2500}{23.93}=104.47(\text{m})$$

$$\rho_w=\rho_m-\frac{102(p_a-p_d)}{h_w}=1.25-\frac{102(6.5-5)}{104.47}=0.21(\text{g/cm}^3)$$

本井发生的是气体溢流，取 $\rho_e=0.07\sim0.15\text{g/cm}^3$，本井确定 $\rho_e=0.10\text{g/cm}^3$。

②计算压井钻井液密度：

$$\rho_{ml}=\rho_m+\frac{102P_d}{H}+\rho_e=1.25+\frac{102\times5}{3200}+0.10=1.51(\text{g/cm}^3)$$

③计算钻柱内容积、环空容积及加重钻井液量：

$$V_1=\frac{\pi}{4}D^2L=0.785\times1.086^2\times32000=29626(\text{L})=29.626(\text{m}^3)$$

$$V_2=0.785[(2.24^2-1.27^2)\times24000+(2.159^2-1.27^2)\times8000]=83288(\text{L})=83.288(\text{m}^3)$$

$$V=V_1+V_2=29.626+83.288=112.914(\text{m}^3)$$

按 1.5 倍加重钻井液，应把 169.371m³ 钻井液加重到 1.51g/cm³ 准备压井。

④计算注入加重钻井液时间：

a. 注满钻柱内容积所需时间：

$$t_1=\frac{1000V_1}{60Q}=\frac{1000\times29.626}{60\times10}=49.4(\text{min})$$

b. 注满环空所需时间：

$$t_2=\frac{1000V_2}{60Q}=\frac{1000\times83.288}{60\times10}=138.8(\text{min})$$

⑤计算压井时的立管压力：

a. 初始循环立管总压力：$p_{Ti}=p_d+p_{ci}=5+3.8=8.8(\text{MPa})$

b. 终了循环立管总压力：$P_{Tf}=\frac{\rho_{ml}}{\rho_m}p_{ci}=\frac{1.51}{1.25}\times3.8=4.59(\text{MPa})$

⑥计算最大允许关井套压：

$$[p_a]=(G_f-G_m)H_f=(0.0169-0.0098\times1.25)\times2400=11.16(\text{MPa})$$

(2)填写压井施工单，绘出立管压力控制进度表(如图 7-3 所示)。

(3)压井施工

第一步：用密度为 1.25g/cm³ 原钻井液循环排除溢流。

①缓慢启动泵，开节流阀及节流阀下游的平板阀，调节流阀保持关井套压 6.5MPa；

②泵排量逐渐达到压井排量 10L/s，保持不变，此时立管压力非常接近 8.8MPa；

③继续保持压井排量 10L/s 不变，调节节流阀，使立管压力始终保持 8.8MPa 不变，直到把溢流排完；

地面BOP压井施工单-直井

日期：--------------------

井号：--------------------

地层强度数据：

地层漏失时地面压力 （A）12.33 MPa

测试时钻井液密度 （B）1.20 g/cm³

最大允许钻井液密度=

$$（B）+\frac{（A）\times 102}{套管鞋垂深}$$

（C）1.72 g/cm³

最大允许关井套压=

$$\frac{（C）-在用钻井液密度}{102}\times 套管鞋垂深=$$

11.16 MPa

井的基本数据

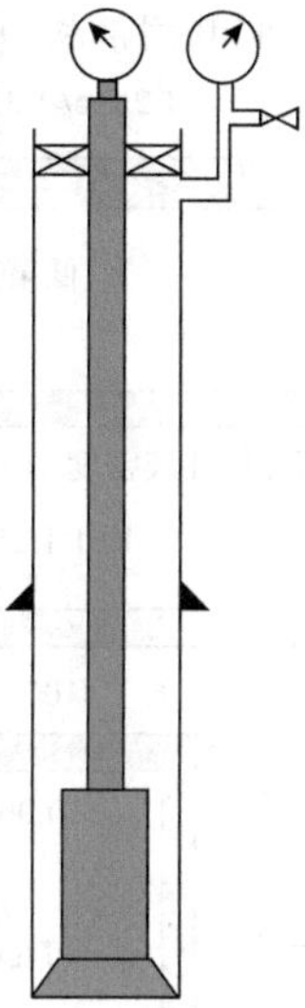

在用钻井液密度 1.25 g/cm³

套管鞋数据：

尺寸	244.5	mm
测深	2400	m
垂深	2400	m

井眼尺寸：

尺寸	215.9	mm
测深	3200	m
垂深	3200	m

1号泵排量	2号泵排量

	低泵速压耗（MPa）	
低泵速数据	1号泵	2号泵
35 冲/分	3.8	3.8
冲/分		

预记录的体积数据：	长（m）	容积（L/m）	体积（L）	泵冲数（stks）	时间（min）
钻 杆	3100 ×	9.26 =	28706	体积/泵排量	泵冲数/低泵速
加重钻杆	×	=	+		
钻 铤	100 ×	4.01 =	410 +		
钻柱内容积			（D）29107	（E）1699stks	48min
钻铤×裸眼	100×11.82=1182				
钻杆/加重钻杆×裸眼	700×23.98=16786 +				
裸眼体积			（F）17968L	1048stks	30min
钻杆×套管	2400×26.74=（G）64176			3744stks	107min
环空总容积	（F+G）=（H）82144L			4792stks	137min
井眼系总容积	（D+H）=（I）		111251L	6491stks	
地面钻井液体积	（J）		58749L	3427stks	
钻井液总容积	（I+J）		170000L	9918stks	

图 7-3(a)　压井施工单

地面BOP压井施工单-直井	日期： 井号：

井涌数据

关井立压 5 MPa　关井套压 6.5 MPa　钻井液池增量 2500 升

压井液密度（KMD）	在用钻井液密度+关井立压/（垂深×0.0098）+附加密度 1.25+5/（3200×0.00981）+0.1=1.51g/cm^3
初始循环立管压力（ICP）	低泵速压耗+ 关井立压 3.8+5=8.8MPa
终了循环立管压力（FCP）	压井钻井液密度/在用钻井液密度×低泵速压耗 1.51/1.25×3.8=4.6MPa
（K）=ICP–FCP=4.2MPa	（K）×100/（E）=0.247MPa/100 strokes

冲数	压力/MPa
1	8.80
100	8.55
200	8.30
300	8.06
400	7.81
500	7.57
600	7.32
700	7.07
800	6.82
900	6.58
1000	6.33
1100	6.08
1200	5.84
1300	5.59
1400	5.34
1500	5.10
1600	4.85
1699	4.60

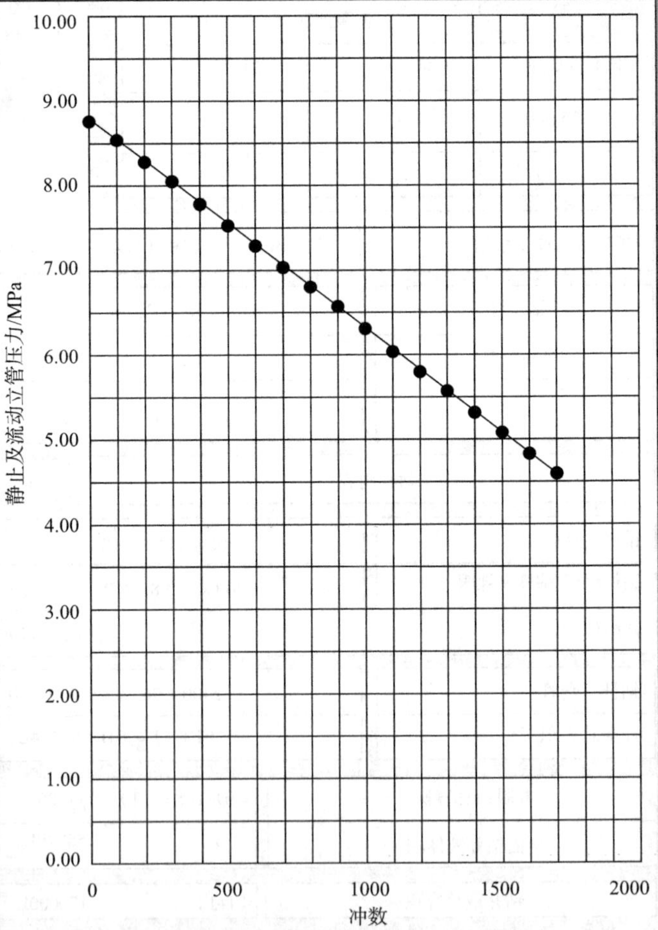

图 7-3(b)　压井施工单

④泵入钻井液138.8min，溢流排完停泵，关节流阀及下游的平板阀，则 $p_a = p_d = 5MPa$；

第二步：将169m³钻井液加重到1.51g/cm³后，向井内打入加重钻井液，排除原钻井液，重建井内压力平衡，操作如下：

①缓慢开泵，开节流阀及下游平板阀，调节节流阀，保持套压5MPa不变。

②泵排量逐渐达到10L/s时，保持不变，此时立管压力非常接近8.8MPa。

③在加重钻井液从井口至钻头这段时间内，即注入加重钻井液49.4min内，调节节流阀，使套管压力保持5MPa不变。注入加重钻井液49.4min后，立管压力从8.8MPa下降到4.59MPa。

④加重钻井液返出钻头进入环空，调节节流阀，使立管压力保持4.59MPa，直到加重钻井液返出井口。

⑤加重钻井液返出井口，停泵关井，若 $p_d = p_a = 0$，井眼重建平衡。

开井恢复循环，并调整钻井液性能，恢复正常生产。

2. 工程师法压井(一次循环法)

工程师法又称等待加重法或一次循环法。这种方法是溢流发生后，迅速关井，求得关井立管压力等数据后，配制压井钻井液，然后用压井钻井液循环，并在一个循环周内完成压井工作。此方法压井时间短，井口装置承压小，对地层施加的压力小，但是在压井时要求现场加重材料必须充足，具备快速加重能力，从关井到恢复井内循环时间长，其施工步骤是：

(1)计算压井基本数据，填写压井施工单，绘制出立管压力控制进度曲线；配制压井钻井液，加重时要定时测量钻井液的密度，使加重钻井液密度均匀。

(2)压井操作

压井的基本做法仍是通过调节节流阀的开启程度，控制立管压力，保持井底压力不变的条件下，用重钻井液循环压井。具体操作方法是：

①缓慢启动泵并打开节流阀，使套压等于关井套压值。当泵速达到选定的泵速后，保持泵速不变，调整节流阀使立管压力等于初始循环立管总压力。

②重钻井液由地面到达钻头的这段时间内，通过调节节流阀控制立管压力，使其按照"立管压力控制表"变化，即由初始循环立管总压力降到终了循环立管总压力。

③继续循环，重钻井液在环空上返，调节节流阀，使立管压力保持终了循环立管总压力不变。当重钻井液到地面后，停泵关节流阀。检查套管和立管压力是否为0，若为零压井成功。

(3)采用工程师法压井，立管和套管压力的变化规律如图7-4所示。

①立管压力变化规律。

$0 \sim t_1$ 时间内，加重钻井液到达钻头，立管压力由初始循环立管压力降到终了循环立管总压力。$t_1 \sim t_4$ 时间内，加重钻井液由井底返至井口，立管压力保持终了循环立管压力不变。

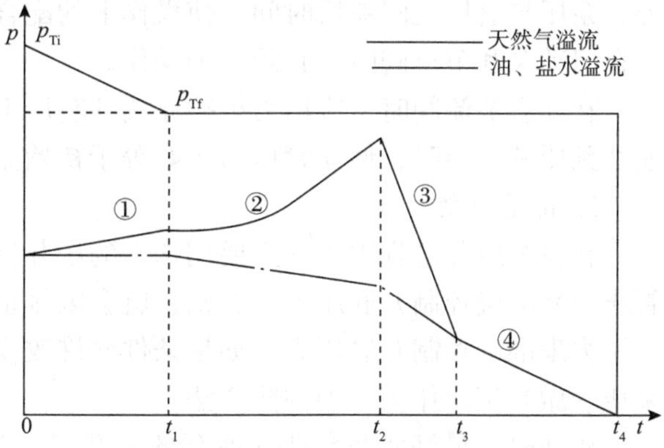

图7-4 工程师法压井套管压力和立管压力变化曲线

②套管压力变化规律。

a. 当溢流为油或水时套压的变化。

重钻井液由地面到达钻头的时间($0 \sim t_1$)内，套压应保持关井套压不变。

重钻井液在环空上返，溢流顶部上返

到井口的过程($t_1 \sim t_2$)中，由于重钻井液的返高增加，静液压力增大，故套压逐渐下降。

溢流由井口排出的过程($t_2 \sim t_3$)中，重钻井液返高增加套压迅速下降。

在($t_3 \sim t_4$)这段时间是排除原钻柱内的轻钻井液，随着重钻井液返高的增加套压逐渐下降，当重钻井液返到地面后，套压则降为0。

b. 溢流为天然气时套压的变化。

重钻井液由地面到达钻头的过程($0 \sim t_1$)中，天然气在环空上升膨胀，环空液柱高度减少，压力下降，套压逐渐升高。

重钻井液在环空上返，在($t_1 \sim t_2$)时间内，随着重钻井液返高的增加，钻井液静液压力不断增加，套压应逐渐下降。与此同时，天然气不断上升膨胀，又会使钻井液静液压力减小，套压增加。这时的套压变化受到两种因素的影响，如果重钻井液返高增加使套压减小，其减小值大于天然气上升膨胀使套压升高的增加值，则套压会呈现下降趋势。否则，套压呈现上升趋势。若二者相等时，套压则不变。

不论出现上述哪种情况，但天然气上升到接近井口时，由于天然气迅速膨胀，均会使套压出现迅速升高的趋势。

在这段时间内，套压变化的规律，多数情况是：重钻井液开始在环空上返时，套压稍有下降，而后又逐渐上升，当天然气上升到接近井口时，套压迅速升高。最后天然气顶到达井口时，套压上升到最大值。

($t_2 \sim t_3$)是天然气由井口排出的过程，随着天然气的排出，套压迅速下降。

($t_3 \sim t_4$)是排出轻钻井液的过程，最后重钻井液返出地面，套压降为0。

第三节　压井作业中应注意的问题

在正常压井作用中可能遇到各种异常情况，如钻具断落、堵塞等。发生这些情况时，应及时做出正确判断并采取相应补救措施。

1. 泵和节流阀的启动

在压井循环开始时，最理想的情况是节流阀应在钻井液泵启动后的瞬时打开，这两个动作的配合是比较困难的。如节流阀打开得太快，就会使井底压力降低，地层流体会进一步地侵入井内。如果节流阀的启开落后于泵的启动较大，就会使套压升的过高而憋漏地层。另外，泵压与套压之间滞后时间，使操作上的配合更加复杂(通常约300m滞后1s)。因此，要求在启动泵和节流阀时，必须仔细操作。

在开启节流阀时，应尽力维持原关井套压不变，随着泵速的增加逐渐开大节流阀。当泵速达到压井泵速时，使立管压力正好等于初始循环立管总压力。

2. 排量控制

在整个压井过程中，一定要用选定的压井排量或泵速循环，并尽量保持不变，便于用立管压力来准确控制井底压力。否则，就会因排量变化而引起立管压力变化，使我们不能用立管压力来准确控制井底压力。如果条件允许改变泵速，应当在某一个泵速范围内采用低泵速泵压、做好记录作为一种预防方法。

压井时，最好使两台钻井液泵的缸套尺寸相同，这样就可以做到在压井中需要倒换泵时，可用相同的泵速继续压井。

3. 控制好压井钻井液密度

要严格控制压井钻井液密度，不能随意改变，钻井液密度要始终保持一致，不能忽大忽小。另外，必须对压井钻井液进行过滤，保持其清洁，防止各种杂物、石块等泵入井内，引起堵塞，给压井工作带来困难。

4. 防止压差卡钻

在裸眼井段有低压渗透性地层时，钻井液失水控制不好，或钻井液被地层流体污染，均可使井壁泥饼加厚，如关井时间长，在压差的作用下可形成卡钻。调整好钻井液性能，上下活动钻柱是防止卡钻的较好方法。

活动钻柱时，防喷器的关闭压力可以适当减小，以减少胶芯的磨损，钻具接头不应强行通过防喷器。

5. 节流管汇堵塞或节流阀刺坏

流体从地层进入井眼，携带出岩石和岩屑。钻井液中的砂粒、岩屑和高速液流很可能堵塞或刺坏节流阀。节流阀堵塞的显示是套压升高，立管压力在几秒钟后与套管压力同时上升。通常用快速打开的方法可以把节流阀疏通。疏通后，要迅速关回到原位。如果此法不能解堵，就启用备用支路，并清洗被堵支路。

节流阀被刺坏的显示与节流阀堵塞的显示正好相反。如果刺坏严重，应使用第二节流阀。使用第二节流阀后，对第一节流阀要进行修复或更换。

6. 钻具被刺坏

在压井过程中，钻具被刺坏的显示是泵压降低、泵速加快。刺漏继续恶化最终会导致钻具断落，应引起操作人员的重视。

补救措施是首先要确定刺漏位置，如观察新泵入的重钻井液或着色钻井液，或其他混有易识别物的钻井液返出地面的时间确定刺漏部位。如果刺漏部位接近井口，可不压井起钻更换钻具；如果刺漏发生在钻头喷嘴处，则继续压井施工。

7. 钻具断落

压井过程中如果钻具断落，则立管循环总压力下降。

补救措施视具体情况决定。若溢流发生在折断处以上，可以继续压井。若溢流发生在折断处以下，则注入超重钻井液使井底压力平衡地层压力，然后下钻连接落鱼，恢复循环继续施工。

8. 钻头水眼堵塞

钻头水眼堵塞，但未堵死时，立管压力会迅速升高，而套管压力不变。此时，应记下套管压力，然后停泵关井，确定新的立管压力值后，再继续进行压井。

如果水眼完全堵死，不能循环时，应先关井，打开钻具旁通阀另建循环通道，若无旁通阀则可炸掉喷嘴以恢复循环。

9. 井漏

在压井排出溢流的过程中，井壁要承受很大的压力，裸眼井段的地层可能被压漏。通常在压井过程中发生井漏的显示是立管和套管压力下降，泵速增加。发生井漏后，如不及时处理，就可能引起地下井喷。可供处理的方法有：

(1)注入高密度钻井液。注入一定量的高密度钻井液，使其进入环空增加钻井液静液压力，降低套压，减小漏失层位所受的压力，从而制止漏失。注入的钻井液密度可以比原确定的压井钻井液密度高。

(2)打重晶石塞。重晶石塞是则重晶石粉、淡水、稀释剂等配制成的重晶石浆液，其密度可达2.16~2.88g/cm^3。将重晶石浆液泵入井内高压层顶部之后，由于其密度高，可增大静液压力，有助于平衡高压层的压力。重晶石浆液具有高失水性能，能迅速沉淀、脱水形成重晶石塞子，把下面的高压层暂时封隔起来，从而便于对上面的漏失层进行堵漏。

(3)采用分流法。这种方法是事先在钻柱上适当位置装一个分流短节，当出现溢流并在压井过程中可能压漏地层时，则可从地面向钻杆内投入一个启动器，打开分流短节上的侧孔，使泵入井内的压井钻井液分两路循环。一路由钻柱底部上返，顶替井内溢流，一路经分流短节上的侧孔进入环空，与上升的天然气混合，使天然气成为分散在钻井液中的气泡，与钻井液一同上返。这样可以增加排出溢流过程中环空内的静液压力，降低套压，减小易漏层位所受的压力。

10. 钻具离开井底

如果钻具离开井底，井仍是可以控制的，但不能把井压住，采取的办法是强行把钻具下到井底进行压井。另一种办法是关井，控制井口压力，让地层流体运移到钻具底部以上，循环排出后，将钻具下到井底。

第四节 井控作业中容易出现的错误做法

井控作业中的一些错误做法，会带来不良后果，甚至会使事故更加复杂化，应尽量避免。

1. 发现溢流后不及时关井，仍继续观察

这样只能使侵入井内的地层流体越来越多，溢流更加严重，特别是天然气溢流，在向上运移中，体积膨胀，会排出更多的钻井液，很容易诱发井喷。所以一旦发现溢流，无论严重与否，都应立即关井，弄清情况以后再作处理。如果未装井控设备，应立即组织用加重钻井液压井。

2. 发现溢流后起钻

人们担心在关井期间，钻具处于静止状态发生粘吸卡钻，所以力图把钻头起入套管内，这样做既延误了关井时间，又因起钻时的抽汲压力而使地层流体更易侵入井内。钻柱越深，对压井越有利，起出部分钻柱，就会增加压井钻井液的密度，而且地层压力也无法求准，特别是天然气溢流，当其运移至井口而发生井喷时，来得非常突然，以致没有时间接回压阀和方钻杆，很容易造成井喷失控。

3. 在关井的情况下活动钻具

如果有性能可靠的备用防喷器，为了防止粘卡，活动钻具是可以的。这个防喷器发生故障，还可以用另一个防喷器关井。而且只允许上下活动，不允许转动，不允许钻杆接头撞击防喷器闸板，同时要适当地控制防喷器的关井压力，在能有效关井的情况下，尽量减少钻具与防喷器胶芯之间的摩阻力。

如果不具备这个条件，那就最好不要活动钻具，因为此时保护好井口装置是首要任务，是否卡钻已经是次要的问题，可以暂不考虑，因为井口装置如果发生问题，其后果不仅仅是卡钻，还会因井喷失控而导致更为严重的后果。

4. 起下钻中途发现溢流，仍继续起下钻工作

这种情况，要具体分析，具体对待，不能一概而论。

(1)如果溢流是天然气，无论是起钻还是下钻，发现溢流就应立即关井。

(2)如果溢流是油水，发现溢流后就不一定立即关井，因为由溢流发展到井涌、井喷，有一个渐变过程，完全可以利用这段时间，争取多下入一些钻具，所以无论是起钻还是下钻，都应立即下钻，在井喷以前，下入的钻具越多越好。

(3)如果没有安装井控装置，在起下钻中途发现溢流，不管是什么性质的溢流，都应立即强行下钻，尽量多下入钻具。

5. 关井后长时间不进行压井作业

发现溢流关井后，压井工作应以最快的速度进行，不能长期关井不压井，因为可能会出现如下危险情况：

(1)天然气向上运移，井口压力升高，有可能超过井口允许压力，不得不定期泄压，放出一部分钻井液，这样又使液柱压力降低，气体更容易侵入。

(2)在长期高压关井的情况下，一旦某一部分出现刺漏，或地层憋裂，势必迫使泄压，形成无控制的敞喷，给压井工作带来极大的困难。

(3)长期关井，不活动钻具，很容易产生粘吸卡钻，如果溢流物含有硫化氢的话，还可能导致钻具氢脆折断。

6. 压井液密度过大或过小

压井液密度应按计算密度再附加 $0.1\sim0.15g/cm^3$，因为压井液在环空上返时，不可能把被污染的钻井液顶替干净，而有一个混浆过渡带，它的密度肯定要降低。若压井液密度低于计算密度，会使地层流体继续侵入，不仅会延长压井时间，还可能导致压井作业失败。但又不能使压井液密度过高，过高的压井液密度会形成过高的液柱压力，可能将裸眼井段的较薄弱地层压漏，使压井工作复杂化。

7. 敞开井口压井

如果能控制井口，就必须控制井口，按正常程序压井，不能在敞喷的情况下压井。在敞喷的情况下不仅要消耗大量的加重钻井液，还可能导致压井失效，而且还可能刺坏钻具，喷垮地层，使事故更加复杂化。

若虽有井控装置，但由于种种原因，只能控制较低的回压，那也应在控制一定回压情况下压井，起码也应该导流放喷，保持一个较好的工作环境。

若没有安装井控装置，或者虽然装了井控装置，但不能控制回压(如闸板芯子尺寸不对、闸板刺漏、法兰刺漏、表层套管深度太浅)，此时，只能在敞喷的情况下提高钻井液密度，加大钻井液排量压井。环空液柱压力的建立也是一个渐变过程，不可能企图在一两个循环周内将井压稳，而要用较长的压井时间和较多的加重钻井液量。在地层压力下降较多的情况下，在一个循环周内把井压稳也是可能的，所以不能一概认为不能敞口压井，要视具体情况而定。

8. 所用防喷器管子闸板与钻具外径规范不配套

这在使用复合钻具时尤其容易发生，因此在使用复合钻具时应准备好一根外径与防喷器芯子相一致的钻杆及与不同钻具连接的接头，以便在发生溢流时接在井口。

9. 把半封闸板关在钻杆接头上

事先应计算好闸板至转盘的距离，以便确定方钻杆的提升高度。万一关在接头上的情况发生，应打开闸板，调整接头位置，重新关井。

10. 全封闸板或剪切闸板的控制手柄被锁

这两个闸板通常是很少用到的，一旦发生误操作，其后果又是相当严重的，因此井队人员往往把它的控制手柄锁住或用绳索绑死，一旦需要时又解脱不了，贻误时机，酿成大祸。因此不能把手柄锁死或绑死，而应采取其他有效的办法，防止误操作。

11. 蓄能器的隔离阀处于关闭状态

为了检修方便，设置了这个隔离阀，检修完毕，应将这个隔离阀打开。在钻井过程中，这个阀应永远处于开启位置。不幸的是曾发生过因隔离阀关闭而导致井控失效的例子。

12. 蓄能器没有打压力

防喷器本来是经常处于戒备状态的设备，蓄能器应经常打足额定压力。但有的井队在平时蓄能器不打压力，待发生溢流时，仓促应战，已经丧失了最有利的井控时机。

13. 没有随着井口压力的升高而调节防喷器的关井压力

关井后，井口压力会随着油气的上移而增高，当压力上升到某一值时，防喷器特别是多效能防喷器会发生泄漏，如不及时增加防喷器的关井压力，会导致严重的后果。因此，关井后并不等于万事大吉，要密切注意井口动态。

14. 在钻杆敞开下关闭环空

这将迫使溢流从钻杆内喷出，使安全阀难以或不可能接上，所以在溢流发生时，应先接安全阀和方钻杆，然后再关闭环空。

15. 回压阀或方钻杆接不上

当井喷从钻杆内发生时，碟形回压阀或方钻杆很难接在井口，但为了制止井喷，这又是必须完成的工序，因此可以采取下列的办法：

(1)采用可以完全打开的安全阀，减少喷流的冲击力，接在井口，如果有困难，可将完全打开的安全阀，接在一根或一柱钻铤下面，利用钻铤的重量将安全阀接好，然后，关闭安全阀，卸掉钻铤，接好方钻杆。

(2)打开高压管汇上的放喷阀，抢接带下旋塞的方钻杆，这样做，可以减少喷流的冲击力，当方钻杆接好之后，再关闭放喷阀。

16. 方钻杆上、下旋塞的扳手不适用或者找不到

开关方钻杆上、下旋塞的扳手应灵活好用，并放在全体人员都知道的、可靠的、容易拿到的地方，这对于控制钻具内井喷是非常重要的。

17. 防喷器控制管线装反

现场发生过这种情况，只要进行防喷器组的压力或功能试验，就不难发现。发现之后，应该把管线改正过来，或者把标志牌的指示方向改正过来。

18. 防喷系统工作压力有限

井口控制压力不能超过防喷器额定工作压力、套管抗内压强度的80%、裸眼井段的地层破裂压力三者之中的最小者，如果事先没有进行测试，或者关井后来注意观察，使关井压力超过其中最薄弱的一项强度，将导致严重的后果。因此，关井后，必须限定一个可以承受的最高压力，并注意观察，当压力接近最高限额时，可以进行有控制的放喷。

19. 固井时导致井喷

在钻进时往往很注意井控工作，而在固井时往往忽略了这一点，导致不可收拾的惨局，钻井时发生这类井喷事故的也很多，其原因主要是：

(1)没有换用与套管尺寸相应的防喷器芯子，井口失去控制。

(2)水泥浆初凝时，产生失重现象，减轻了环空压力，水泥石初凝时体积收缩又会产生微细裂纹，导致高压油气上窜。

(3)固井时，注入的前置液过多，减轻了环空压力，导致油气上窜。

(4)下套管时，没有按规定灌钻井液，导致回压阀压坏，诱使油气从套管内喷出。

20. 灌钻井液管线接在防喷器组合上

灌钻井液管线不是接在防溢管上，而是接在防喷器组合上，一旦发现井喷时关井，而油气却从灌钻井液管线喷出，因此应绝对禁止这种情况发生。

第五节　井漏或喷漏同时的井控技术

一、井漏时的井控

井漏是指钻井液漏入地层，它是钻井中普遍存在的一个问题。压井过程发生井漏的显示是立管压力和套管压力下降，泵速增加。井漏发生后，不及时处理，进而会引起井喷。

发生井漏后，要先确定漏层的位置，然后再根据井漏的类型和程度，采取不同的处理方法。

1. 部分漏失时的井控

因部分漏失而使钻井液池液面下降，但又必须继续循环，可以按以下程序进行处理。

(1)如通过配制钻井液能保持循环所需要的钻井液量，则继续循环。在侵入井内的气泡返至漏失层以上后，施加于漏失层的压力减小，漏失可能自行消失。

(2)在部分漏失的情况下循环钻井液时，把钻杆压力降低0.5MPa并等待，观察漏失是否减少。如果不减少，则再把钻杆压力降低0.5MPa，直到把漏失减少到完全可以用配制新钻井液来维持循环。降低钻杆循环压力总量不能超过3MPa；如果钻杆压力降低超过了3MPa还没解决问题，则应该改变做法。

(3)停泵关井0.5~4h，使漏失的裂缝自行闭合。调节节流阀，维持关井钻杆压力不变，如果节流阀压力上升超过0.7MPa，则执行下一步骤。

(4)选择较慢的循环速度及新的初始循环压力。停泵以后，打开节流阀，开泵至新的慢泵速，关节流阀，直到套压上升到关井时的压力，然后将钻杆压力作为新的初始循环压力。

(5)用有效的堵漏材料配制堵漏钻井液。

(6)配制重钻井液控制井涌。如果漏失层在井涌层以上，这种方法可压住较小的井涌，然后再处理井漏。

(7)如果井漏严重无法堵住，应采用重晶石塞封住井涌层，然后处理井漏。

2. 全部漏失时的井控

如果只进不出，不能循环，就无法进行标准的井控程序。全部漏失时，天然气可能到达地面，也可能成为严重的地下井喷。这时要采取措施堵漏，以便能用标准的程序压井。对于天然气井涌，最好的解决方法是用重晶石堵住井涌层，然后处理井漏。地下井喷流速很高时，重晶石可能还没有沉淀下来就被冲走了，这时要加长重晶石塞到100m。

另外，也可采用柴油泥塞堵漏。柴油泥塞就是把膨润土粉加到柴油中配成，能很快地形成堵塞，对防止水从地层中流出特别有效。这种油泥混合物在遇到水以前不会产生反应，所以没有过早堵塞的危险。油泥注入井中后柴油被冲离膨润土粉，膨润土遇水形成泥塞。油泥塞一般要70m长，前后有柴油作隔离液，防止堵住钻杆。在油泥塞到达要求的位置后，从环空以200L/min的排量泵入钻井液，压住油泥塞凝结。100m长的油泥塞的配方见表7-1。

表7-1 100m长的油泥塞的配方

井眼直径/mm	柴油/m^3	膨润土粉/kg	总容积/m^3
152.4	1.350	1172	1.849
165.1	1.560	1356	2.139
200.0	2.293	1992	3.142
215.9	2.671	2319	3.659
244.5	3.425	2975	4.693
311.1	5.545	4816	7.597
381.0	8.323	7216	11.401

二、喷漏同时存在时的井控

即井喷与井漏同存在于一裸眼井段中的压井。这种情况需先解决漏的问题，否则，压井时因压井钻井液的漏失而无法维持井底压力略大于地层压力。根据又喷又漏产生的不同原因，其表现形式可分为上喷下漏、下喷上漏和同层又喷又漏。

1. 上喷下漏的处理

上喷下漏俗称“上吐下泻”。这是因在高压层以下钻遇低压层(裂缝、孔隙十分发育)时，井漏将钻井液和储备钻井液消耗尽，井内得不到钻井液补充，使井内液柱压力降低而导致上部高压层井喷。其处理步骤是：

(1)立即停止循环，间歇定时定量反灌钻井液。尽可能维持一定液面来保证井内液柱压力略大于高压层的地层压力，反灌钻井液密度应低于原钻井液密度。

(2)从钻杆内打入低密度的堵漏钻井液。当堵漏钻井液发生作用后，能建立起循环来，井喷也就不会发生了。

(3)如因不能维持一定量的液面而发生井喷，可立即关井，从钻杆内挤入堵漏钻井液。当堵漏钻井液发生作用后，井口压力上升，此时可按照正常程序压井。

2. 下喷上漏的处理

当钻遇高压层发生溢流后，提高钻井液密度压井而将高压层上部某地层压漏时，就会出现所谓的下喷上漏。其处理方法是：

(1)大致了解井漏位置，可起钻至漏层以上，注入堵漏钻井液堵漏。

(2)若喷漏层相距甚远，可注入超高密度钻井液于喷层以上漏层以下井段，平衡地层压力。先止喷，然后起钻至漏层位置再堵漏。

(3)在喷层以上注水泥塞或重晶石塞，将喷漏层隔开，先堵漏再治喷。但注水泥危险性较大，溢流将水泥浆顶至钻头以上，很可能造成卡钻。

(4)下套管固井。因为上部地层井漏，要定时定量灌钻井液，起出钻具下入套管。先注超高密度钻井液于喷漏层之间压井，然后注水泥固井。

3. 同层又喷又漏的处理

同层又喷又漏多发生在裂缝、孔洞发育的地层，或压井时井底压力与井眼周围产层压力恢复速度不同步的产层。这种地层对井底压力变化十分敏感，井底压力稍大则漏，稍小则喷。处理方法是：

(1)间隔定时反灌一定数量的钻井液，维持低压头下的漏失，起钻，下光钻杆堵漏。

(2)遇到大溶洞无法堵漏时，可用清水边漏边钻，或用泡沫钻井液维持平衡钻进，钻达一定深度后下套管固井，漏层以下下筛管，漏层以上用管外封隔器封堵，使水泥浆从封隔器以上上返。

第六节　浅层气的处理

所谓的浅层气，是指埋藏深度比较浅、储量比较小，在目前技术条件下无商业开发价值的气层。在层位上，浅气层一般处于第四系、上第三系等浅部地层。国内外大多数油田，海湾地区和海洋大陆架地区钻井常会遇到浅层气。

一、浅层气的危害

浅层气的特点是位于浅层，平面分布与总体积都很小，没有规律性。因此难以预测，对施工构成的危害大。其危害主要表现在以下几方面：

(1)从溢流到井喷发展速度快，容易导致井喷事故。浅层气埋深浅，而气体与液体密度差很大，会产生强烈密度置换并滑脱上移。比油、水侵入井筒的速度快，短时间就会运移到井口造成井喷乃至失控。从溢流出现到井喷发生，往往只间隔几分钟，在如此短的时间内，很难采取有效控制措施。

(2)浅层气井喷事故处理难度大。浅层气埋藏浅且地层疏松，套管鞋处地层承压能力低，关井易憋漏地层，导致地下井喷。容易憋破地表在井口周围喷出地面，造成对周围环境与人员的巨大影响。由于不能有效地控制井口，井喷处理难度比常规井大。

(3)浅层气井喷事故损失大。浅层气井喷会在短时间将井内钻井液喷空，造成井塌以至井眼报废；容易导致失控，常常引起火灾烧毁钻机设备；一旦气体从井口周围地面喷出，将造成钻机下陷等重大问题。

(4)浅层气对井内静液柱压力波动敏感。在浅层气段钻进或起下钻，井筒钻井液柱压力稍不平衡，天然气就会迅速进入井眼。故钻遇浅层气地层时，起钻“拔活塞”最容易引起井喷。

(5)浅层气预测困难，常常没有任何征兆就会突然出现。目前对浅层气预测还没有把握，一些国外公司钻探井时，即使地震资料显示浅层气也要安装分流器。

(6)井控装置少甚至不安装防喷器，发现溢流时控制难度更大。

二、浅层气位置的测定

由于浅层气的特点和存在的危害，在确定一口井的套管程序和钻井液设计方案之前，首先要弄清是否有浅层气。预测浅层气可利用高分辨率的地震数据。现已有预测900m浅沉积层剖面的新技术和新的地球物理设备。高分辨率的电火花地震勘探和亮点分析技术对于预测浅层气很有效。电力机动浅层剖面仪的最佳分辨率可达120m，这种设备能给出有关活动的和非活动的储气层的资料。水柱气泡检测仪可以发现气体渗漏，这种渗漏是浅层含气的直接显示。无泡电火花测量仪可进行沉积速度分析并能提供深度达 300m 的活动与非活动的气体储层情况。

这些测量可以同时做几项，叫做多重探测。其他探测法有绘制探测图的水深扫描、侧面扫描声呐，它们能显示出水底的各种不规则的情况及海底的堆积层。除此之外，还有各种磁力表、调谐传感器、剖面仪等。

这些探测方法可以在计划的井位上具体分析后加以应用，但在大多数的情况下，只有钻到油气层才能确定气体的存在。

三、浅层气的处理

目前，对浅层气的处理主要考虑以下几个方面。

1. 钻开浅层气的准备工作

(1)在钻井工程设计上要明确防浅层气提示并提出必要的技术措施。在设计时要求制定钻浅层气时的应急计划，以便在钻遇时确定是关井还是分流。在海上，是否用隔水导管分流最好。如计划用隔水导管，能否改进设计以保证压井更容易等。

(2)进行安全技术交底，施工前组织相关人员认真了解浅层气的危险性，掌握钻探浅层气的工艺技术，提高人员的防范意识。明确各岗位的职责，加强监控，尽可能早发现溢流显示。

(3)储备压井钻井液。开钻前配好压井钻井液，密度应比正常钻井时高 0.20～0.30g/cm^3，体积为相应井眼容积的 5～6 倍。

(4)配备可靠的井口装备。井口安装分流设备，分流三通的水平出口与分流管相连，之间安装平板阀，分流管长度不得小于 30m 且朝下风方向。分流管口外挖 100～200m^3 的放喷池，分流管尽可能平直，每隔 2m 用一个固定锚固定。

(5)按标准试压。井口装置一律试压至规定压力。

(6)配备安全报警装置。安装钻井参数检测仪、钻井液液面检测报警仪，并检测其可靠程度，特别是钻井液流量传感器，必须灵敏可靠。

2. 浅层气钻井工艺

一般情况下，只有在井内下入足够长度的套管或导管，并且套管鞋坐于较为坚硬的地层时才能实施关井，维持井口压力；否则，只能分流放喷，不能关井。国外成功的做法是：

(1)用 ϕ216mm 钻头钻穿表层领眼。对预测有浅层气的地区，首先用 ϕ216mm 钻头钻完设计表层井深。主要是考虑泄流面积小，喷出物体积少，有利于压井作业。

(2)对 ϕ216mm 裸眼电测，确认浅层气是否存在。

(3)对表层段按所需尺寸扩眼，进行下套管作业。

应使用流量传感器，因为流量传感器发出的信号比钻井液池液面增加发出的信号来得早，能够争取较多的时间。如有怀疑，就要停泵检查井口是否有钻井液外流。特别是在起钻过程中，要准确计量灌入的钻井液是否与起出的钻具体积相等，一旦发现有显示，立即采取分流措施。

由于钻井液的密度不是通过准确计算得到的，压井似乎存在某种程度的盲目性。可以根据泵入加重钻井液后的放喷情况，确定是对压井钻井液继续加重，还是考虑打重晶石塞或水泥塞，还是等待可能发生的井内桥塞或衰竭停顿。上述方法是国内外众多油公司经过长期的生产时间总结出来的行之有效的成功经验，能够控制浅层气而不至于发生井喷。不能盲目关井，以避免压力过高使地层破裂，井口失去控制。

浅井段起钻时，司钻要特别注意最初几个立柱是否灌满钻井液，注意观察在起每两根立柱之间井口有无钻井液外流。一般情况下，在软地层导管或表层套管下入深度450~600m、在硬地层套管下入深度小于300m时都不能关井，只能进行导流放喷。

3. 关井与分流

钻遇浅层气过程中遇到溢流是关井还是分流，取决于套管的最大允许承压能力。下列公式表示套管最大允许压力，限定了引起地层破裂的地面压力。

$$p_{amax} = 10^{-3}(\rho_f - \rho_m)gH \tag{7-15}$$

式中 p_{amax}——最大允许套管压力，MPa；

ρ_f——地层破裂压力当量密度，g/cm^3；

ρ_m——钻井液密度，g/cm^3；

H——薄弱地层的深度，m。

在大多数情况下，薄弱地层是在套管鞋处。不管是下结构管还是下导管，压裂梯度是非常低的。如果发生井涌，井涌流体就有可能憋裂地层窜到地面上来。在所有的情况下都有失火的危险。

某些有自行能力的钻井船快速撤离现场，可能影响到作业程序。有些井，地层有足够的强度，可以用关闭海底防喷器的方法来控制，分流放喷实际上可能更困难一些。如果压力特别大并憋漏了地层，钻井船不会被形成的火山口状井喷的凹陷吞没，气体会从沸腾的水面弥散。

实际上，分流的优点多于关井的优点。原则上，在套管鞋处地层不能承受关井压力，井涌流体有可能沿井口周围窜到地面时，要使用分流器放喷。

分流放喷的操作程序如下：

(1)上提钻具，使方钻杆接头露出钻台面(提离钻头面0.5m)。

(2)停泵。

(3)检查井口是否有钻井液外流。

(4)打开分流器放喷管线。

(5)关闭分流器胶芯。

(6)检查出口管是否关闭，分流器胶芯是否关闭，分流器放喷管线是否打开。

(7)按照分流器放喷设计要求，启动钻井泵，开双泵以最大泵速注水或重钻井液。

在海上进行钻井作业，预测在导管鞋附近存在浅层气又不能调整井位时，可以用小钻头钻进，不下隔水管，不安装分流器。当钻遇浅层气，平台设施和注入井内的钻井液不能控制住气流时，应尽快采取松脱锚链、移动平台(主要是对移动平台，不包括固定平台)等措施，等浅层气释放后再回井位钻过这段井眼。

复习思考题

一、选择题

1. 在整个压井施工过程中，要求作用于井底的压力等于或略大于(　　)。

A. 上覆岩层压力　　B. 基岩应力　　C. 地层压力　　D. 地层破裂压力

2. 在关井条件下，井底压力等于钻柱内静液压力与(　　)之和。

A. 关井套管压力　　B. 关井立管压力

C. 地层压力　　D. 地层破裂压力

3. 初始循环立管压力是指压井钻井液(　　)的立管压力。

A. 刚开始泵入钻柱时　　B. 进入钻柱过程中

C. 进入环空过程中　　D. 返到地面时

4. 终了循环立管压力是指压井钻井液(　　)的立管压力。

A. 进入钻柱过程中　　B. 进入环空过程中

C. 到达套管鞋处　　D. 到达钻头时

5. 溢流量越大，压井过程中(　　)越高。

A. 立管压力　　B. 套管压力　　C. 泵压　　D. 地层压力

6. 发生溢流后，(　　)和压井液的量与井眼几何尺寸有关。

A. 地层压力的大小　　B. 钻井液的黏度

C. 钻井液的密度　　D. 井内溢流的高度

7. 司钻法压井第一循环周结束后，停泵、关节流阀，此时的套管压力等于(　　)。

A. 初始循环立管压力　　B. 关井立管压力

C. 关井套管压力　　D. 循环泵压

8. 关井后，如果立管压力大于0，套管压力大于0，这时应(　　)。

A. 压井　　B. 开井　　C. 循环观察　　D. 恢复钻进

二、判断题

1. 起钻过程中井筒内钻井液液面下降最大不允许超过50m。

2. 起钻时产生过大的抽汲压力，是导致溢流发生的一个主要原因。

3. 钻速加快是判断溢流发生的最准确的信号。

4. 停止循环后，井口钻井液仍不断地外溢，说明已经发生了溢流。

5. 及时发现溢流并迅速控制井口是防止井喷的关键。

6. 溢流发现得越早，关井后的套压越大。

7. 压井时可以利用正常钻进时排量快速循环排除溢流。

三、填空题

1. 司钻法压井第一循环周是用(　　)将环空中的(　　)顶替到地面；第二循环周用(　　)将原浆顶替到地面。

2. 工程师法压井直接用(　　)钻井液将环空中(　　)顶替到地面直至(　　)返出地面。

3. 压井排量一般为正常钻进排量的(　　)或者为(　　)L/s。

4. 关井立压为3MPa，压并排量循环立管压力为15MPa，则初始循环立管压力为(　　)MPa。

5. 在司钻法压井刚开始调整压井排量时，应调节节流阀使套压保持不变，如果套压大于关井套压则(　　)节流阀。

6. 在司钻法第一循环周首先要保持(　　)不变，然后要调节节流阀使立管压力始终等于(　　)不变，如果立管压力小于初始循环立管压力时，则(　　)节流阀。

7. 压井钻井液量应为井筒容积的(　　)倍。

8. 司钻法压井时，当压井钻井液由井口到钻头的过程中调节节流阀，应使套管压力保持(　　)不变。

9. 在重钻井液由环空上返过程中首先要保持(　　)不变，然后调节节流阀使立管压力保持(　　)不变。

10. 压井过程中两台钻井泵的(　　)、(　　)要相同，以利倒泵。

11. 压井中，当天然气到达套管鞋处时，套压超过最大允许关井套压时，则应(　　)降压。

四、计算题

1. 已知井深3500m，原钻井液密度为1.20g/cm^3，关井力压为3MPa，求压井钻井液密度是多少？

2. 某井压井时，初始循环立管压力为10MPa，原钻井液密度为1.10g/cm^3，压井钻井液密度为1.25g/cm^3，终了循环立管压力是多少？

3. 某探井在井深2500m处发现天然气溢流。已知数据为：测量井深2500m，垂直井深2500m，钻头直径216mm，钻杆外径127mm(5″)，内径109mm；技术套管外径244mm，内径222mm，下至井深1500m处，地层破裂压力梯度为17.64kPa/m，钻井液密度ρ_m=1.3g/cm^3，关井前测得：泵速为30冲/min，排量为16.4L/s时的循环泵压为6.4MPa。关井后记录：关井立管压力为2.45MPa，关井套管压力为3.7MPa，钻井液池增量$\Delta V=3m^3$，试计算压井基本数据并填写压井施工单。

五、简答题

1. 常规压井应遵循的基本原则有哪些？

2. 压井作业中应注意哪些问题？

3. 压井采用低排量的原因是什么？

◇第二部分　井控设备◇

第八章　绪　论

在油气井钻井过程中，如果井底压力低于地层压力，地层中的流体就会进入井筒中造成井涌、井喷，乃至井喷失控、着火等，危及人员、设备和油气井安全。井控设备能够及时发现溢流，控制井内压力，并排除溢流，为安全钻井提供保障。因此，钻井员工必须熟练掌握井控设备的安装、操作和保养等方面的技能，才能发挥其作用，确保钻井作业的安全。

第一节　井控设备的功用与组成

井控设备是指实施油气井压力控制所需的设备、管汇、专用工具和仪器仪表等。

一、井控设备的功用

为了满足油气井压力控制的要求，井控设备必须能对地层压力、地层流体、井下主要施工参数等进行准确的监测和预报。当发生溢流、井喷时，能迅速控制井口、控制井眼中流体的排放，并及时泵入压井液使之在维持稳定的井底压力条件下重建井底与地层之间的压力平衡。即使发生井喷、井喷失控乃至着火事故，也具备一定的处理条件。井控设备作为安全作业的重要手段，目前已日臻完善，标准配套的井控设备应具有以下功用：

(1)监测、报警。通过对油气井检测和报警，及时发现井喷预兆，尽快采取控制措施。

(2)防止井喷。保持井筒内钻井液静液柱压力始终略大于地层压力，防止溢流及井喷的形成。

(3)迅速控制井喷。溢流或井喷发生后，迅速关井控制住井口，并实施循环，排除溢流和压井作业，对油气井重新建立压力平衡。

(4)处理复杂情况。在油气井失控的情况下，进行灭火抢险等处理作业。

显然，井控设备是对油气井实施压力控制的关键手段，是实现安全钻井的可靠保证，是钻井设备中必不可少的装备。

二、井控设备的配套与组成

井控设备主要包括七个部分，典型的井控设备组成如图 8-1 所示。

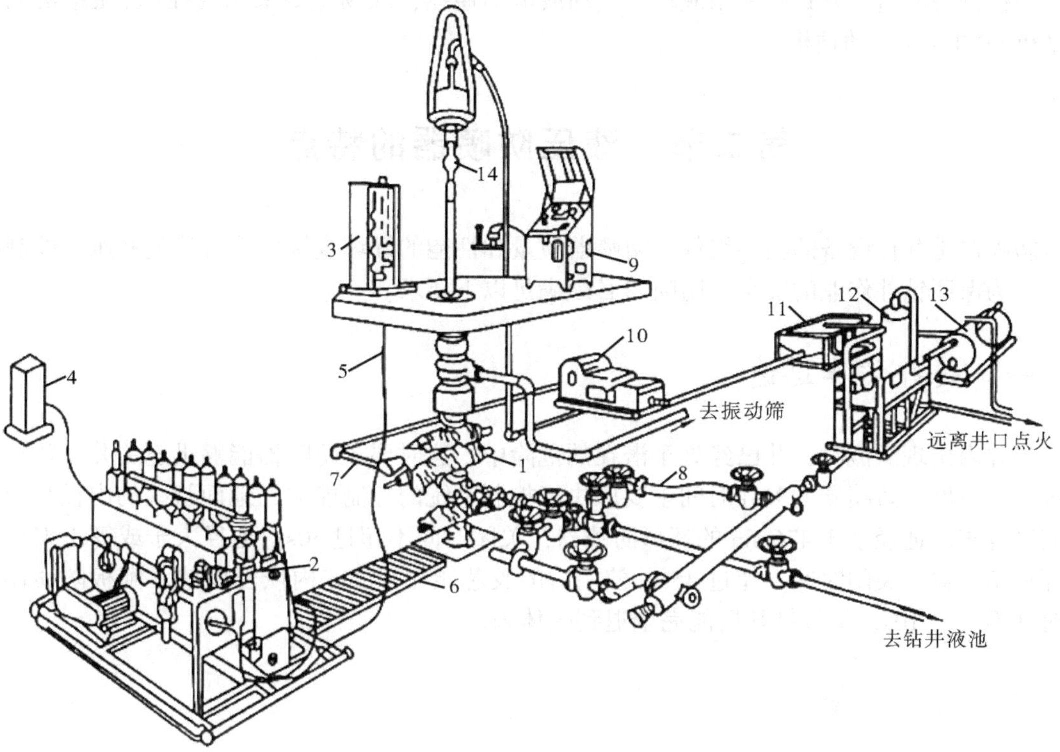

图 8-1　井控设备布局图

1—井口防喷器组；2—蓄能器装置；3—遥控设备；4—辅助遥控设备；5—气管束；6—管排架；7—压井管汇；8—节流管汇；9—节流管汇液控箱；10—钻井泵；11—钻井液罐；12—钻井液气体分离器；13—真空除气器；14—方钻杆上球阀

(1)井口装置，又称井口防喷器组，主要包括液压防喷器组、手动锁紧装置、套管头、钻井四通、过渡法兰等。

(2)防喷器控制系统，主要包括司钻控制台、远程控制台、辅助遥控台等。

(3)井控管汇，主要包括节流管汇、压井管汇、防喷管线、放喷管线、注水及灭火管线、反循环管线、点火装置等。

(4)钻具内防喷工具，主要包括钻具止回阀(箭形止回阀、球形止回阀、投入式止回阀)、旋塞阀和旁通阀等。

(5)井控仪器仪表，主要包括循环罐液面监测报警仪、返出流量监测报警仪、有毒有害及易燃易爆气体检报警仪、密度监测报警仪、返出温度监测报警仪、井筒液面监测报警仪、泵冲数等参数监测报警仪等。

(6)钻井液加重、除气、灌注设备，主要包括钻井液加重设备、液气分离器、真空除气器、起钻自动灌液装置等。

(7)特殊井控设备，主要包括强行起下钻装置、旋转防喷器、灭火设备、拆装井口设备及工具等。

一般情况下，应首先配齐前六个部分的井控装置，第七部分特殊井控设备和工具是进行特殊作业所需要的，通常井队不予配备。由于各油气田井控技术的差异和油气层状况的不同，以及设备供应能力的不同，其井控设备配备完善程度方面也不相同。

井控设备的遥控方式可采用液动、气动或电动遥控，现场主要采用气控(机械钻机或电动钻机)和电控(电动钻机)。

第二节　液压防喷器的特点

防喷器是井控设备的核心组件，防喷器质量和性能的好坏直接影响着油气井压力控制的成败。为保证钻井作业的安全，防喷器必须满足以下要求。

一、关井动作迅速

当井内出现溢流时，井已经处于潜在的危险中，这时要求防喷器能够迅速关井，防止事态进一步发展。防喷器的关井时间主要取决于控制系统的控制能力、地面管线的内径与防喷器液缸容积。通径小于476mm的环形防喷器，关闭时间不超过30s；通径大于或等于476mm的环形防喷器，关闭时间不超过45s；使用后的胶芯能在30min内恢复原状。闸板防喷器关闭时间不大于10s，闸板打开后能完全退到壳体内。

二、操作方便

防喷器的关井操作必须方便，以便在紧急情况下迅速关井。液压防喷器利用液压油以液压传动方式迫使胶芯与闸板等封井元件动作，而不是采用纯机械传动的方法，因此操作省力、简便。操作者只需在司钻台或远程控制台操作就能使液压防喷器迅速开关动作。同时还可以使用辅助遥控装置关井或手动操作关井。

三、密封安全可靠

一旦关井后，井口压力会直接作用于防喷器上，如果井内钻井液喷空，地层压力就直接作用于防喷器上，因此要求防喷器的壳体耐压能力高，各处密封抗磨耐用，工作时安全可靠。液压防喷器除了可以用遥控和远程控制外，还配备了手动锁紧装置，保证在密封的情况下锁紧关闭的闸板不会自行打开。

四、现场维护方便

液压防喷器的胶芯或闸板是关闭井口的密封元件，由于工作环境恶劣，使用中易磨损、老化，当发现这些密封元件失效后，在现场条件下就可以及时进行更换。

第三节　防喷器的主要参数

一、防喷器的最大工作压力、公称通径

防喷器的最大工作压力又称防喷器的额定工作压力，是指防喷器在井口工作时能够承受的最大井压，其单位用兆帕（MPa）表示。目前我国液压防喷器共有六个压力级别，即14MPa、21MPa、35MPa、70MPa、105MPa、140MPa。

防喷器的公称通径是指液压防喷器能通过的最大钻具外径。防喷器组合通径必须一致，其大小取决于井身结构设计中的套管尺寸。防喷器公称通径必须略大于连接套管直径。目前我国钻井用液压防喷器的通径共有 11 种，即 103.2mm、180mm、230mm、280mm、346mm、426mm、476mm、528mm、540mm、680mm、762mm。

目前常用防喷器的公称通径、压力级别与套管直径的组合见表 8-1。防喷器通径代号与公称尺寸的对应关系见表 8-2。

表 8-1　防喷器公称通径、压力级别及套管公称直径的配套组合

<table>
<tr><td rowspan="3">公称通径
/mm(in)</td><td colspan="6">最大工作压力/MPa</td></tr>
<tr><td>14</td><td>21</td><td>35</td><td>70</td><td>105</td><td>140</td></tr>
<tr><td colspan="6">套管直径/mm</td></tr>
<tr><td>180($7\frac{1}{16}$)</td><td colspan="6">114.3~177.8</td></tr>
<tr><td>230(9)</td><td colspan="6">193.7~219.1</td></tr>
<tr><td rowspan="2">280(11)</td><td colspan="4" rowspan="2">219.1~244.5</td><td colspan="2">219.1</td></tr>
<tr><td colspan="2">244.5</td></tr>
<tr><td rowspan="2">346($13\frac{5}{8}$)</td><td colspan="4" rowspan="2">198.4~339.7</td><td colspan="2">273.1</td></tr>
<tr><td colspan="2">298.4</td></tr>
<tr><td>426($16\frac{3}{4}$)</td><td colspan="6">406.4</td></tr>
<tr><td>476($18\frac{3}{4}$)</td><td colspan="4">—</td><td colspan="2">473.1</td></tr>
<tr><td>528($20\frac{3}{4}$)</td><td colspan="2">—</td><td>508.0</td><td colspan="3">—</td></tr>
<tr><td>540($21\frac{1}{4}$)</td><td colspan="2">580.0</td><td colspan="4">—</td></tr>
<tr><td>680($26\frac{3}{4}$)</td><td colspan="2">580.0</td><td colspan="4">—</td></tr>
<tr><td>762(30)</td><td colspan="2">580.0</td><td colspan="4">—</td></tr>
</table>

表 8-2　防喷器通径代号与公称尺寸

通径代号	公称尺寸/mm(in)	通径代号	公称尺寸/mm(in)
18	180($7\frac{1}{16}$)	48	476($18\frac{3}{4}$)
23	230(9)	53	528($20\frac{3}{4}$)
28	280(11)	54	540($21\frac{1}{4}$)
35	346($13\frac{5}{8}$)	68	680($26\frac{3}{4}$)
43	426($16\frac{3}{4}$)	76	762(30)

国内现场常用的公称通径多为230mm、280mm、346mm、540mm等。

二、液压防喷器的型号

我国液压防喷器型号由产品代号、通径尺寸、额定工作压力组成。

(1)环形防喷器：FH公称通径(cm)-最大工作压力(MPa)。

(2)闸板防喷器：FZ公称通径(cm)-最大工作压力(MPa)。

例如：FH35-35表示通径为346mm、压力级别为35MPa的环形防喷器；FZ28-35表示通径为280mm、压力级别为35MPa的单闸板防喷器；2FZ28-70表示通径为280mm、压力级别为70MPa的双闸板防喷器；3FZ35-21表示额定工作压力为21MPa、公称通径为346mm的三闸板防喷器。

第四节　井口防喷器的选择及组合形式

钻井井口装置包括在钻井过程中各次开钻时所配置的液压防喷器及其控制装置、四通、转换法兰、双法兰短节、转换短节、套管头等，确定防喷器的类型、数量、压力等级和通径尺寸是由很多因素决定的。

一、防喷器公称通径的选择

防喷器的公称通径要与套管尺寸相匹配，能通过相应钻头与钻具，进行钻井作业。表8-3列举了4000~7000m井防喷器公称通径的选择方案。

表8-3　4000~7000m井防喷器公称通径的选择

套管尺寸	防喷器公称通径
表层套管508mm(20in)	540mm(21¼in)
技术套管339.7mm(13⅜in)	346mm(13⅝in)
技术套管244.5mm(9⅝in)	280mm(11in)
油层套管177.8mm(7in)	280mm(11in)

由于公称通径230mm(9in)的防喷器通径偏小，起下钻作业时钻具与防喷器相互挂碰，因此在177.8mm(7in)套管上仍装公称通径280mm(11in)的防喷器。

二、防喷器压力等级的选择

防喷器压力等级的选择应与裸眼井段中最高地层压力相匹配，确保封井可靠，不致因耐压不够而导致井口失控。在高危地区钻井，为确保关井的可靠性，也可提高防喷器的压力等级。

三、井口防喷器的组合形式

影响液压防喷器组合选择的因素主要有：井的类别、地层压力、套管尺寸、地层流体类型(是否含硫化氢等)、工艺技术要求、物资供应状况以及环境保护要求等。总的要求是：能实现近平衡钻井，确保钻井安全和节省钻井费用。

(1)防喷器压力等级应与裸眼井段中的最高地层压力相匹配，并根据不同井下情况选用各次开钻防喷器的尺寸系列和组合形式。

①选用的压力等级为 14MPa 时，其防喷器组合有五种形式供选择，参见附录 1-A 中附图 1-A-1 至附图 1-A-5 所示。

②选用的压力等级为 21MPa 和 35MPa 时，其防喷器组合有三种形式供选择，参见附录 1-A 中附图 1-A-6 至附图 1-A-8 所示。

③选用的压力等级为 70MPa 和 105MPa 时，其防喷器组合有五种形式供选择，参见附录 1-A 中附图 1-A-9 至附图 1-A-12 所示。

④在高含硫、高压地层和区域探井的钻井井口防喷器上应安装剪切闸板，参见附录 1-A 中附图 1-A-13 所示。深井、超深井、高油气井以及三高井，至少配备环形、单闸板、双闸板防喷器和钻井四通，闸板防喷器中应有一个安装剪切闸板。

(2)深井井口防喷器组合所装的环形防喷器，其最大工作压力可以比闸板防喷器低一个压力等级，这是由于环形防喷器一般不用长期关井。

复习思考题

一、选择题

1. 实施油气井压力控制技术所需的专用设备、管汇、专用工具、仪器和仪表等统称为(　　)。

A. 节流管汇　　B. 防喷器　　C. 井控设备　　D. 内防喷工具

2. 下列关于井控设备的功能叙述正确的是(　　)。

A. 关井动作迅速

B. 操作方便

C. 能够关闭井口，密封钻具内和环空的压力

D. 现场维修方便

3. 钻井作业中，(　　)属于专用井口压力控制设备。

A. 钻井液罐液面监测仪　　B. 防喷器

C. 起钻自动灌浆装置　　D. 除气器

4. 下列井控设备中(　　)属于常规井控作业设备。

A. 灭火设备　　B. 井下安全阀

C. 起钻自动灌浆装置　　D. 不压井起下钻及加压装置

5. 液压防喷器与采用纯机械传动的防喷器比较，其主要优点是(　　)。

A. 能够预防井喷　　B. 关井动作迅速且操作方便

C. 壳体机械强度高　　　　　　　　D. 密封性能好

6. 按行业标准 SY/T 5964 规定，闸板防喷器关闭应能在等于或小于(　　)秒内完成。

A. 15　　B. 20　　C. 35　　D. 10

7. 按石油天然气行业标准 SY/T 5053.1《地面防喷器及控制装置》规定，我国液压防喷器的额定工作压力级别最低的是(　　)。

A. 7MPa　　B. 14MPa　　C. 21MPa　　D. 35MPa

8. 液压防喷器的最大工作压力是指防喷器安装在井口投入工作时所能承受的最大(　　)。

A. 地层压力　　B. 立管压力　　C. 液控压力　　D. 井口压力

9. 液压防喷器的公称通径与(　　)是液压防喷器的两项主要技术参数。

A. 最大工作压力　　B. 闸板尺寸　　C. 生产厂家　　D. 重量

10. 液压防喷器的公称通径是指防喷器的(　　)。

A. 闸板尺寸　　　　　　　　B. 胶芯内径

C. 上下垂直通孔直径　　　　D. 活塞直径

11. 液压防喷器产品代号中“FH”所表述的含义是(　　)。

A. 环形防喷器　　　　　　　B. 闸板防喷器

C. 单闸板防喷器　　　　　　D. 双闸板防喷器

12. 防喷器压力等级的选用应与裸眼井段中最高(　　)相匹配，以确保封井可靠。

A. 地层压力　　B. 破裂压力　　C. 坍塌压力　　D. 液柱压力

二、判断题

1. 井控设备就是实施油气井压力控制技术的井口防喷器组。

2. 发生井喷后需要依靠井控设备实施压井作业，重新恢复对油气井的压力控制。

3. 以防喷器为主体的钻井井口装置包括防喷器、除气器、套管头、四通等。

4. 钻井液加重、除气、灌注设备不属于井控设备范畴。

5. 液压防喷器的胶芯或闸板使用中磨损、老化变质，可在现场条件下及时进行拆换。

6. 防喷器是井控设备的关键部分，其性能优劣直接影响油气井压力控制的成败。

7. 液压防喷器的压力等级标志着防喷器的液控油压大小。

8. 型号为 2FZ35—35 的防喷器其公称通径的实际尺寸为 346mm。

9. 3FZ 代表双闸板防喷器加上一个环形防喷器的组合。

10. 液压防喷器的公称通径应与钻头的尺寸相匹配，以确保通过相应钻头与钻具，进行钻井作业。

三、简答题

1. 井控装置主要包括哪些？

2. 为保障钻井作业的安全，防喷器必须满足哪些要求？

第九章　环形防喷器

第一节　环形防喷器的功用和类型

环形防喷器(万能防喷器或多效能防喷器)，因其封井胶芯呈环状而得名，封井时，环形胶芯被迫向井筒中心集聚、环抱管柱。环形防喷器常与闸板防喷器配套使用。

一、环形防喷器的功用

环形防喷器必须配备液压控制装置才能安全使用。地面防喷器组合中一般只配备一个环形防喷器，并与闸板防喷器配套使用。环形防喷器的具体功用如下：

(1)在钻进、取心、下套管、测井、完井等作业过程中发生溢流或井喷时，能有效封闭方钻杆、钻杆、钻杆接头、钻铤、取心工具、套管、电缆、油管等工具与井筒所形成的环形空间(简称为封环空)。

(2)当井内无管柱时能全封井口(简称为封零)。环形防喷器现场操作中不推荐做封零试验。

(3)在使用减压调压阀缓冲蓄能器的情况下，能通过18°台肩的对焊钻杆接头进行强行起下钻作业。强行起下钻时，关井压力适当降低，起下速度不大于0.2m/s，可允许胶芯与钻杆之间有少量泄漏以利于润滑。能否进行强行起下钻具作业，还必须考虑井下情况和安全施工的条件。

二、环形防喷器的类型

环形防喷器的功能是较为全面的，能适应井口的多种工况迅速封井。现场常用防喷器的类型，按其密封胶芯的形状可以分为锥形胶芯环形防喷器、球形胶芯环形防喷器和组合环形防喷器(分别如图9-1、图9-2和图9-3所示)。

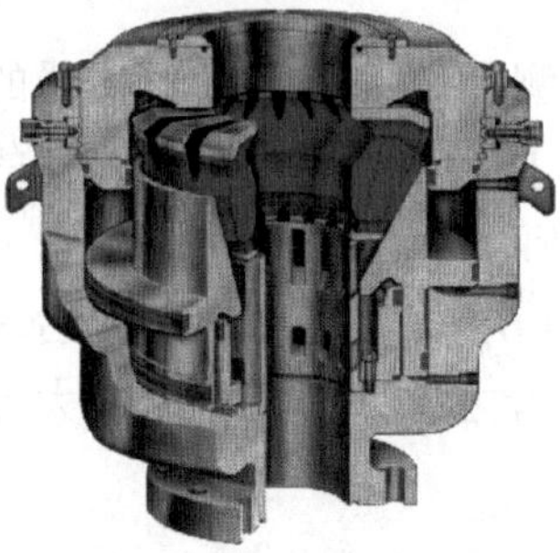

图9-1　锥形胶芯环形防喷器

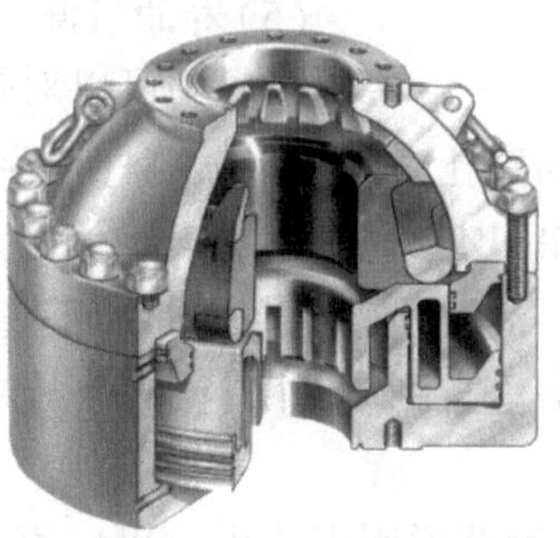

图9-2　球形胶芯环形防喷器

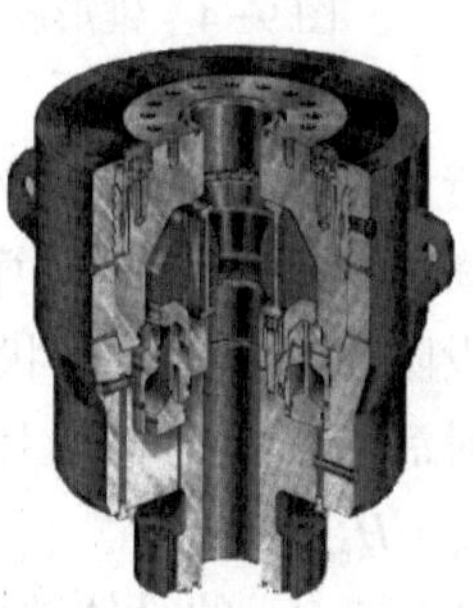

图9-3　组合胶芯环形防喷器

1. 锥形胶芯环形防喷器

(1)结构

锥形胶芯环形防喷器主要由顶盖、防尘圈、胶芯、活塞、支撑筒、壳体等组成。顶盖与壳体丝扣连接，支承筒用螺栓固定在壳体下部台阶上，胶芯坐在支承筒上，活塞上部内腔呈倒截锥形，与锥形胶芯配合，锥形胶芯中均匀分布有铸钢支承筋，如图 9-1 所示。壳体与顶盖间装有防尘圈，防尘圈与活塞凸肩所构成的环形空间为上油腔，活塞凸肩与壳体凸肩所构成的环形空间为下油腔，两油腔皆有油管接头与液控系统管路连接。

锥形胶芯环形防喷器的外壳为合金钢铸造成型，并经热处理，制造较容易成本较低，其外径小于其他类型的环形防喷器，但高度较高，壳体下部法兰连接闸板防喷器或四通，顶盖上部安装防溢管。

活塞密封部位间隙较大，扶正效果较好，上下运动时不易出现偏磨或拉缸的现象，但高度较高。

(2)工作原理

发现井涌需要封井时，控制系统输来的高压油从壳体下油口进入活塞下部关闭腔推动活塞向上运动，胶芯受顶盖的限制不能上移，迫使胶芯沿锥面向上向心运动，支承筋相互靠拢，将其间的橡胶挤向井口中心，实现密封钻具或全封闭井口。打开时，液控压力从壳体上油口进入活塞上部开启腔，推动活塞下行，胶芯在本身弹力作用下复位，将井口打开。

(3)井压助封

锥形胶芯环形防喷器在关井动作时以及实现关井后，井口高压流体作用在活塞底部有助于推动活塞向上移动，迫使胶芯向中心收拢，促使胶芯密封更紧密，增加密封的可靠性，从而降低了所需的液控关闭压力、加强了胶芯的封井作用，这就是所谓井压助封作用。显然，升压愈高其助封作用愈大。然而，井口高压流体仅起“助”封作用而已，试图凭借井压而不依靠液控压力油封井则是错误的。

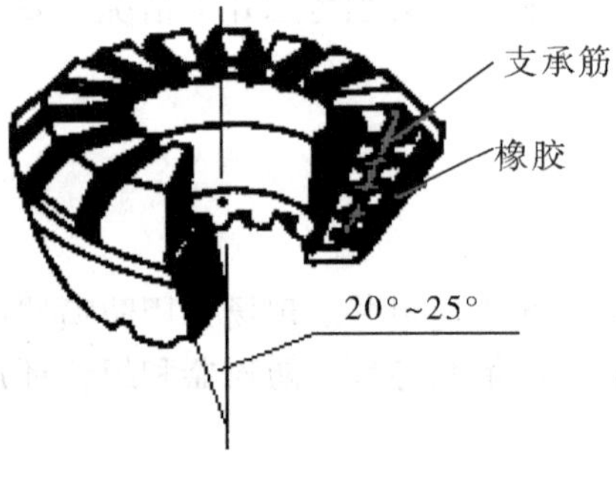

图 9-4 锥形胶芯

(4)胶芯的特点

胶芯外形呈截锥状(如图 9-4 所示)，支承筋为铸钢件，在胶芯中沿径向均匀分布并与橡胶硫化在一起。支承筋在胶芯中构成刚性骨架，承受径向与轴向负荷并控制胶芯均匀变形。

不易翻胶。在封井状态，井压使胶芯中部橡胶上翻，而支撑的顶部筋阻止上翻，使橡胶处于安全受压状态，可承受较大的压力而不至于撕裂。

(5)寿命可测

在现场可以对带有探测孔的锥形环形防喷器的寿命进行监测。其方法是自顶盖的探孔内插入一根测杆顶住活塞，防喷器封井后量出测杆的上移距离 $s_{实}$，然后再经计算即可得出胶芯的使用寿命(如图 9-5 所示)。

设防喷器处于全开状态时，活塞顶盖距上平面的垂直距离为 H_{max}，胶芯报废前最后一次封零时活塞顶端至顶盖上平面的垂直距离为 H_{min}，H_{max} 与 H_{min} 两者之差即为活塞的最大行程 $s_{大}$，$s_{大}=H_{max}-H_{min}$。

H_{max} 与 H_{min} 的具体数值由防喷器说明书给出，可以直接求出 $s_{大}$。

$s_{大}$ 与 $s_{实}$ 之差为剩余行程之差 $s_{余}$，即 $s_{余}=s_{大}-s_{实}$。

$s_余$ 即为锥形胶芯的寿命标志。$s_余$ 数值越大表明胶芯离报废还早；$s_余$ 数值越小表明胶芯越接近报废；当 $s_余$ 为 0 时表明胶芯已到寿命极限，必须予以更换。

与其他形式相比，锥形环形防喷器结构简单，组成部件少，安全可靠，顶盖与壳体可采用爪盘联结，减少了径向尺寸，使用方便。选用抗硫化氢材质的胶芯，可以满足硫化氢环境的要求。

2. 球形胶芯环形防喷器

(1)结构

球形胶芯环形防喷器的结构、工作原理与锥形胶芯环形防喷器类似。球形胶芯环形防喷器由顶盖、壳体、防尘圈、活塞、胶芯等构成，顶盖与壳体均为合金钢铸造成形；胶芯呈半球形，铸钢支承筋径向均布，如图 9-6 所示。活塞的结构特点：活塞的径向断面呈“Z”字形，行程短、高度低、径向尺寸大。故球形胶芯环形防喷器较其他类型防喷器高度低，径向尺寸大，相对锥形环形防喷器开关一次所需液压油量大；活塞高度低，扶正性能差。特别是封闭时，活塞处于上部位置上、下两支承筋扶正处，距离更小，容易造成卡死、拉缸及偏磨。

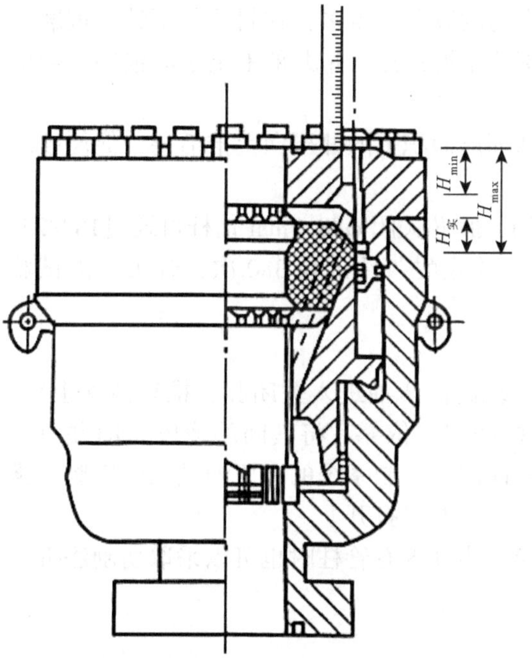

图 9-5　锥形环形防喷器的寿命检测图

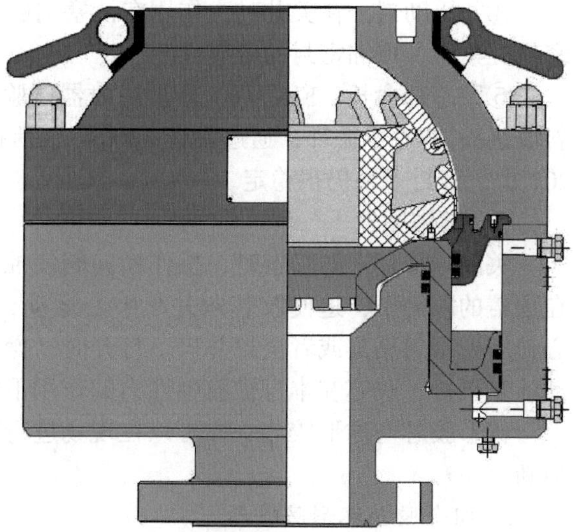

图 9-6　球形胶芯环形防喷器结构示意图

(2)球形胶芯的特点

半球形胶芯(图 9-7 所示)，它是由沿半环面呈辐射状的弓形支承筋与橡胶硫化而成。在胶芯打开时，这些支承筋离开井口，恢复原位。即使在胶芯严重磨损时也不会阻碍井口畅通。

①不易翻胶。在封井状态，井压使胶芯中部橡胶上翻，而支撑在球面上的支承筋阻止上翻，使橡胶处于安全受挤压状态，可承受较大的压力而不至撕裂。

②漏斗效应。球形胶芯从自由状态到封闭状态，各横断面直径的缩小是不等的，上部缩小的数值大，下部缩小的数值小，因而胶芯顶部挤出橡胶量多，底部最少，形成倒置漏斗

状。这种橡胶的流向不仅可以提高密封性能，而且使钻杆接头易于进入胶芯。下钻时，因井压向上压缩胶芯免于拉应力而提高了胶芯使用寿命(如图 9-8 所示)。

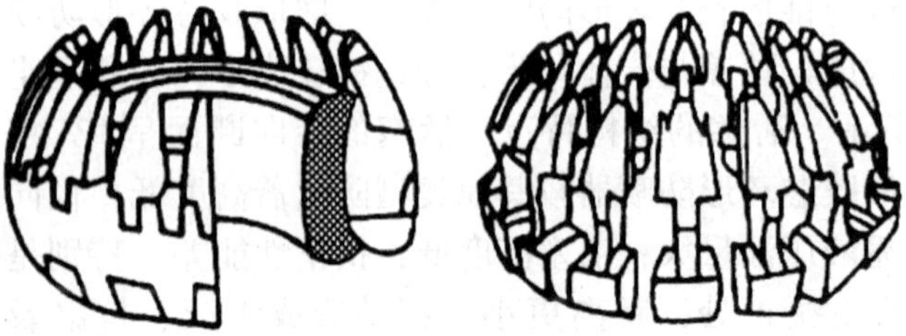

图 9-7　球形胶芯

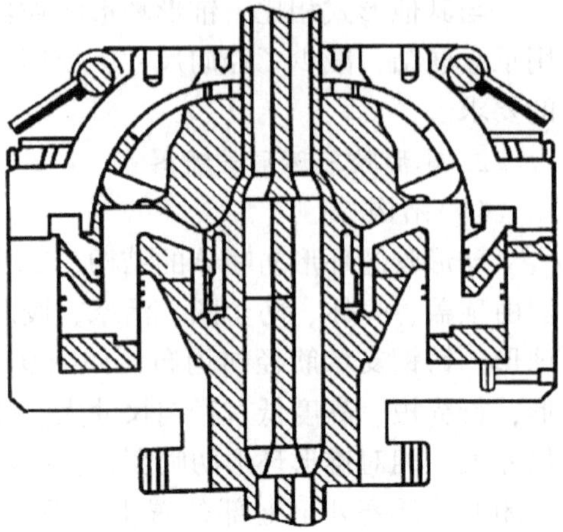

图 9-8　球形胶芯的漏斗效应

③橡胶储量大。这种胶芯的橡胶储量比其他类型的胶芯大得多，在封井起下钻具被磨损的同时，有较多的备用橡胶可随之挤出补充，特别适于海洋浮式钻井船上由于海浪冲击而引起钻具和胶芯频繁摩擦的场合使用。

④井压助封。在关井时，作用在活塞内腔上部环形面积上的井压向上推活塞，促使胶芯密封更紧密，增加密封的可靠性。

⑤胶芯寿命长。FH23-35 环形防喷器试验表明，胶芯关闭 ϕ88.9mm 钻杆可通过18°/35°斜坡接头 1000 个循环，通过钻杆 3000s(包括接头)并经耐久性试验 380 次，开关性能试验 201 次。密封效果仍很稳定。

(3)工作原理

关闭球形环形防喷器时，操作换向阀使控制系统的高压油进入关闭腔，推动活塞上行，在顶盖的限制下，迫使胶芯向井眼中心运动，支撑筋相互依靠，将其间的橡胶挤向井口中心，实现密封钻具或者全封井口。打开时，操作换向阀使控制系统的高压油进入开启腔，推动活塞下行，胶芯在本身橡胶弹性力的作用下复位，将井口打开。

锥形胶芯与球形胶芯一样可以在现场进行更换，当井内有管柱时也可以采取切割法拆旧换新。

3. 组合胶芯环形防喷器

组合胶芯环形防喷器的结构如图 9-3 所示。

组合胶芯防喷器的胶芯(见图 9-9)，由内外两层胶芯组成。内胶芯内部含有支撑筋，支撑筋沿圆周切向配置，支撑筋的上下端面彼此紧靠。外胶芯为橡胶制件，无支撑筋，而且橡胶材质较软，在挤压后易于变形。组合胶芯防喷器制造难度较大。

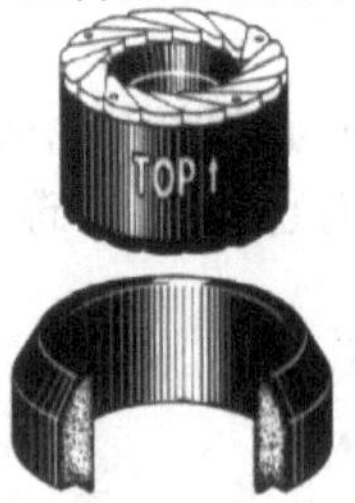

图 9-9　组合胶芯防喷器的内外胶芯

关闭组合胶芯环形防喷器时，操作换向阀使控制系统的高压油进入关闭腔，推动活塞和推盘上行，从外胶芯的底部向上挤压外胶芯。在顶盖的限制下，迫使外胶芯产生径向变形，同时挤压内胶芯向井眼中心运动，支撑筋相互靠拢，将其间的橡胶挤向井口中心，实现密封钻具或者全封井口。打开时，操作换向阀使控制系统的高压油进入开启腔，推动活塞和推盘下行，外胶芯和内胶芯在本身橡胶弹性力的作用下复位，将井口打开。

三、环形防喷器的比较

三种类型环形防喷器的性能比较见表9-1。

表9-1　环形防喷器的性能比较

类　型	锥形胶芯	球形胶芯	组合胶芯
内部结构	简单	简单	复杂
更换胶芯操作	容易	容易	较难(有管柱无法更换)
胶芯使用寿命	较短	较长	较长
开关所耗油量	中等	最多	最少
胶芯封零效果	较好	较好	较差
壳体外观尺寸	较高、径向小	较低、径向大	高度和径向尺寸最小
整体重量	中等	稍重	最轻

第二节　环形防喷器技术规范及使用

一、环形防喷器技术规范

(1)常见球形环形防喷器规格及技术参数见表9-2。

表9-2　现场常用的锥形胶芯环形防喷器的技术规范

型　号	公称通径/mm(in)	最大工作压力/MPa	关井时耗/s	液控油压/MPa	外形尺寸/mm	
					外径	高度
FH23-35	230(9)	35	<30	≤10.5	ϕ900	1090
FH28-35	280(11)	35	<30	≤10.5	ϕ1000	1205
FH35-21	346(13⅝)	21	<30	≤10.5	ϕ1050	1117

(2)常见锥形环形防喷器规格及技术参数见表9-3。

表9-3　现场常用的球形胶芯环形防喷器的技术规范

型　号	公称通径/mm(in)	最大工作压力/MPa	关井时耗/s	液控油压/MPa	外形尺寸/mm	
					外径	高度
FH28-35	280(11)	35	<30	≤10.5	ϕ1138	1056
FH35-35	346(13⅝)	35	<30	≤10.5	ϕ1270	1165

(3)常见胶芯橡胶的技术规范见表9-4。

表 9-4　常见胶芯橡胶的技术规范

胶芯橡胶的温度等级		温度等级表示法	胶芯橡胶特性
下限(第一位)	上限(第二位)	用两个字母组合表示上限和下限，如BB代表-17.8~93℃，具体温度等级在密封件有代码标记	胶芯为丁腈橡胶(NR_2X)，适用于水基、油基井液的各种酸碱环境；适用于一般含硫环境
A-15°F(-26℃)	A180°F(82℃)		
B0°F(-17.8℃)	B200°F(93℃)		
C10°F(-12.2℃)	C220°F(104℃)		
D20°F(-6.7℃)	D250°F(121℃)		

二、环形防喷器的合理使用、现场更换及故障处理

1. 合理使用要求

(1)环形防喷器现场安装后，应按照有关标准规范条例要求进行现场试压。

(2)进入目的层后，每下钻两次，要试开关防喷器一次，检查效果，如发现胶芯失效或其他问题，应立即更换处理。

(3)在井内有钻具发生井喷时，采用软关井的关井方式，则先用环形防喷器控制井口，但不能长时间封井。一则因为胶芯易过早损坏，再则无锁紧装置。当需要长时间封井时应采用闸板防喷器。非特殊情况，不作封闭空井。

(4)防喷器处于关闭状态时，允许上、下活动钻具，但不允许旋转和悬挂钻具。

(5)严禁用打开防喷器的方法来泄井内压力，以防刺坏胶芯；但允许钻井液有少量的渗漏。

(6)每次打开后，必须检查胶芯是否全部打开，以防钻具挂坏胶芯。

(7)防喷器的开、关应使用符合标准的液压油，并注意保持清洁。

(8)环形防喷器的最大关井油压为10.5MPa。

(9)使用环形防喷器强行起下钻时的注意事项：在套压不超过7MPa的情况下，用环形防喷器进行不压井起下钻作业时，应使用18°台肩接头的对焊钻杆，起下速度不大于0.2m/s。由于强行起下钻时胶芯的工作环境比较恶劣，胶芯磨损严重，所以为使胶芯寿命延长，必须依照下述程序进行操作：

①先以10.5MPa的关闭液压关闭防喷器；

②逐渐减少关闭压力，直到有些轻微渗漏，然后进行起下钻作业。有微小的渗漏可以润滑管柱与胶芯的接触面，防止胶芯温度过高，当胶芯磨损漏失量太大时，可适当增加些液控关闭压力。注意起下钻应使用带18°接头的钻具，过接头时起下钻的速度不得大于0.2m/s；

③若在起下钻时不允许有渗漏，那么液控关闭压力应调节到刚好满足密封为止；

④若当关闭压力达到10.5MPa时，胶芯仍漏失严重，说明该防喷器胶芯已严重损坏，应及时更换胶芯后再进行起下钻作业。

(10)橡胶件的存放：

①根据新旧程序按时间顺序编号，先旧后新依次使用；

②必须存放在光线较暗且又干燥的室内，温度不能太高，一般为0~25℃，避免靠近取暖设备和阳光直射；

③远离有腐蚀性物质，以防溅到橡胶件上；

④橡胶件应远离高压带电设备，因为这些设备可能产生臭氧；

⑤应让橡胶件在松弛状态下存放，不能弯曲、挤压和悬挂；

⑥经常检查，如发现有变脆、弯曲、出现裂纹者不可使用；

⑦一般条件的有效期为2年。

2. 现场更换胶芯的方法

对于锥形防喷器和球形防喷器来说，其胶芯一旦损坏或失效，可按如下步骤在现场更换胶芯：

(1)卸掉顶盖与壳体的连接螺柱。

(2)吊起顶盖。

(3)在胶芯上拧紧吊环螺丝，吊出旧胶芯、装上新胶芯(如图9-10所示)。若井内有钻具时，应先用割胶刀(借助撬杠，用肥皂水润滑刀刃)将新胶芯割开(如图9-11所示)，割面要平整。同样将旧胶芯割开、吊出，换上割开的新胶芯。

(4)装上顶盖，上紧顶盖与壳体的连接螺栓。

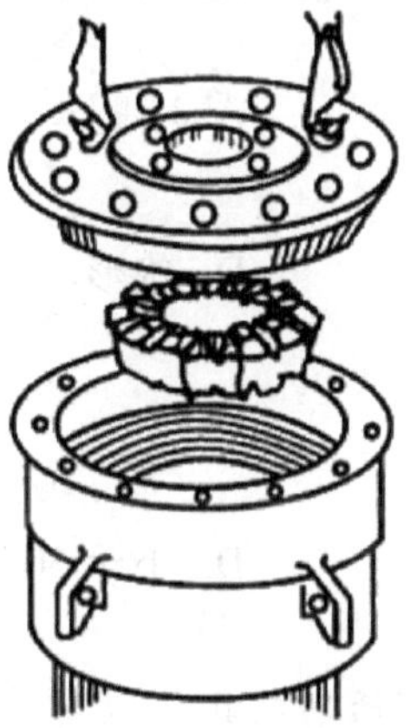

图9-10　无钻具时更换胶芯的方法

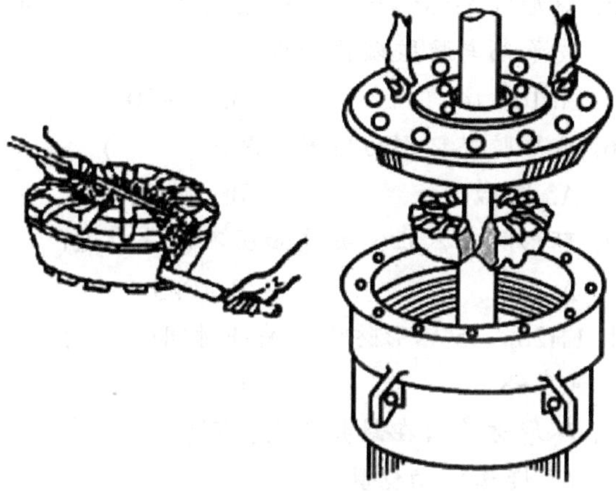

图9-11　有钻具时切割法更换胶芯的方法

(5)试压。

3. 故障判断及排除方法

(1)防喷器封闭渗漏

①若新胶芯关渗漏，可多次活动解决，若支承筋已靠拢仍不能封闭，则应更换胶芯。

②对旧胶芯有严重磨损、脱块，可能影响胶芯正常使用时，也应及时更换。

③若打开过程中长时间未关闭使用胶芯，使杂物沉积于胶芯槽及其他部位，应清洗胶芯，并按规程活动胶芯。

(2)防喷器关闭后打不开，这是由于长时间关闭后，胶芯产生永久变形老化或是在于固井后胶芯下有凝固水泥造成。在这种情况下，只有清洗或更换胶芯。

(3)防喷器开关不灵活

①若液控管线漏失，立即更换。

②油路有漏失，防喷器长时间不活动，有脏物堵塞等，应立即清除。

复习思考题

一、选择题

1. 环形防喷器在蓄能器控制下，能通过(　　)无细扣对焊钻杆接头，强行起下钻具。

A. 18°　　B. 45°　　C. 75°　　D. 90°

2. 环形防喷器开启时，高压油从壳体上部油口进入活塞(　　)开启腔，推动活塞下行实现开井。

A. 上部　　B. 下部　　C. 中部　　D. 侧面

3. 锥形胶芯环形防喷器，胶芯由(　　)块铸钢支承筋与橡胶硫化而成。

A. 10~14　　B. 12~20　　C. 12~30　　D. 12~40

4. 目前锥形胶芯环形防喷器的壳体与顶盖连接有两种形式，既螺栓连接和(　　)。

A. 法兰连接　　B. 卡箍连接　　C. 焊接　　D. 爪块连接

5. 球形胶芯环形防喷器胶芯呈半球状，它是由(　　)块沿半球面呈辐射状配置的弓形支承筋与橡胶硫化而成。

A. 10~14　　B. 12~20　　C. 12~30　　D. 8~14

6. 球形胶芯环形防喷器胶芯呈(　　)。

A. 圆台状　　B. 圆球状　　C. 半球状　　D. 锥形

7. 环形防喷器正常关井油压不允许超过(　　)MPa。

A. 8.4　　B. 10.5　　C. 15　　D. 21

8. FH28—35 环形防喷器关井时间(　　)秒。

A. 3-8　　B. 5　　C. 大于 30　　D. 小于 30

9. 环形防喷器在封井状态，可(　　)。

A. 慢速转动钻具　　B. 慢速上下活动钻具

C. 快速上下活动钻具　　D. 快速转动钻具

10. 环形防喷器的胶芯应放置在干燥常温的暗室内，环境温度要求恒温(　　)。

A. -20℃　　B. 0℃　　C. 25℃　　D. 40℃

二、判断题

1. 环形防喷器的上油腔输进高压油，下油腔通油箱，胶芯立即动作关井。

2. 环形防喷器通常与闸板防喷器配套使用，也可单独使用。

3. 锥形胶芯环形防喷器封井时，作用在活塞下端面上的井内压力也推动活塞上行，使胶芯封闭得更紧密，从而提高了胶芯的密封性能。

4. 球形胶芯环形防喷器活塞的上、下封闭支承部位间距大，扶正性能好，不易卡死、偏磨、拉缸或黏合，增加了密封寿命。

5. 球形胶芯封井时，“漏斗效应”可增加胶芯密封的可靠性。

6. 球形胶芯环形防喷器，当井内有钻具时不能用切割胶芯的办法进行更换胶芯。

7. FH28—35 环形防喷器最大工作压力 28MPa。

8. FH35—35 环形防喷器公称通径 346mm(13⅝")。

9. 每次开井后必须检查环形防喷器是否全开，以防挂坏胶芯。

10. 在井内有钻具时发生井喷，采用软关井的关井方式，则先用环形防喷器控制井口，但不能长时间关井，一则胶芯易过早损坏，二则无锁紧装置。

三、简答题

1. 环形防喷器有哪些功用?

2. 环形防喷器为什么不能长期封井?

第十章　闸板防喷器

闸板防喷器是井控装置的主要组成部分，主要用于钻井、修井、试油试气等作业中，通过控制井口压力来实现对井内压力、地层压力的控制，有效地防止井喷事故的发生。闸板防喷器包括手动和液压闸板防喷器两类，每一类都包括全封和半封闸板防喷器。液压闸板防喷器又包括剪切闸板和变径闸板防喷器。目前钻井常用的是液压闸板防喷器。

第一节　闸板防喷器的功用、类型及结构

一、闸板防喷器的功用

闸板防喷器具有结构紧凑、操作简单、耐压高、密封可靠等特点，在陆地和海洋钻井中得到了广泛应用。闸板防喷器的主要功用有：

(1)当井内有管柱发生溢流或井喷时，能封闭管柱与井筒形成的环形空间。

(2)当井内无管柱时，可用全封闸板(又称盲板)全封闭井口。

(3)使用变径闸板，可封闭一定范围不同规格管柱与套管之间的环形空间。

(4)配置剪切闸板，可切断钻具后达到封井的目的。

(5)必要时管子闸板可以悬挂钻具(对防喷器要求高)。

(6)在封闭情况下，通过防喷器壳体侧出口可连接管线用以替代节流、压井管汇进行钻井液循环、节流放喷、压井等特殊作业。

闸板防喷器具有上述功用，但在具体使用时仍有所限制。如闸板防喷器悬挂钻具的功能，有的允许承重，有的则不允许承重，应严格按照产品说明书执行；利用壳体侧孔节流、放喷时，高压井内流体将严重冲蚀壳体，从而影响壳体的耐压性能，通常不使用壳体侧孔节流或放喷。半封闸板封井时不宜上下活动钻具，不能旋转钻具，因为易导致胶芯刺漏。半封闭板防喷器可以长期封井。

二、闸板防喷器的类型

按照闸板的作用可以分为半封闸板、全封闸板、剪切闸板防喷器，如图 10-1 所示。半封闸板用于密封钻杆或套管与井眼的环形空间，全封闸板用于关闭空井，剪切闸板则主要是在特殊情况下剪切钻具同时密封井口。

按照闸板的数量可以分为单闸板、双闸板和三闸板防喷器，如图 10-2、图 10-3。

（a）全封闸板　　（b）半封闸板　　（c）剪切闸板

图 10-1　闸板的类型

图 10-2　单闸板防喷器

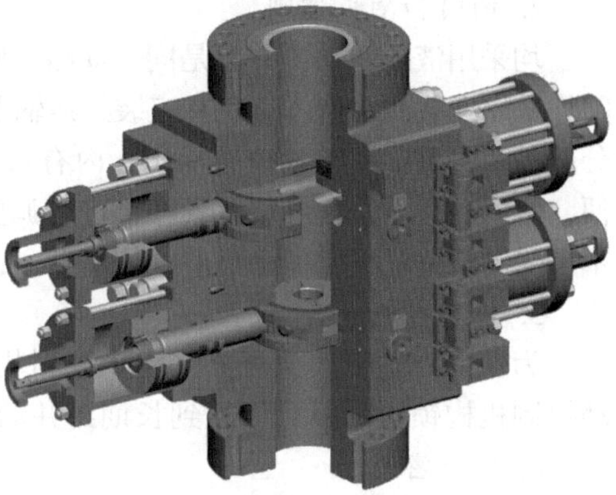

图 10-3　双闸板防喷器

三、闸板防喷器的结构特点

由于生产厂家不同，目前闸板防喷器的结构大体相同但又各有特点。近几年来，随着井控技术的发展，防喷器的结构也在不断改进与更新。

闸板防喷器主要由本体(壳体)、闸板、活塞与闸板轴、侧门、锁紧轴、油缸总成、铰链部分、二次密封装置、端盖等部件组成，见图 10-4。

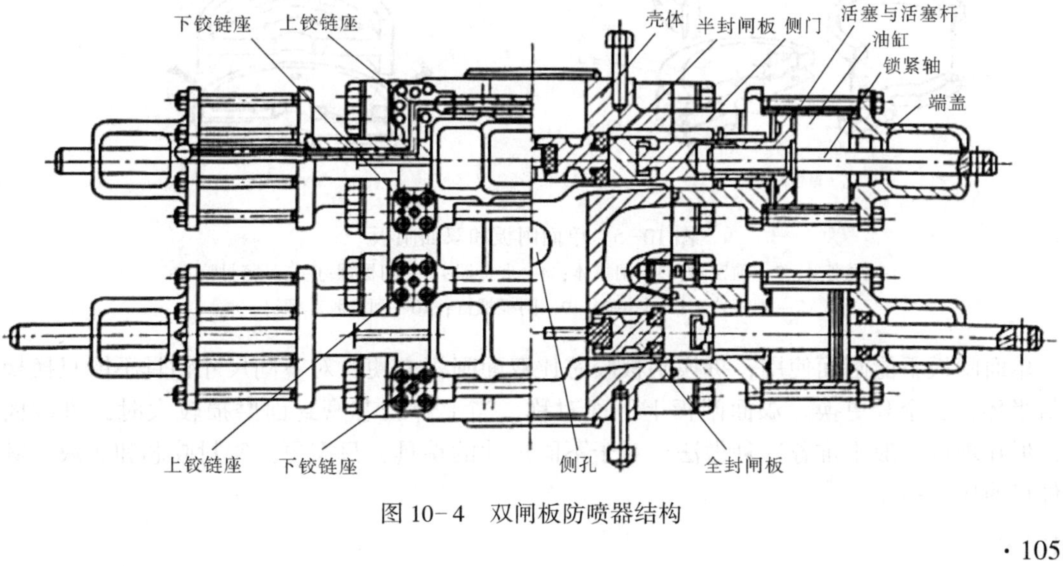

图 10-4　双闸板防喷器结构

1. 本体(壳体)的结构特点

闸板防喷器壳体上方连接环形防喷器或直接连接防溢管，下方连接四通或套管头，也可以上下方同时与闸板防喷器连接。连接方式分别是栽丝连接和法兰连接。

壳体由合金钢铸造或锻造成型，有上下垂直通孔与侧孔。

壳体内有闸板室，闸板室在垂直活塞杆的纵向截面上呈矩形，以容纳扁平的闸板。闸板室底部制成便于泥沙流入井筒的倾斜面，并制有支撑筋，闸板室顶部有一个经过加工的凸台密封平面，有的防喷器此处为一可拆卸更换的密封座圈。

侧孔位于上下闸板体腔中间或下闸板的下面，通径较小。在壳体侧面上，还有紧固侧门及支撑侧门铰链座的螺孔。

2. 侧门和闸板控制

均采用液压驱动，并且是同一油路。侧门打开和关闭闸板是同一油路、同一操作。液压油路均采用埋藏式结构，避免在安装、运输及使用过程中碰坏油道。铰链总成的承载和液压铰链分开，侧门重量由承载铰链承担，内有自行润滑的径向滚针轴承和止推轴承，使开关侧门轻便，侧门上、下位置可用承载铰链进行调整，中部液压铰链仅起连接油路和密封油压的作用，不承受侧门重量，增加密封件的使用寿命，还可不取下侧面，直接在壳体上更换密封件。

3. 手动控制装置

为保证封井更安全可靠，防止控制装置失灵，备有手动控制装置。若要长期封井时用手动控制机构锁紧闸板，以达到长期封井的目的。

4. 闸板密封

采用浮动式闸板密封，可减小闸板开关阻力，减少胶芯磨损，延长闸板使用寿命，并可防止闸板与壳体锈死在一起，易于拆卸。

5. 闸板总成

闸板总成由闸板体、压板、橡胶胶芯等组成。闸板有单面闸板与双面闸板两种类型(如图 10-5 所示)。

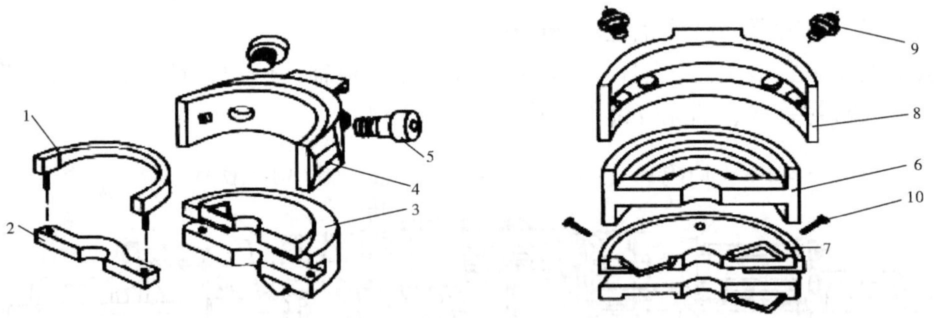

（a）单面闸板　（b）双面闸板

图 10-5　单面闸板和双面闸板

1—顶密封；2—前密封；3—闸板体；4—夹持器；5—闸板螺钉；6—密封胶芯；
7—闸板体；8—夹持器；9—闸板螺钉；10—闸板胶芯螺钉

单面闸板不能翻面使用，拆换闸板胶芯比双面闸板方便，对不同尺寸钻具不能只换橡胶密封半环，要全套更换。双面闸板上下面对称，当上部胶芯密封面磨损较大时，可翻面使用，但在现场一般不推荐这种做法。对于不同尺寸的钻具，只需更换密封胶芯和压块，其余零件可通用互换。

闸板防喷器配有许多不同尺寸的闸板总成：ϕ60mm（2⅜″）、ϕ73mm（2⅞″）、ϕ89mm（3½″）、ϕ114mm（4½″）、ϕ127mm（5″）、ϕ140mm（5½″）、ϕ177.8mm（7″）、ϕ244.5（9⅝″）等半封闸板以及全封闸板，并可根据需要配置剪切闸板、变径闸板。

第二节　闸板防喷器的工作原理

一、工作原理

需要关闭防喷器时，通过三位四通阀使高压油进入左右两侧油缸关闭腔，推动活塞、闸板轴（活塞杆）使左右闸板总成沿着闸板室内导向筋限定的轨道，分别向井口中心移动，达到关井的目的。需要打开防喷器时，使高压油进入左右油缸开启腔，推动左右两个闸板总成分别向离开井眼中心的方向移动，以达到开井的目的。闸板开关由液控系统中的换向阀控制，闸板开关作用力与活塞受力面积、作用于该面积上的液控压力成正比。

液压油流动路线：

（1）关闭时：液压油经壳体关闭油口→壳体油路→铰链座→侧门油路→液缸油路→缸盖油路→液缸关闭腔。

（2）开启时：液压油经壳体开启油口→壳体油路→铰链座→侧门油路→液缸开启腔。

二、闸板的密封

闸板防喷器必须保证四处密封、井压助封和自动清沙与自动对中，才能达到安全可靠的要求。

1. 四处密封

封闭井口时，要同时有四处密封起作用，才能达到有效的密封。即：

前密封：闸板芯子前缘与钻具之间的密封。

顶密封：闸板芯子顶部与壳体内台阶之间的密封。

侧密封：壳体与侧门之间的密封。

轴密封：闸板轴与侧门之间的密封。

2. 井压助封

闸板防喷器的井压助封如图 10-6 所示。

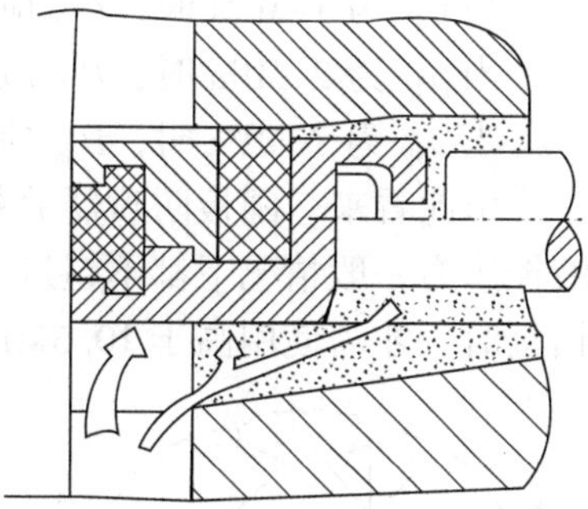

图 10-6　井压助封

闸板的密封过程分两步完成：一是在液压油作用下闸板轴推动闸板前密封胶芯挤压变形，密封前部。同时顶部胶芯与壳体间过盈压缩（分体式闸板可挤压顶密封向上凸出）密封顶部，从而形成初始密封。二是在井内有压力时，井压从闸板后部推动闸板前密封进一步挤压变形，同时井压从下部推动闸板上浮贴紧壳体上密封面，从而形成可靠的密封，这称之为井压助封作用。

闸板关井后，井压愈高，其对闸板前部和顶部的助封作用就愈强。在闸板关井动作过程中，由于井压对闸板前部的助封作用，关井油腔里液压油的油压值并不需要太高，油压通常调定为 10.5MPa 就足够了。

图 10-7 所示的是在关井动作过程中井压对闸板前部的助封情况。在关井动作过程中，闸板前部有井压 $p_{井}$ 所形成的阻力，与此同时其后部也有井压 $p_{井}$ 所形成的推力。推力与阻力并不相等，其中阻力较大。设活塞杆截面积为 S，闸板上两种作用力平衡的结果所产生的前进阻力应为 $p_{井} \cdot S$。如果不考虑闸板关井动作过程中的各种摩擦损耗，那么只要油缸活塞上所受液压油的作用力超过 $p_{井} \cdot S$，活塞就可以将闸板推向井眼中心。

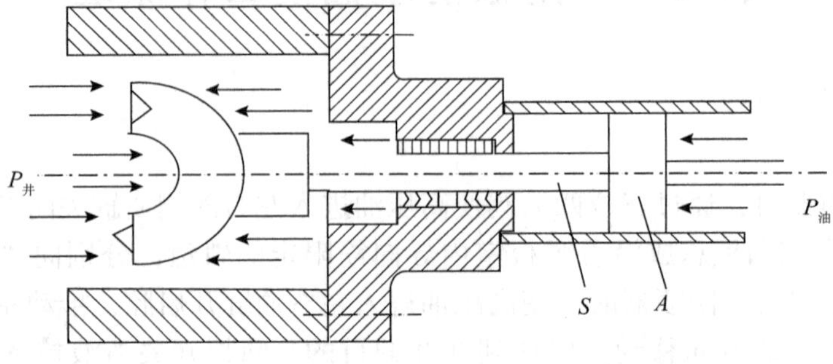

图 10-7　在关井过程中井压对闸板前部的助封情况

设活塞截面积为 A，关井油腔液压油的压力为 $P_{油}$，忽略锁紧轴的影响，那么活塞在关井油腔所受的油压推力应当为 $P_{油} \cdot A$。

闸板所受油压推力 $P_{油} \cdot A$ 与前进阻力 $p_{井} \cdot S$ 平衡时的表达式为：

$P_{油} A = p_{井} S$，即　$p_{井}/P_{油} = A/S$

设 $A/S = R$，则 $p_{井}/P_{油} = R$

式中 R 称为关闭压力比。A 与 S 皆为闸板防喷器的结构参数，对于具体的闸板防喷器来说，A 与 S 为定值。因此，关闭压力比 R 固定不变，亦即 $p_{井}$ 与 $P_{油}$ 之比固定不变。

在结构上，A 比 S 大得多。压力等级 14MPa、21MPa、35MPa、70MPa、105MPa、140MPa 的国产闸板防喷器其关闭压力比 R 为 5～15。

设 $R = 10$，则 $p_{井}/P_{油} = 10$，即

$P_{油} = p_{井}/10$

当 $p_{井}$ 为 14MPa 时，$P_{油}$ 应为 1.4MPa；

当 $p_{井}$ 为 21MPa 时，$P_{油}$ 应为 2.1MPa；

当 $p_{井}$ 为 70MPa 时，$P_{油}$ 应为 7MPa。

由此看来，闸板防喷器关井所需液控油压与所对抗的井压并不相等而是成正比，关井需液控压力一般情况下都不超过 10.5MPa。只有当闸板严重沙阻、淤泥严重黏结锈死以及剪切钻具时，才需使用高于 10.5MPa 的液压油关井。

3. 自动清沙，自动对中

防喷器闸板腔底部有高支承筋及朝井眼倾斜的清沙斜面，能在闸板开关时自动消除泥沙，同时减小闸板运动的摩擦阻力。

图 10-8　闸板自动对中示意图

在井内有钻具关井时，由于钻具通常并不处于井眼正中心，因此钻具有可能被闸板卡住而无法实现封井。为解决井内管子的对中问题，闸板压块的前方置有突出的导向块与相应的凹槽。当闸板向井眼中心运动时，导向块可迫使偏心管子移向井眼中心，保证闸板与钻具间密封可靠，自动对中，顺利实现封井，如图 10-8 所示。

关井后，导向块进入另一压块的凹槽中。

第三节　闸板防喷器的侧门

闸板防喷器侧门有铰链式侧门和平移式侧门两种。由于闸板损坏或是钻杆尺寸更换，常在井场进行拆换闸板作业，不同的结构形式操作方法与方便程度也不同。

一、铰链式侧门

铰链式侧门是采用旋转开关的，传统的防喷器大多采用铰链式侧门。平时侧门靠螺栓紧固在壳体上，当拆换闸板、拆换活塞杆盘根、检查闸板室时，需要打开侧门进行操作。更换闸板的操作顺序如下：

(1)首先检查远程控制装置上该闸板防喷器的换向阀手柄位置，手柄应处于中位。

(2)卸下侧门螺栓、旋开侧门，侧门开启位置应方便拆装闸板和更换侧门密封件。

(3)扳动换向阀手柄处于关位，液压关井，使闸板从侧门腔内伸出。

(4)取下需更换的闸板，装上所需的闸板，应装正、装平。

(5)扳动换向阀手柄处于开位，液压开井，使闸板缩入侧门腔内。

(6)在远程控制装置上操作，将换向阀手柄扳回中位。

(7)如果侧门密封件损坏，更换侧门密封件。

(8)旋闭侧门，上紧侧门螺栓。

图 10-9　闸板防喷器侧门

二、平移式侧门

防喷器侧门是平直移动的，称为平移式侧门或直移式侧门。平移式侧门便于更换侧门密封件和闸板，美国卡麦隆公司所制造的闸板防喷器和我国信得石油机械厂生产的防喷器其侧门都属平移式。更换闸板室配件时，首先拆下侧门紧固螺帽，然后进行液压关井操作，两侧门随即左右移开。进行液压开井操作，两侧门即从左右向中间合拢。这种直移式侧门对现场更换侧门密封件和闸板极为方便。更换闸板的操作顺序如下：

(1)检查远程控制装置上该闸板防喷器的换向阀手柄位置，手柄应处于中位。

(2)拆下侧门四个紧固螺栓，扳换向阀手柄处于关位，液压关井，使侧门平行打开。

(3)取下需要更换的闸板，装上所需的闸板，闸板应装正、装平。

(4)如果侧门密封件损坏，更换侧门密封件。

(5)扳换向阀手柄处于开位，液压开井，使侧门平行关闭。

(6)关闭到位后，将换向阀手柄扳回中位。

(7)上紧侧门四个紧固螺栓。

(8)对新换闸板进行试压合格后方能使用。

三、侧门开、关规定

在更换闸板、侧门密封件时要注意安全，应遵守以下规定：

(1)侧门不应同时打开(注：该要求是针对铰链式侧门)。在更换闸板、侧门密封件或进行其他作业时，必须待一方侧门作业完毕，螺栓紧固后，再操作另一方侧门。

(2)防喷器侧门旋开不充分或未用螺栓紧固，不许进行液压开、关井动作。如果防喷器侧门旋开不充分或未用螺栓紧固进行液压开、关井动作，侧门向外摆动，闸板要顶撞壳体造成蹩坏闸板、蹩弯闸板轴、损坏闸板腔体等部位。

(3)旋动防喷器侧门时，控制该防喷器的换向阀手柄应处于中位泄压状态。

(4)防喷器侧门打开后，开关防喷器时须稳固侧门。防喷器在开、关动作时，侧门受到液控油压的作用，会绕铰链旋动，为保证安全作业，应将侧门稳固住。

(5)更换完防喷器密封部件，试压合格后方能使用。

第四节 防喷器的锁紧及活塞杆的二次密封装置

防喷器锁紧装置有机械锁紧和液压锁紧两种形式。陆上钻井队所用国产闸板防喷器一般都采用手动机械锁紧装置，海上水下防喷器都采用机械锁紧装置。闸板防喷器装设机械锁紧装置的目的是保证防喷器长期可靠的封井以及液控失效时可用手动关井，以确保防喷器在使用中的可靠。

一、防喷器锁紧装置的功用及组成

闸板防喷器锁紧装置包括手动机械和液压机械锁紧装置两种。

1. 液压锁紧装置

液压锁紧装置常用于海上钻井，这些地方不便于操作人员到达。液压楔形锁紧机构由油缸、活塞、侧门、锁紧活塞、显示块、左右端盖等组成，如图10-10所示。

液压锁紧装置比手动锁紧机构快速、安全、可靠，当闸板关闭后，锁紧机构自动实现锁紧，不需要其他的任何操作。

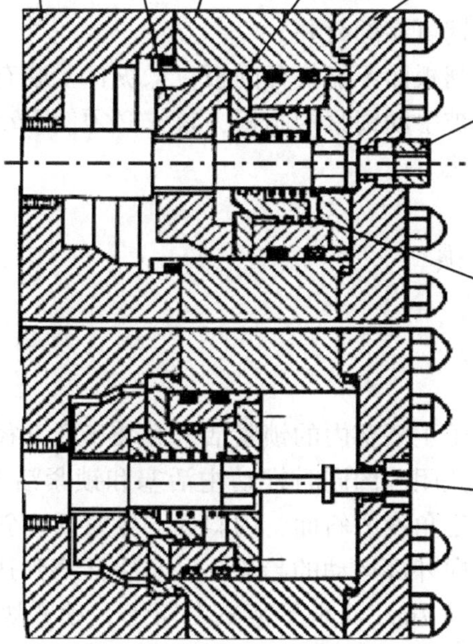

图 10-10　液压自动锁紧装置

2. 手动锁紧装置

手动锁紧装置结构简单，操作方便可靠，是陆上钻井常用的锁紧装置，其结构主要由锁紧轴、操纵杆、手轮、万向接头等组成(见图 10-11、图 10-12、图 10-13)。手动锁紧装置是靠人力旋转手轮关闭来锁紧闸板的。

图 10-11　手动操作杆

图 10-12　万向接头

图 10-13　锁紧轴

当液压失效时，用手动装置能及时关闭闸板，封闭井口；当需要长时间封井时，在液压关闭后将闸板锁定在关闭位置，此时液压可泄掉。进行手动关闭锁紧时，顺时针旋转手轮。通过操作杆带动锁紧轴旋转，由于锁紧轴台肩抵在缸盖上，不能后退，只能驱动闸板轴向井口中心运动，锁紧闸板，实现长期可靠的封井。

手动锁紧装置只能用于关闭闸板而不能打开闸板。操纵杆要装有手轮并伸出井架底座以外，便于操作使用。若要打开已被手动锁紧的闸板，首先必须使手动锁紧装置复位解锁，再用液压打开闸板，这是唯一的方法。

二、闸板的锁紧与解锁

1. 闸板的锁紧

(1)液压锁紧

液压自动锁紧装置是通过装于主活塞内的锁紧活塞和装于活塞径向 4 个扇形槽内的 4 个锁紧块来实现的。液压油作用于关闭腔的同时推动主活塞和锁紧活塞向闸板关闭方向运动，由于锁紧块内外圆周上都带有一定角度的斜面，内斜面与锁紧活塞斜面相接触，使得锁紧块在锁紧活塞的推动下始终有向径向外部运动的趋势。一旦主活塞到达关闭位置，锁紧块在锁紧活塞的径向承力作用下向外运动 7mm 而坐于液缸台阶上，锁紧块外斜面与液缸台阶斜面相接触，用时锁紧活塞向前运动经过锁紧块内径变成圆周接触，从而实现完全锁紧。

(2)机械锁紧

当用液压油完全关闭闸板防喷器后，手动按顺时针方向同时旋转左右两个手轮，使锁紧轴从活塞中伸出，直到锁紧轴台肩紧贴止推轴承处的挡盘为止，这样闸板就由锁紧轴顶住(锁住)。封井作用力由锁紧轴提供，而不需液控油压，即使偶然操纵控制系统进行开井误操作，闸板也不会开井动作，防喷器已经靠手动机械锁紧装置锁紧。

锁紧口诀：顺旋到位，回旋 1/4～1/2 圈。

2. 闸板的解锁

(1)液压解锁

打开闸板时，液压油作用于开启腔。首先使锁紧活塞向外运动，锁紧块外圈斜面与液缸台阶斜面产生使锁紧块向内收缩的分力使锁紧块实现解锁，主活塞才能带动闸板轴及闸板实现开启动作。

(2)机械解锁

手动按逆时针方向同时旋转两个手轮，直到锁紧轴完全缩入活塞中，轴上台肩到位为止，这样闸板防喷器解锁后才能使用液压打开闸板防喷器。

解锁口诀：逆旋到位，回旋 1/4～1/2 圈。

三、闸板防喷器的开、关井操作

(1)正常液压关井。

①遥控操作：首先将司钻控制台上的气源总开关扳至开位不动，再(或同时)将所关防喷器手柄扳至关位。

②远程操作：将远程控制台上的换向阀迅速扳至关位。

(2)正常液压开井。

①遥控操作：首先将司钻控制台上的气源总开关扳至开位不动，再(或同时)将所关防喷器手柄扳至开位。

②远程操作：将远程控制台上的换向阀迅速扳至开位。

(3)长期关井(或手动关井)：先将控制系统上的换向阀迅速扳至关位，再按锁紧口诀手动锁紧。

(4)锁紧后的开井：先按解锁口诀手动解锁，再液压开井。

为了保证锁紧轴伸出到位，手轮必须旋够圈数直到锁紧轴台肩紧贴止推轴承处的挡盘为止。各闸板防喷器手轮应旋的圈数是不同的，技术人员应熟知所用防喷器手轮应旋圈数，并挂牌标明。

四、闸板防喷器机械锁紧的判断

使用闸板防喷器关井时，必须遵循关井操作步骤。但是，在操作中常被人们所忽视的仍然是闸板防喷器是否机械锁紧的问题，因此，就有必要对关井后的闸板防喷器是否已机械锁紧进行检查核实。

国产闸板防喷器在闸板关井后其机械锁紧情况从外观上是很容易判断的。防喷器的端盖孔内装有密封圈，锁紧轴经常相对于密封圈往复运动摩擦，致使锁紧轴外露端有较长一段无锈蚀，颇为光亮。当闸板防喷器关井后，观察锁紧轴的外露端，如果看到锁紧轴的光亮部位露出，锁紧轴外伸较长即可断定为防喷器已机械锁紧，关井操作是正确的，反之锁紧轴的光亮部位露出不全可断定为防喷器没有完全机械锁紧(俗称明杆)。如图 10-14 所示。

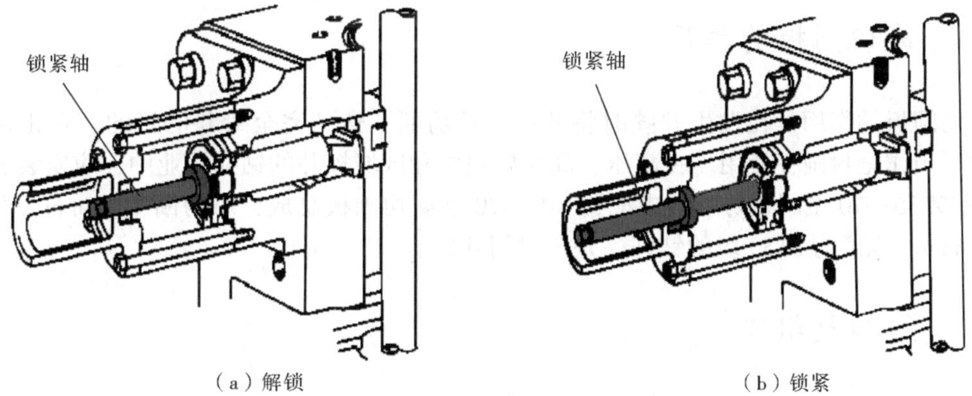

(a)解锁　　(b)锁紧

图 10-14　手动锁紧与解锁的判断

五、闸板防喷器活塞杆二次密封装置

活塞杆的密封圈分为两组：一组封闭井口高压钻井液，一组封闭液控高压油。密封圈具有方向性，只有正确安装才能起到密封作用。两组密封圈的安装方向相反，这一点在井场维修时务必注意。这是活塞的一次密封。

二次密封仅用于活塞杆一次密封失效、关闭防喷器时发现观察孔有钻井液滴出的情况下，采用二次密封作为应急措施。此时应立即卸下六角螺塞，用专用扳手顺时针旋拧孔内螺

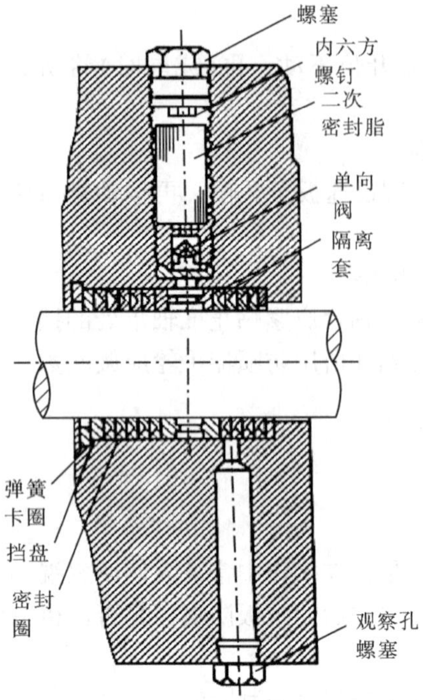

图 10-15 活塞杆二次密封装置示意图

钉，迫使棒状二次密封脂通过单向阀、隔离套径向孔进入密封圈的环隙进行密封。要求止漏即可，注入量不宜过多，否则会增加活塞杆的磨损及开关闸板的阻力。活塞杆二次密封装置如图 10-15 所示。

二次密封应急处理完溢流后，应立即旋开侧门更换密封圈，并清洗被钻井液污染的部件。

活塞杆二次密封装置使用的注意事项：

(1)为防止二次密封脂发生固化失效，在防喷器出厂时不装二次密封脂棒，并且在平时防喷器不使用期间也不安装二次密封脂棒，只是在上井前将其装入。

(2)将专用工具预先准备好，以防急需时措手不及。

(3)应经常观察下部的观察孔螺塞(其上有小孔)有无钻井液或油液流出。

(4)密封圈失效后注二次密封脂不可过量，以观察孔不再泄漏为准。二次密封脂摩擦阻力大而且黏附有颗粒物质，当闸板轴回程时对闸板轴损伤较大。

第五节 剪切闸板

一、剪切闸板的作用

剪切闸板的作用是在发生井喷时将井内管柱剪断，达到完全封井的目的。在正常情况下，也可当作全封闸板使用。在高压、高含硫地层和区域探井的钻井作业中，应安装剪切闸板。在 FZ 35—70 型闸板防喷器中配置 SR 3570 型剪切闸板总成，可剪断 ϕ127mm(5″)、壁厚 9.19mm、强度为 S135 级的钻杆，并全封闭井口。

二、结构及组成

剪切闸板主要由上夹持器、下夹持器、上闸板、下闸板、剪切刀、下胶芯、内六角螺钉、O 形密封圈等部件组成(见图 10-16)。

三、剪切闸板操作参数

(1)液控关闭压力不小于 14MPa，最大压力为 2lMPa。

(2)可剪切 5″、S135 级、壁厚 9.19mm 的钻杆，剪切液控关闭压力不小于 14MPa。

(3)可密封最大工作压力 105MPa。

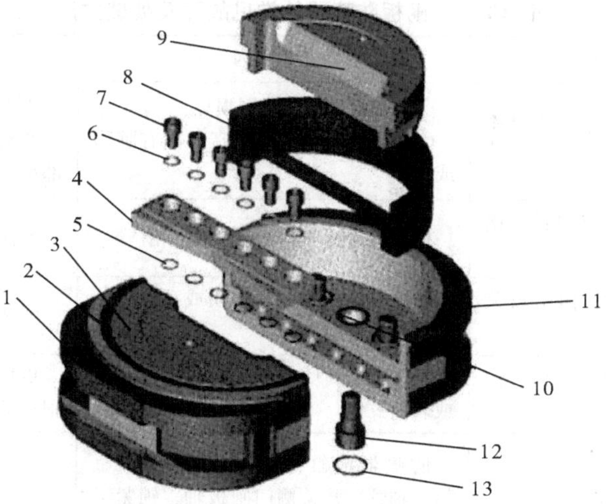

图 10-16　剪切闸板结构示意图

1—上夹持器；2—上胶芯；3—上闸板；4—剪切刀；5—O 形密封圈；6—铜垫圈；
7—内六角螺钉；8—下胶芯；9—下闸板；10—O 形密封圈；11—下夹持器；12—螺钉；13—挡圈

第六节　常用闸板防喷器的合理使用

一、闸板防喷器的合理使用

(1)防喷器的使用要指定专人负责，落实职责，使用者要做到“三懂四会”(懂原理、懂性能、懂工艺流程；会操作、会维护、会保养、会排除故障)。

(2)当井内无管柱时，不得关闭半封闸板。当井内有管柱时，严禁关闭全封闸板。

(3)半封闸板的尺寸应与井内管柱尺寸相对应。

(4)进入目的层后，每天应开、关闸板一次，检查开关是否灵活、液压自动锁紧是否好用。每次起钻完后，做全封闸板开、关试验。

(5)不允许用打开闸板的方法来泄压，以免损坏胶芯。打开后要检查闸板是否处于全开位置(全部退回到壳体内)，以免钻具损坏闸板。

(6)注意保持液压油清洁。

(7)防喷器用完后，应使闸板处于全开位置，以便检修。

(8)在发生溢流关井时，必须先利用环形防喷器封井，再用闸板防喷器封井。

(9)在打开闸板防喷器时，一定要检查防喷器是否解锁，应先解锁再打开防喷器。

(10)每钻完一口井要全面清理，检查防喷器，损坏的部件及时更换，壳体闸板腔除油防锈，连接螺纹涂油。

(11)做好防喷器日常维护保养记录。

二、闸板防喷器的常见故障及处理方法

闸板防喷器的常见故障及处理方法见表 10-1。

表 10-1　闸板防喷器的常见故障及处理方法

序号	故障现象	产生原因	排除方法
1	井内介质从壳体与侧门连接处流出	①防喷器侧门密封圈损坏； ②防喷器壳体与侧门密封面有脏物或损坏	①更换损坏的侧门密封橡胶圈； ②清除密封面脏物，修复损坏部位
2	闸板移动方向与控制台铭牌标志不符	控制台与防喷器连接管线接错	倒换防喷器油路接口的管线位置
3	液控系统正常，但闸板关不到位	闸板接触端有其他物质或沙子，钻井液块的淤积	清洗闸板及侧门
4	井内介质窜到液缸内，使油中含水汽	闸板轴密封圈的损坏，闸板轴变形或表面拉伤	更换损坏的闸板轴密封圈，修复损坏的闸板轴
5	防喷器液动部分稳不住压，侧门开关不灵活，锁紧解锁不灵活	防喷器液缸、活塞、闸板轴、缸筒、轴管、开关侧门闸板轴、锁紧活塞密封圈损坏，密封表面损伤；防喷器液缸、活塞、锁紧轴、密封圈损坏，密封表面损坏	更换各处密封圈，修复密封表面或更换新件
6	闸板关闭后封不住压	①闸板密封胶芯损坏； ②壳体闸板腔上部密封面损坏； ③离合器活塞的O形圈损坏； ④弹簧失去弹性； ⑤前后离合器齿部损坏	①更换闸板密封胶芯； ②修复壳体闸板腔密封； ③更换新的O形圈； ④更换弹簧； ⑤更换前后离合器
7	控制油路正常，用液压打不开闸板或闸门	①闸板被泥沙卡住； ②离合器活塞的O形圈损坏，无法解锁	①清除泥沙，加大液控压力； ②更换新的O形圈
8	显示杆不动作	显示杆的O形圈损坏	更换新的O形圈

复习思考题

一、选择题

1. 空井时，可用下述哪种闸板封井(　　)?

A. 5″半封闸板　　B. 全封闸板

C. 变径闸板　　D. 与钻具规格一致的半封闸板

2. 安装闸板防喷器时，需配装的半封闸板规格是依据(　　)。

A. 钻铤直径　　B. 技术套管直径

C. 使用的钻杆直径　　D. 闸板防喷器的规格

3. 单面闸板是(　　)翻面使用的。

A. 能　　B. 不能　　C. 高压情况下能　　D. 特殊情况下能

4. 双闸板防喷器通常安装一副(　　)以及一副半封闸板。

A. 自封　　B. 环形　　C. 变径　　D. 全封闸板

5. 为了使闸板防喷器实现可靠的封井，必须保证其良好密封的部位有(　　)。

A. 二处　　B. 三处　　C. 四处　　D. 五处

6. 2FZ 28—35 闸板防喷器的关井与开井动作是靠(　　)实现的。

A. 电动　　B. 液压　　C. 手动　　D. 气动

7. 旋转式侧门由上下铰链座限定其位置，当卸掉侧门的紧固螺栓后，侧门最大可绕铰链座做(　　)旋转。

A. 45°　　B. 60°　　C. 120°　　D. 180°

8. 打开或关闭闸板防喷器侧门时，控制该闸板防喷器的换向阀应处于(　　)。

A. 开位　　B. 关位　　C. 中位　　D. 任意位置

9. 闸板防喷器关井后进行手动锁紧，若锁紧圈数为 23 圈，则开井解锁圈数为(　　)圈。

A. 20　　B. 22　　C. 23　　D. 25

10. 闸板手动解锁的操作要领是(　　)。

A. 顺旋，到位　　B. 顺旋，到位，回旋

C. 逆旋，到位　　D. 逆旋，到位，回旋

11. 手动关井时，先将远程控制台上的换向阀手柄迅速扳至(　　)。

A. 开位　　B. 关位　　C. 中位　　D. 任意位置

12. 遥控关闭闸板防喷器时，同时扳动气源总阀和控制该防喷器的换向阀不少于(　　)。

A. 2s　　B. 5s　　C. 20s　　D. 25s

13. 闸板防喷器投入使用时，应卸下(　　)并经常观察是否有钻井液或油液流出。

A. 二次密封内六方螺钉　　B. 锁紧装置

C. 侧门螺栓　　D. 二次密封观察孔丝堵

14. 半封闸板关井后(　　)转动钻具。

A. 可以快速　　B. 可以中速

C. 可以慢速　　D. 严禁

15. 液压闸板防喷器开井操作完毕后，应到(　　)检查闸板是否全部打开。

A. 井口　　B. 远程控制台

C. 司钻控制台　　D. 控制箱

二、判断题

1. 5″半封闸板对 5″钻具才能实现封井，否则不能有效密封。

2. 闸板防喷器不能长期封井。

3. 闸板防喷器主要由壳体、侧门、油缸、活塞与活塞杆、锁紧轴、端盖、顶盖等部件组成。

4. 当闸板关井后，井内压力愈低，井压对闸板前部的助封作用愈大，闸板前部橡胶对管子封得愈紧。

5. 在闸板关井过程中，由于井内压力对闸板前部的助封作用，关井液压油的油压值并不需要太高，通常调定为 10.5MPa。

6. 拆下侧门紧固螺栓，旋开侧门前，应检查蓄能器装置上控制该闸板的换向阀手柄位置，使之处于中位。

7. 闸板防喷器的锁紧装置分为手动锁紧装置和液压自动锁紧装置。

8. 闸板防喷器在液控失效采用手动关井时，远程控制台上控制该防喷器的换向阀应处于中位。

9. 打开闸板防喷器前，必须先逆时针旋转闸板防喷器锁紧轴两侧操纵手轮到位解锁。

10. 闸板防喷器的活塞杆密封圈具有方向性，只有正确安装才起密封作用。

11. 在待命工况下，发现活塞杆盘根密封失效时，必须启用活塞杆二次密封。

12. 某井使用 89mm($3\frac{1}{2}''$)钻杆，井口闸板防喷器所配装的半封闸板规格应为 $3\frac{1}{2}''$。

13. 闸板在手动锁紧或手动解锁操作时，两手轮必须旋转足够的圈数，确保锁紧轴到位，并反向旋转 1/4~1/2 圈。

三、简答题

1. 如果闸板防喷器整体上下颠倒安装能否有效密封？为什么？
2. 闸板防喷器采取手动关井后，当压井作业完毕，现准备打开井口，试问应如何操作？
3. 闸板防喷器手动锁紧装置的作用是什么？
4. 使用手动锁紧装置时应注意的问题有哪些？
5. 闸板防喷器能否长期关井作业？理由是什么？

第十一章　套管头、四通与法兰

第一节　套　管　头

套管头属于井口装置的基础部分，是套管与井口装置之间的重要连接件，下端通过螺纹与表层套管相连，上端通过法兰与井口装置相连。在钻井期间，套管头是井口防喷装置的组成部分，在完井之后，又是井口装置的永久性组成部分。

一、套管头的作用

(1)套管头安装在套管柱上端，悬挂除表层套管以外的各层套管重量。

(2)能使整个钻井井口装置实现压力匹配，是套管与防喷器、采气井口连接的重要装置。

(3)能够提高钻井井口装置的稳定性。

(4)能在内外套管柱之间形成压力密封。

(5)为释放聚积在两层套管柱之间的压力提供出口。

(6)在紧急情况下，可向井内泵入流体，如压井时的钻井液、水或高效能灭火剂等。

(7)进行钻采工艺方面的特殊作业。

(8)若固井质量不好，可从侧口处补灌水泥。

(9)酸化压裂时，可从侧口处注压力平衡液。

二、套管头的类型

根据生产标准，套管头可分为标准套管头和简易套管头。按照结构，标准套管头又可分为以下几种类型：

(1)按悬挂套管层数分为单级、双级和多级。

(2)按本体连接形式分为卡箍式、法兰式。

(3)按组合形式分为单体式、组合式。

(4)按悬挂套管方式分为卡瓦式、螺纹式和焊接式。

(5)根据套管头通径分为通孔式、缩孔式。

目前国内使用较多的是多级、卡瓦式套管头。

套管头表示方法如下：

例 11-1　TFQ 1397-70 套管头

TFQ　1397—70

最上层套管头工作压力 70MPa

悬挂套管序列：13 3/8″×9 5/8″×7″

气井法兰式套管头

例 11-2　TK1397-70 套管头

TK　1397—70

最上层套管头工作压力 70MPa

悬挂套管序列：13 3/8″×9 5/8″×7″

卡瓦式套管头

双级气(油)井套管头(TFQ 系列)

35MPa 型：TFQ 13 3/8"×9 5/8"×7"-35

(TFQ 13 3/8"×9 5/8"×7"-5000psi)

70MPa 型：TFQ 13 3/8"×9 5/8"×7"-70

(TFQ 13 3/8"×9 5/8"×7"-10000psi)

105MPa 型：TFQ 13 3/8"×9 5/8"×7"-105

(TFQ 13 3/8"×9 5/8"×7"-15000psi)

三级气(油)井套管头(TFQ 系列)

35MPa 型：TFQ20"×13 3/8"×9 5/8"×7"-35

(TFQ20"× 13 3/8"×9 5/8"×7"-5000psi)

70MPa 型：TFQ 20"×13 3/8"×9 5/8"×7"-70

(TFQ20"× 13 3/8"×9 5/8"×7"-10000psi)

105MPa 型：TFQ 13 3/8"×9 5/8"×7"-105

(TFQ 20"× 13 3/8"× 9 5/8"× 7"-15000psi)

三、套管头结构

套管头由本体、四通、套管悬挂器、顶丝总成、法兰式平行闸阀、连接件、密封部件、压力表等组成，见图 11-1、图 11-2。

套管头密封由套管头本体、BT 形橡胶密封圈、套管悬挂器、燕尾形橡胶密封圈、顶丝 V 形密封圈、密封垫环构成，套管悬挂器坐挂在套管头本体台阶上，由于套管的悬重，金属与金属的接触就产生刚性被动密封，套管悬挂器与套管的密封为螺纹密封。

套管头四通有与套管悬挂器外径(或套管外径)相匹配的 BT 密封及相应的注脂、试压孔，使用时必须从注脂阀注入高压密封脂，方能使 BT 密封起作用。若密封出现渗漏，应从注脂阀和试压阀分别注入密封脂，使密封继续生效。注脂压力不超过该法兰额定工作压力；如密封套管，则不超过该套管的额定许用挤毁压力。压力试压孔用于套管悬挂器外密封试验。

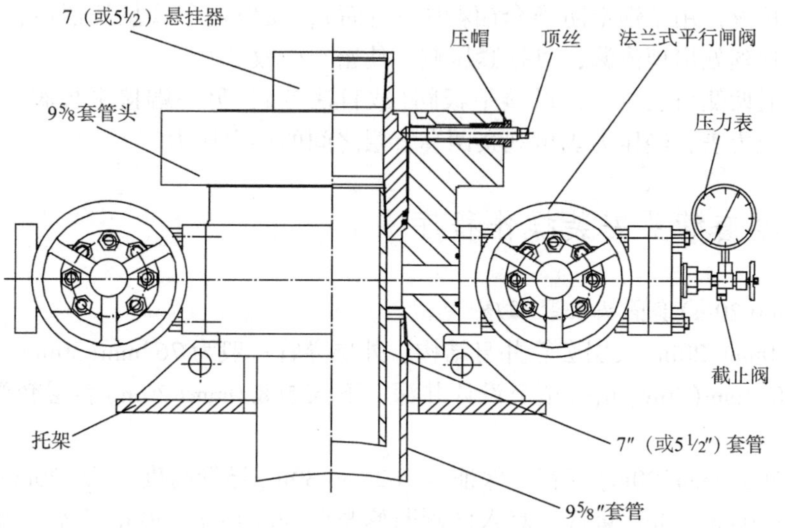

图 11-1　TFQ9 5/8"×7"-70 单级套管头结构示意图

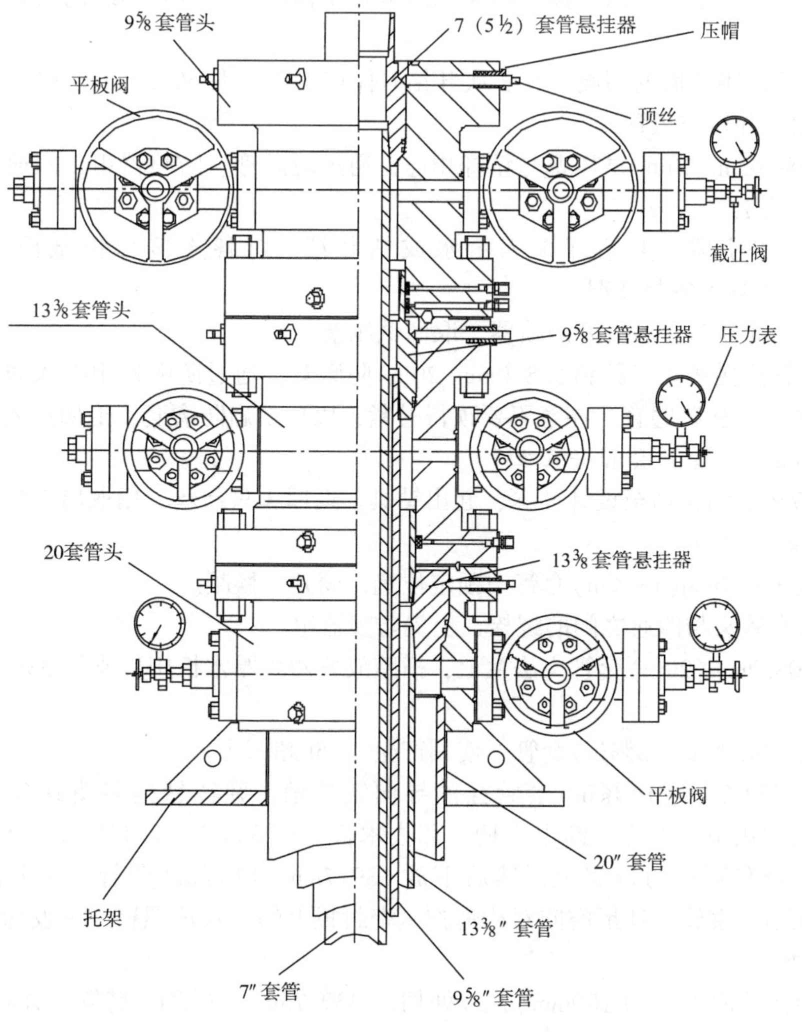

图 11-2　TFQ 20"×13 3/8"×9 5/8"×7"-70 三级套管头结构示意图

法兰上有顶丝，用于锁定防磨套(保护密封面)，在坐入套管悬挂器后，又能将套管悬挂器锁定。若顶丝处出现渗漏，可拧紧压帽，使密封生效。

套管头四通两侧口法兰，一端接平板阀(或盲法兰)，另一端接平板阀、丝扣法兰、接头、截止阀及压力表，经压力表可观察两套管层之间的环空压力。

四、标准套管头安装操作程序

1. 508.0mm(20in)套管头安装程序

采用508.0mm(20in)表层套管井身结构，外层导管一般为762mm(30in)。

(1)用660.4mm(26in)钻头钻至设计井深，下入508.0mm(20in)表层套管至预定位置，固井、候凝。

(2)切割508.0mm(20in)套管，保证与762mm(30in)导管高度差为320mm，修整坡口。

(3)将508.0mm(20in)套管头套入已割断修整的508.0mm(20in)套管，确保方向正确，端面呈水平状态，圆底盘坐在导管上，然后焊接。

(4)试压至所用套管抗内压强度的80%或额定工作压力，检验焊缝的密封性，焊缝应无渗漏等现象。

(5)压井管汇距地面的高度应在各次开钻时保持不变，在508.0mm(20in)套管上安装四通、防喷器组、井口防溢管。

(6)将508.0mm(20in)试压塞与钻杆相连，通过防溢管、防喷器组、四通将试压塞坐在20in套管头台肩上。

(7)关闭防喷器，由钻杆泵入清水或钻井液，对各连接部位试压。试压14MPa(2000psi)，检查各处密封情况。

(8)试压后先泄压，后打开防喷器，取回试压塞。

(9)用钻杆连接送入工具和508.0mm(20in)防磨套，通过防喷器组下入防磨套，拧进法兰上的4只顶丝顶住防磨套。注意不要顶得过紧，以免挤扁防磨套，退回送入工具。

2. 339.7mm(13⅜in)套管安装程序

(1)用17½in钻头钻至设计井深，起出钻具。退回4只顶丝，用取出工具收回508.0mm(20in)防磨套。

(2)下入339.7mm(13⅜in)套管至预定位置，固井、候凝。

(3)拆去套管头与四通之间的螺栓，上提防喷器组。

(4)在508.0mm(20in)套管头法兰上，横跨放置两块厚木板用以支撑339.7mm(13⅜in)套管挂组件。

(5)上提339.7mm(13⅜in)套管，使其产生4~5t超张力。

(6)对准339.7mm(13⅜in)套管挂的导向定位销，旋转悬挂器使其合抱住339.7mm(13⅜in)套管。由下而上逐一卸出手柄，移去木板，使339.7mm(13⅜in)套管挂件坐落到508.0mm(20in)套管头的台肩上，然后下放339.7mm(13⅜in)套管，让卡瓦卡住，悬挂339.7mm(13⅜in)套管。环形空间对称地拧紧密封板上的内六角螺钉，激发橡胶密封，进而密封环形空间。

(7)在距法兰面上大约180mm(7in)处切割339.7mm(13⅜in)套管，并将切口倒成6×30°坡口。

(8)清洁 508.0mm(20in)套管头钢圈槽，并在钢圈槽内放置清洁无损的 R73 密封钢圈，然后小心地把 339.7mm(13⅜in)套管四通从 339.7mm(13⅜in)套管上方套入，用螺栓固定两法兰。

(9)卸去 339.7mm(13⅜in)套管四通下部法兰上的两只接头，并从对面(180°)对称的注塑接头注入密封脂进行 BT 密封注塑作业。

(10)339.7mm(13⅜in) BT 密封试压合格后，安装四通、防喷器组、防溢管，下入 339.7mm(13⅜in)试压塞，对各连接部位试压，检查各处密封情况。试压合格后，先泄压后打开防喷器。

(11)取出试压塞，通过钻杆和送入工具，下入 339.7mm(13⅜in)防磨套，拧进法兰上的 4 只顶丝顶住防磨套。注意不要顶得过紧，以免挤扁防磨套，退回送入工具。

3. 244.5mm(9⅝in)套管安装程序

(1)用 311.15mm(121/4in)钻头钻至设计井深，起出钻具。退回 4 只顶丝。用取出工具收回 339.7mm(13⅜in)防磨套。

(2)下入 244.5mm(9⅝in)套管至预定位置，固井、候凝。

(3)拆去 339.7mm(13⅜in)套管头与四通之间的螺栓，上提防喷器组。

(4)在 339.7mm(13⅜in)套管头法兰上，横跨放置两块厚木扳用以支承 339.7mm(13⅜in)套管挂组件。

(5)上提 244.5mm(9⅝in)套管，使其产生 4~5t 超张力。

(6)对准 244.5mm(9⅝in)套管挂的导向定位销，旋转悬挂器使其合抱住 244.5mm(9⅝in)套管。由下而上逐一卸出手柄，移去木板，使 244.5mm(9⅝in)套管挂件坐落到 339.7mm(13⅜in)套管头的台肩上，然后下放 244.5mm(9⅝in)套管，让卡瓦卡住，悬挂 244.5mm(9⅝in)套管。环形空间对称地拧紧密封板上的内六角螺钉，激发橡胶密封，进而密封环形空间。

(7)在距法兰面上大约 170mm(63/4in)处切割 244.5mm(9⅝in)套管，并将切口倒成 6×30°坡口。

(8)清洁 339.7mm(13⅜in)套管头钢圈槽，并在钢圈槽内放置清洁无损的 R73 密封钢圈，然后小心地把 244.5mm(9⅝in)套管四通从 244.5mm(9⅝in)套管上方套入，用螺栓固定两法兰。

(9)卸去 244.5mm(9⅝in)套管四通下部 339.7mm(13⅜in)法兰上的两只接头，并从对面(180°)对称的注塑接头注入密封膏进行 BT 密封注塑作业。

(10)244.5mm(9⅝in) BT 密封试压合格后，安装四通、防喷器组、防溢管，下入 244.5mm(9⅝in)试压塞，对各连接部位试压，检查各处密封情况。试压合格后，先泄压后打开防喷器。

(11)取出试压塞，通过钻杆和送入工具，下入 244.5mm(9⅝in)防磨套，拧进法兰上的 4 只顶丝顶住防磨套。注意不要顶得过紧，以免挤扁防磨套。退回送入工具。

4. 177.8mm(7in)套管安装程序

(1)用 215mm(8½in)钻头钻至设计井深，起出钻具退回顶丝。用取出工具收回防磨套。

(2)下入 177.8mm(7in)套管至预定位置，固井、候凝。

(3)拆去四通之间的螺栓，上提防喷器组。

(4)在套管四通法兰上横跨放置两块厚木板，用以支承 177.8mm(7in)套管挂组件。

(5)上提177.8mm(7in)套管，使其产生4~5t超张力。

(6)安装177.8mm(7in)套管挂，方法同前。

(7)在距法兰以上约170mm处切割177.8mm(7in)套管，并将切口倒成6×30°坡口，打磨光滑。

(8)安装177.8mm(7in)油管四通，清洗法兰并装入BXl58钢圈，上紧螺栓，转入采油作业。

5.244.5mm(9⅝in)BT密封安装、注塑程序

(1)切断套管(切断高度参见使用说明书)，将切口倒成6×30°坡口并打磨。

(2)用清洗剂清洗套管头(或套管四通)内腔、BT密封槽和套管短柱的密封面，检查圆度与表面缺陷。

(3)用轻质油涂抹BT密封件，并将其安放到套管头或套管四通内腔密封槽中。

(4)平稳下放套管头或套管四通，让套管慢慢套入BT密封，用螺栓上紧，固定两法兰。

(5)卸去套管四通下部标有“注塑孔”字样的两只注塑接头。

(6)在注入枪装入EM08密封脂，通过软管连接到另一头的注塑接头上。

(7)换作注入枪，注入密封脂，同时观察对面的开启孔，直到开启孔口有密封脂溢出。

(8)将卸掉的接头装回到本体上。

(9)对另一注塑接头按(6)~(8)的程序重复操作。

(10)分别继续操作注入枪，挤入密封脂，达到工作压力或抗外挤强度的80%，取两者之低值。

(11)操作试压枪，从标有“试压孔”字样的接头上泵入35MPa或套管抗外挤强度80%的压力(取两者之低值)，检查BT密封之间的密封性能，如无泄漏，从试压接头内泄压。

(12)再从对面另一“试压孔”接头上泵入35MPa或套管抗外挤压强度80%的水压，检查BT密封、密封钢圈、卡封式套管挂的密封性能，如无泄漏，从试压接头内泄压。

(13)两次试压成功后，BT密封注塑压力可能降低，建议作适当补充。

6.339.7mm(13⅜in)BT密封安装、注塑程序

(1)切断套管(切断高度参见使用说明书)，将切口倒成6×30°坡口并打磨。

(2)用清洗剂清洗套管头(或套管四通)内腔、BT密封槽和套管短柱的密封面，检查圆度与表面缺陷。

(3)用轻质油涂抹BT密封件，并将其安放到套管头或套管四通内腔密封槽中。

(4)平稳下放套管头或套管四通，让套管慢慢套入BT密封，用螺栓上紧，固定两法兰。

(5)卸去套管四通下部标有“注塑孔”字样的两只注塑接头。

(6)在注入枪装入EM08密封脂，通过软管连接到另一头的注塑接头上。

(7)换作注入枪，注入密封脂，同时观察对面的开启孔，直到开启孔口有密封脂溢出。

(8)将卸掉的接头装回到本体上。

(9)对另一注塑接头按(6)~(8)的程序重复操作。

(10)分别继续操作注入枪挤入密封脂，达到工作压力或抗外挤强度的80%，取两者之低值。

(11)操作试压枪，从标有“试压孔”字样的接头上泵入35MPa或套管抗外挤强度80%的

水压，检查两道BT密封之间的密封性能，如无泄漏，从试压接头内泄压。

（12）再从对面另一“试压孔”接头上泵入14MPa或套管抗外挤压强度80%的水压，检查BT密封、密封钢圈、卡封式套管挂的密封性能，如无泄漏，从试压接头内泄压。

（13）两次试压成功后，BT密封注塑压力可能降低，建议作适当补充。

第二节　四通和法兰

一、四通的结构与作用

四通按用途分，有防喷器四通、采油树四通和套管头四通等；按结构分，有普通四通和特殊四通。

钻井四通主要用于连接防喷器与套管底法兰，侧口连接放喷或压井管线，进行放喷或压井作业。钻井四通的基本结构如图11-3所示。

钻井四通的压力级别和通径与所配用的防喷器等同，所用材料及机械性能与所配防喷器钢级与性能相等。

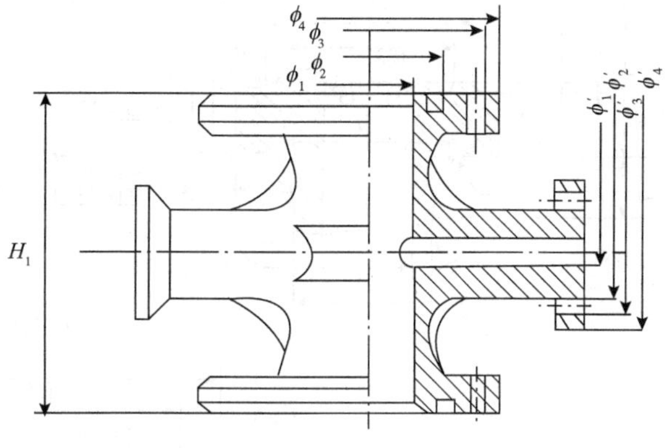

图11-3　钻井四通结构图

二、法兰的作用及分类

法兰是石油井口装置的重要连接件，其可靠性对井口装置的安全工作具有极其重要的作用，图11-4、图11-5为常见法兰。

图11-4　法兰连接部位

图11-5　螺纹式法兰

井口法兰分为环形法兰、盲板法兰、扇形法兰和变径法兰。环形法兰又分为6B型、6BX型，盲板法兰也分为6B型、6BX型。从结构上看，6B型法兰有整体式、螺纹式、焊颈式等，而6BX型法兰仅有整体式和焊颈式两种，如图11-6、图11-7所示。盲板法兰也有6B型和6BX型两类，盲板法兰主要作封堵或试压使用，如图11-8所示。

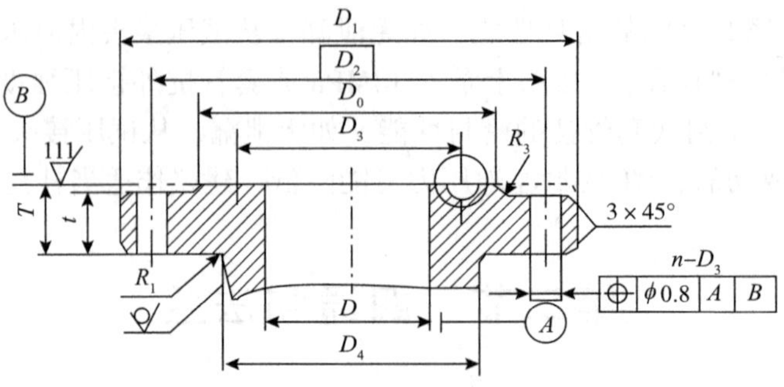

图 11-6　6B 型螺纹式法兰剖面图

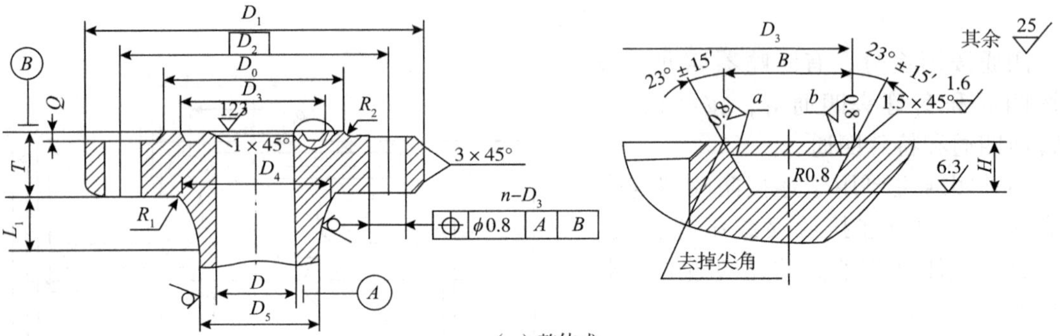

（a）整体式

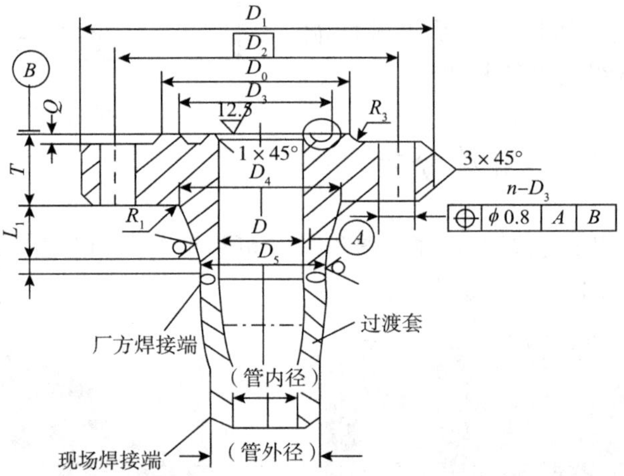

（b）焊颈式

图 11-7　6BX 型环形法兰

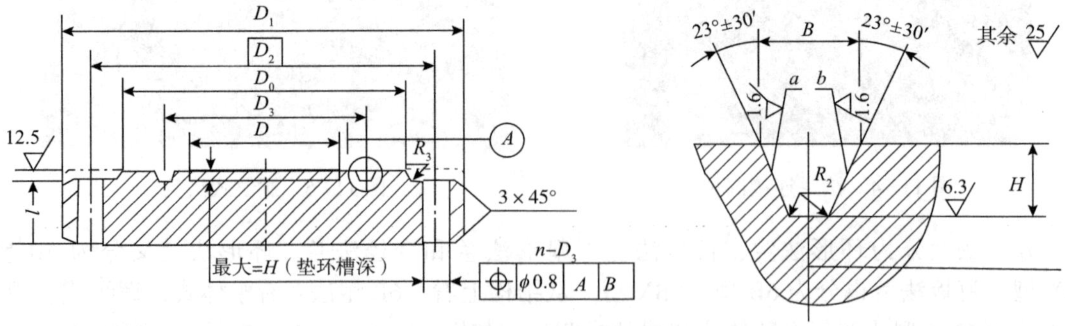

图 11-8　6B 型盲板法兰

三、法兰密封垫环

法兰密封垫环可简称为钢圈，用于法兰连接的密封。按作用分为 R 型机械压紧式和 RX、BX 型压力自紧式两类。R 型密封垫环用于 6B 型法兰连接，RX 型密封垫环用于 6B 型法兰连接和扇形法兰连接。R 与 RX 型密封垫环在 6B 型法兰连接中可以互换，BX 型密封垫环仅用于 6BX 型法兰连接。按形状分为椭圆形和八角形两种截面，RX 型和 BX 型为八角形，R 型既有椭圆形也有八角形，如图 11－9 所示。

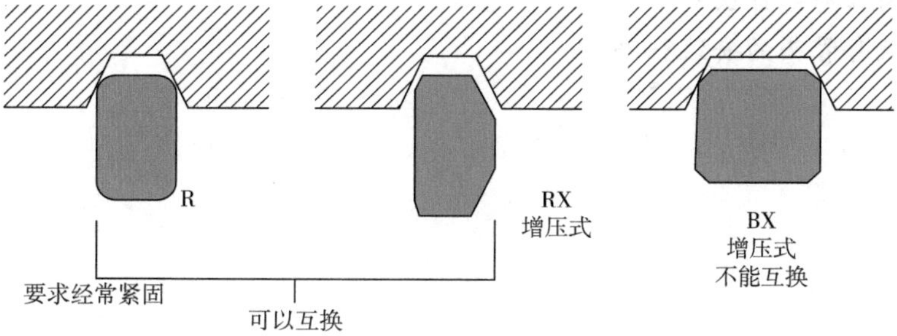

图 11－9　密封垫环截面示意图

RX 型和 BX 型垫环是增压型的，井压作用在垫环内表面帮助提高法兰的密封性。RX 型和 BX 型是不能互换的，这些垫环上钻有压力传递通孔。所有垫环应安装在于净、干燥的环槽内，没有灰尘、杂质、密封脂和油类，不能重复使用。

复习思考题

一、选择题

1. 套管头是套管与井口装置之间的重要连接件，它的下端与(　　)连接。

A. 完井井口装置　　B. 表层套管　　C. 四通　　D. 钻井井口装置

2. 套管头的工作压力与防喷器的工作压力应(　　)。

A. 大一级别　　B. 小一级别　　C. 一致　　D. 无要求

3. 套管头的代号用字母(　　)表示。

A. T　　B. G　　C. TGT　　D. TG

4. 套管头侧通道连接件由压力表总成、闸阀、连接法兰组成，作为(　　)时环空压力控制、水泥浆、钻井液返出、补注水泥浆的通路。

A. 钻进　　B. 循环　　C. 测井作业　　D. 固井作业

5. 套管头按钻井设计要求试压，稳压(　　)min，压降不超过 0. 5MPa。

A. 10　　B. 20　　C. 30　　D. 60

6. 用手动注塑泵对套管头密封处注密封脂，用试压泵通过试压孔进行密封试验，试验压力为套管头额定工作压力，稳压 30min，压降不超过(　　)MPa 为合格。

A. 0. 5　　B. 1　　C. 1. 5　　D. 2

二、判断题

1. 套管头作用之一是通过悬挂器支撑除表层之外的各层套管的重量。

2. 含硫气井要注意套管头焊接方式的选择。

3. T13⅜×9⅝×7–35 型号表示为：连接套管外径为 339.7mm(13⅜″)，悬挂套管外径为 244.5mm(9⅝″)、177.8mm(7″)，额定工作压力为 35MPa 的套管头。

4. 套管头的悬挂方式有焊接式和卡瓦式悬挂器，其作用是悬挂套管、密封环形空间。

5. 套管头下部本体的安装，根据套管头上部本体高度，用双法兰短节或四通安装在套管头下部本体上。

6. 下第一层套管前，先将套管头顶丝退到套管头四通内，用专用工具取出保护套。

三、简答题

1. 套管头的作用是什么？

2. 简述双级套管头的安装程序。

第十二章　液压防喷器控制系统

第一节　概　述

一、功用

液压防喷器都必须配备相应的控制装置，防喷器的开关是通过操纵控制装置实现的，防喷器动作所需液压油也是由控制装置提供的。同时，控制装置还可以对液动节流阀、防喷阀及分流器等进行控制。控制装置的功用就是预先制备与储存足量的液压油并控制液压油的流动方向，使防喷器等得以迅速开关。当液压油由于使用消耗，油量减少，油压降低到一定程度时，控制装置将自动补充储油量，使液压油始终保持在一定的高压范围内。

二、组成

控制装置由远程控制台（又称蓄能器装置、远控台或控制台）、司钻控制台（又称遥控装置或司控台）以及辅助控制台（又称辅助遥控装置）等部件组成，还可以根据需要增加氮气备用系统、报警装置和压力补偿装置及油箱电加热装置等，如图 12-1 所示。

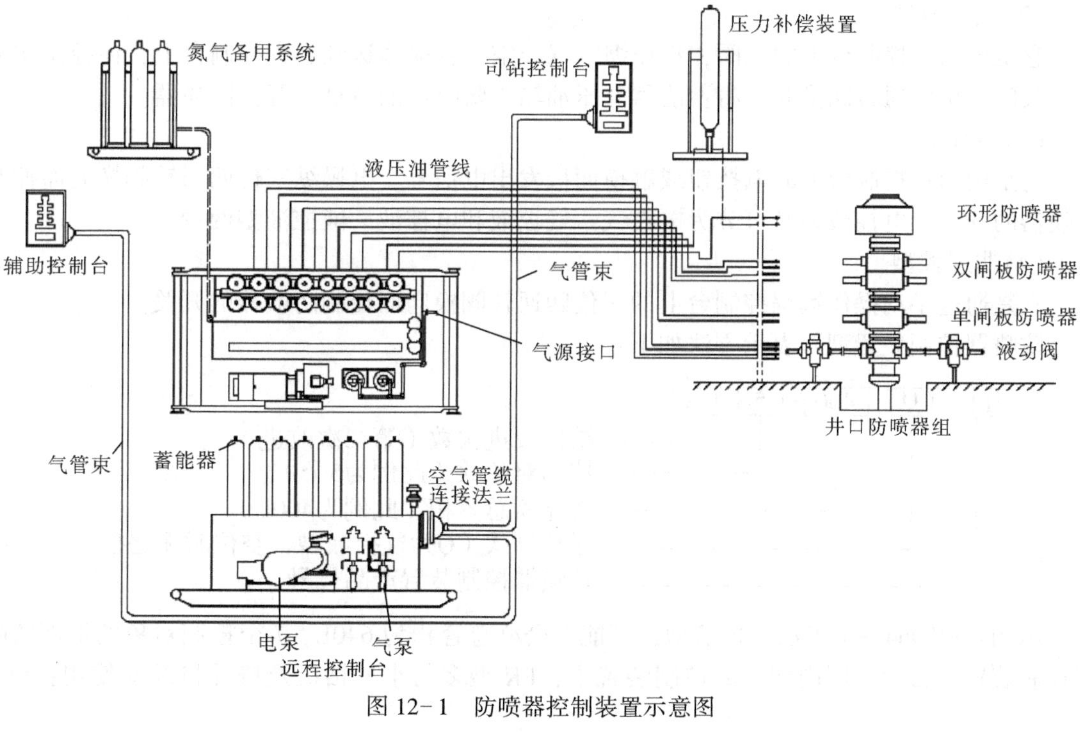

图 12-1　防喷器控制装置示意图

远程控制台是制备、储存液压油并控制液压油流动方向的装置，它由油泵、蓄能器组、控制阀件、输油管线、油箱等元件组成。通过操作三位四通转阀(换向阀)可以控制压力油输入防喷器油腔，直接使井口防喷器实现开关。远程控制台通常安装在面对井场左侧，距离井口 25m 远处。

司钻控制台是使远程控制台上的三位四通转阀动作的遥控系统，间接操作井口防喷器开关。司钻控制台安装在钻台上司钻岗位附近。

辅助控制台安置在值班房或队长房内，作为应急的遥控装置备用。

氮气备用系统可为控制管汇提供应急辅助能量。如果蓄能器和(或)泵装置不能为控制管汇提供足够的动力液，可以使用氮气备用系统为管汇提供高压气体，以便关闭防喷器。

报警装置可以在蓄能器压力较低、气源压力较低及油箱液位较低的情况下为系统提供声、光报警信号，并显示电机的运转状况，为井控操作人员提供帮助。

压力补偿装置是控制装置的配套设备，可以减少环形防喷器胶芯的磨损，同时也会在过接头后使胶芯迅速复位，确保钻井安全。

三、类型

控制装置上的三位四通转阀的遥控方式有三种，即液压传动遥控、气压传动遥控和电传动遥控。此外，与小型钻机及修井机配套的控制装置则直接进行手动操作。据此，控制装置分为 4 种类型，即所谓液控液型、气控液型和电控液型及非遥控型。

(1)液控液型

它是利用司钻控制台上的液压换向阀，将控制液压油经管路输送到远程控制台上，使控制防喷器开关的三位四通转阀换向，将蓄能器的高压液压油输入防喷器的液缸，开关防喷器。

(2)气控液型

它是用司钻控制台上的气阀，将压缩空气经空气管缆输送到远程控制台上，使控制防喷器开关的三位四通转阀换向，将蓄能器高压油输入防喷器的液缸，开关防喷器。

(3)电控液型

它是用司钻控制台上的电按钮或触摸面板发出电信号，电操纵三位四通转阀换向而控制防喷器的开关。电控液型又可分为电控气—气控液和电控液—液控液型两种。

(4)非遥控型

它是通过手动操作远程控制台上的三位四通转阀换向而控制防喷器的开关。

防喷器控制装置型号表示方法如下：

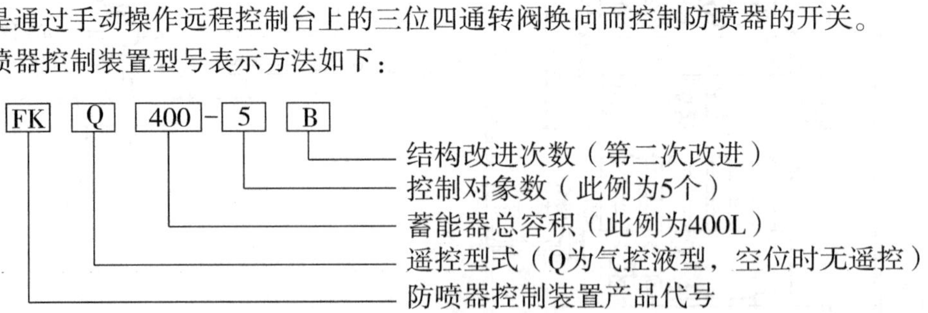

示例：FKQ640-7 表示气控液型，蓄能器公称总容积为 640L、7 个控制对象的地面防喷器控制装置。目前，国内配套的控制装置中，FK 型多与小型钻机及修井机配套使用；FKQ

型为常用型，一般与大型钻机及井修井机；FKY 型控制装置目前在国内外很少见到；FKDQ 及 FKDY 型控制装置是目前国际市场的一个发展方向，在国内市场中多用于海洋钻修井平台上。

第二节　防喷器控制装置工作原理

气控液型控制装置的工作过程可分为液压能源的制备、液压油的调节与其流动方向的控制、遥控等 3 部分，其工作原理并不复杂，现以气控型的电控气—气控液(简称电气控型)分别予以简述。

一、液压能源的制备、储存与补充

如图 12-2 所示，油箱里的液压油经进油阀、滤油器进入电泵或气泵，电泵或气泵将液压油升压并输入蓄能器组储存。蓄能器组由若干个蓄能器组成，蓄能器中预充 7MPa 的氮气。当蓄能器中的油压升至 21MPa 时，电泵或气泵即停止运转。当蓄能器里的油压明显降低时，电泵或气泵即自动启动往蓄能器里补充液压油。这样，蓄能器里将始终维持有所需要的压力。

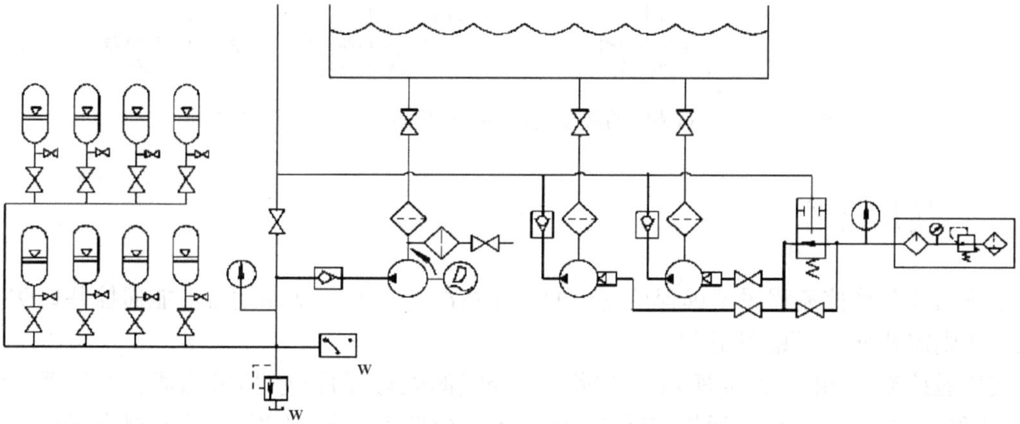

图 12-2　控制装置液控流程——液压能源的制备

气泵的供气管路上装有气源处理元件、液气开关以及旁通截止阀。通常，旁通截止阀处于关闭工况，只有当需要制备高于 21MPa 的压力油时，才将旁通截止阀打开，利用气泵制造高压液能。

二、压力油的调节与流动方向的控制

如图 12-3 所示，蓄能器里的液压油进入控制管汇后分成两路：一路经手动减压阀将油压降至 10.5MPa，然后再输送至控制环形防喷器的三位四通转阀；另一路经手动减压阀将油压降为 10.5MPa 后再经旁通阀(二位三通转阀)输至控制闸板防喷器与液动阀的三位四通转阀管汇中。操纵三位四通转阀的手柄就可实现相应防喷器的开关动作。

当 10. 5MPa 的压力油不能推动闸板防喷器关井时，可操纵旁通阀手柄使蓄能器里的高压油直接进入管汇中，利用高压油推动闸板。在配备有氮气备用系统的装置中，当蓄能器的油压严重不足时，可以利用高压氮气驱动管路里的剩余存油紧急实施防喷器关井动作。

管汇上装有泄压阀。正常工作状态下，泄压阀处于关闭工况，开启泄压阀可以将蓄能器里的液压油排回油箱。

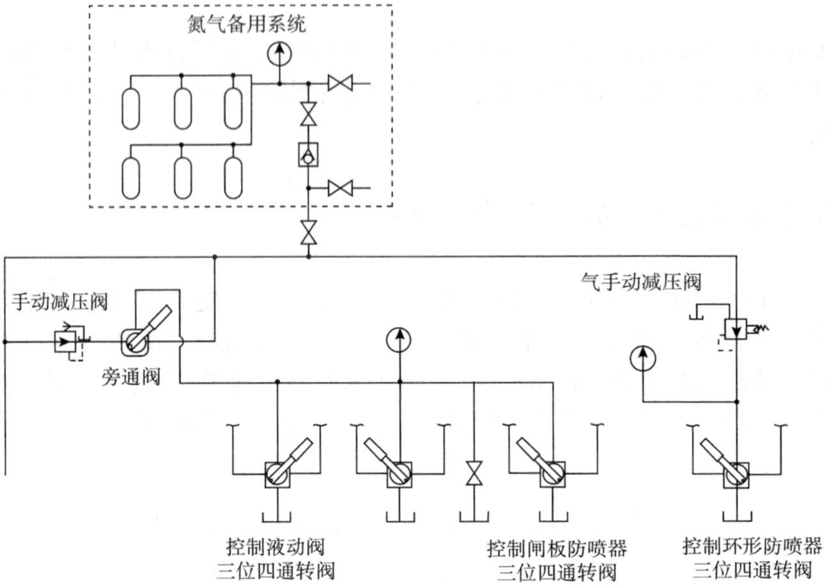

图 12-3　控制装置的液控流程——压力油的调节与流向控制

三、气压遥控

上述两部分液控流程属于远程控制台的工作概况。为使司钻在钻台上能遥控井口防喷器开关动作则需要配置司钻控制台。

气压遥控流程如图 12-4 所示。压缩空气经气源处理元件(包括过滤器、减压器、油雾器)后再经气源总阀(二位三通换向转阀)输至各三位四通气转阀(空气换向阀或三位四通换向滑阀)。三位四通气转阀负责控制远程控制台上双作用气缸(二位气缸)的动作，从而控制远程控制台上相应的三位四通转阀手柄，间接控制井口防喷器的开关动作。

远程控制台上控制环形防喷器开关的三位四通转阀的供油管路上装有气手动减压阀。该气手动减压阀由司钻控制台或远程控制台上的气动调压阀调控。调控路线由远程台显示盘上的分配阀(三位四通气转阀)决定。通常，气手动减压阀应由司钻控制台上的气动调压阀调控。

当远程控制台上环形防喷器的气手动减压阀为马达调压阀时，则只需要扳动远程控制台或司钻控制台的三位四通气转阀，即可实现环形压力的增减。

司钻控制台上有 4 个压力表，其中 3 个压力表显示油压。远程控制台上的 3 个气动压力变送器将蓄能器的油压值、环形防喷器供油压力值、管汇压力值(闸板防喷器供油压力值)转化为相应的低气压值。

转化后的气压再传输至司钻控制台上的压力表以显示相应的油压。

液压能源的制备、压力油的调节与其流向的控制等工作都在远程控制台上完成，典型的远程控制台其元件组成与管路情况如图 12-5 所示。安装在钻台上的典型司钻控制台及其元件组成与管路连接情况如图 12-6 所示。

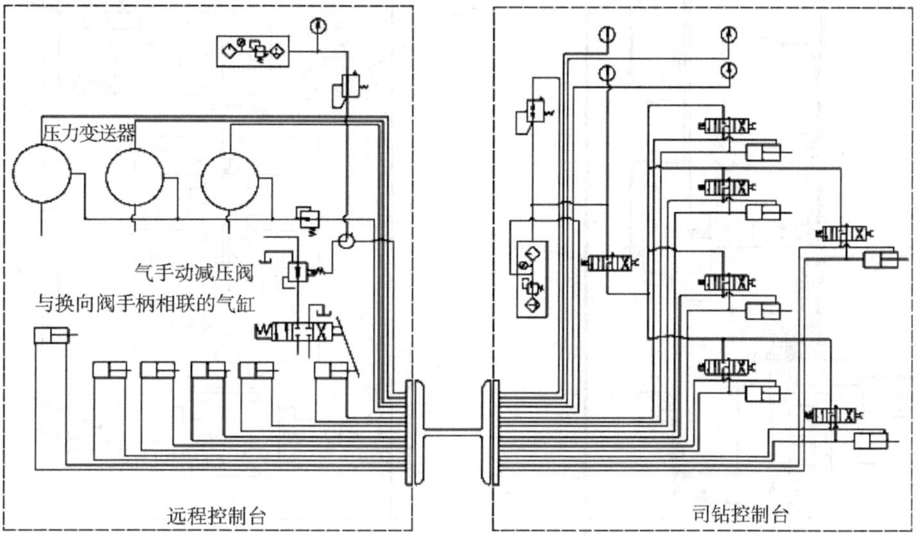

图 12-4　控制装置的气压遥控流程

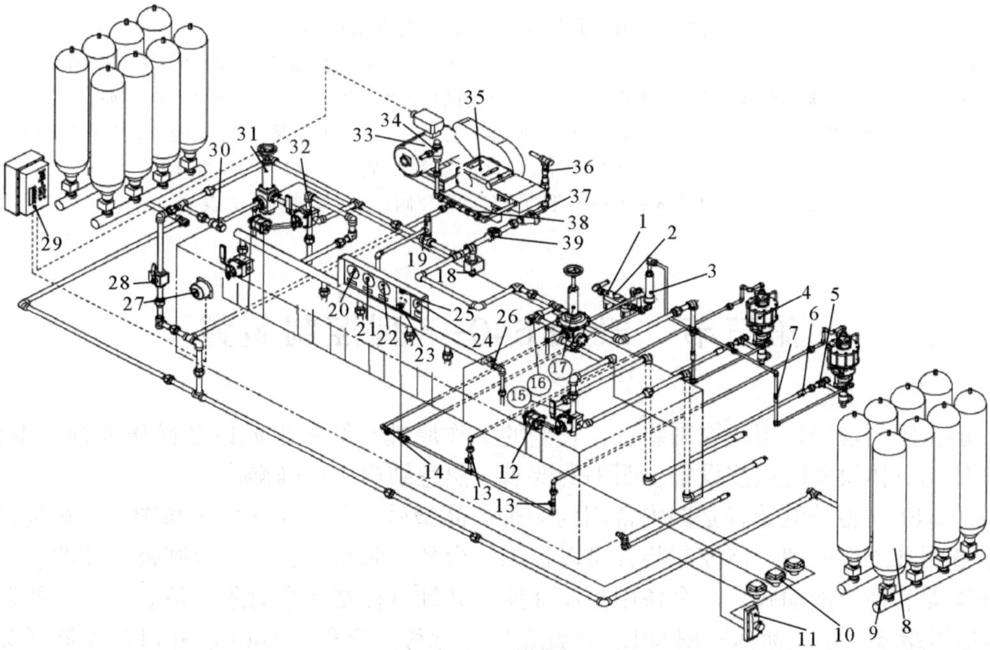

图 12-5　典型远程控制台结构组成示意图

1—气源处理元件；2—压力表；3—液气开关；4—气泵；5—1″滤油器；6—球阀；7—单向阀；8—蓄能器；9—球阀；10—气动压力变送器；11—接线盘(方板)；12—双作用气缸；13—截止阀；14—截止阀；15—三位四通转阀；16—滤油器；17—气手动减压阀；18—高压球阀；19—溢流阀；20—蓄能器压力表；21—管汇压力表；22—环形防喷器供油压力表；23—气动调压阀；24—气源压力表；25—分配阀(三位四通气转阀)；26—泄压阀；27—压力控制器；28—球阀；29—电控箱；30—滤油器；31—手动减压阀；32—旁通阀；33—电机；34—溢流阀；35—电泵；36—球阀；37—11/2″滤油器；38—单向阀；39—球阀

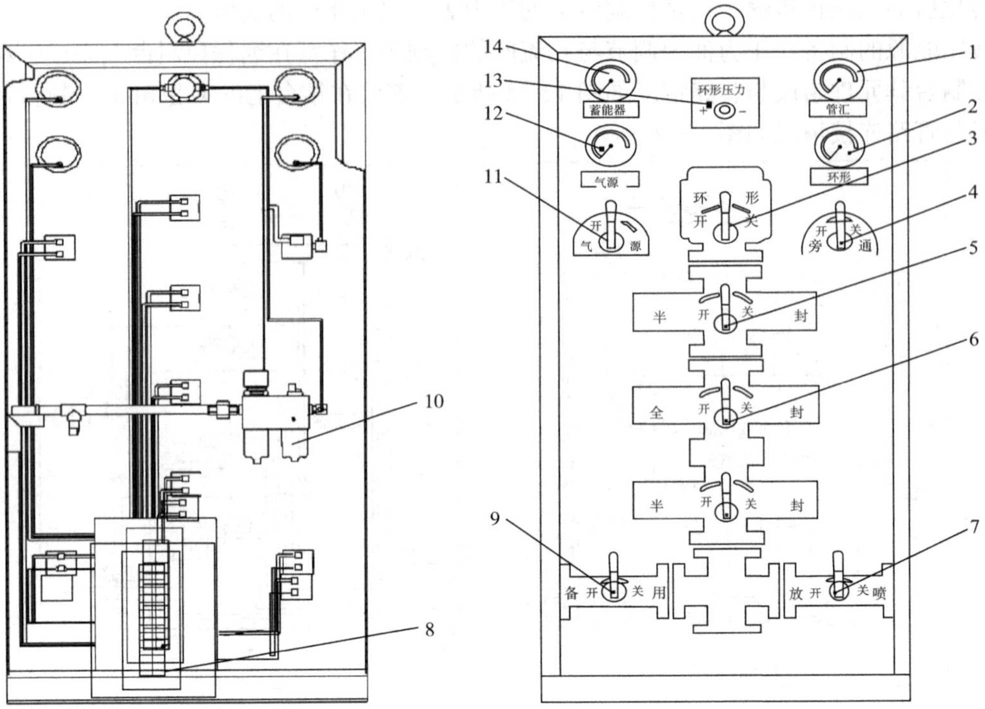

管路　　　　面板

图 12-6　典型司控台结构组成示意图

1—管汇压力表；2—环形防喷器供油压力表；3—控制环形防喷器用三位四通气转阀(环形防喷器开关)；4—控制旁通阀用三位四通气转阀(旁通阀开关)；5—控制半封闸板防喷器用三位四通气转阀(半封闸板防喷器开关)；6—控制全封闸板防喷器用三位四通气转阀(全封闸板防喷器开关)；7—控制液动阀用三位四通气转阀(液动阀开关)；8—方板；9—备用三位四通气转阀；10—气源处理元件；11—气源总阀；12—气源压力表；13—环形压力气动调压阀；14—蓄能器压力表

第三节　FKQ 640-7 型控制装置

目前，国内现场使用的控制装置，它们的工作原理与结构组成以及操作要领基本相同，操作者使用具体设备时应按设备说明书的要求，熟悉结构，正确操作。

FKQ 640-7 型控制装置是国内常用的一种产品型号，参见图 12-5 和图 12-6 装置结构组成示意图和工作原理。该控制装置可以控制一台环形防喷器、一台双闸板防喷器、一台单闸板防喷器、两个液动阀、一个备用控制油路，共计可控制 7 个对象。该装置的蓄能器组由 8 个蓄能器组成，单瓶标称容积 80L，因此蓄能器标称总容积为 640L。井口防喷器开关动作所需的液压油由蓄能器提供，蓄能器所储存的液压油则由电泵或气泵供应与补充。

一台电泵，电源由井场发电机组提供并由压力控制器实行自动控制，压力控制器上限压力调定为 21MPa，下限压力调定为 19MPa。当蓄能器油压升至约 21MPa 时，压力控制器自动切断电源，电泵停止工作；当蓄能器油压降至约 19MPa 时，压力控制器自动接通电源，电泵启动运转，蓄能器里液压油的油压始终保持在 19~21MPa 范围内。

两台气泵作为备用、辅助泵使用。气源来自井场钻机气控系统制备的压缩空气。0.65~

0.8MPa 压力的压缩空气经气源处理元件(包括过滤器，减压器，油雾器)、液气开关、气泵进气阀进入气泵。液气开关对气泵的启停进行自动控制，控制压力调定为21MPa。当蓄能器油压过低时，液气开关接通气源，气泵运转；当蓄能器油压升至21MPa时液气开关切断气源，气泵停止工作。当蓄能器油压降至约17.85MPa时，气泵启动。

蓄能器的压力油流经截止阀，一路经滤油器、气手动减压阀输至控制环形防喷器的三位四通转阀；另一路则经滤油器、手动减压阀输至控制各闸板防喷器和液动阀的管汇中。

该装置所控制的7个对象分别由相应的三位四通转阀操纵，扳动三位四通转阀手柄使之处于开位或关位即可使井口环形防喷器、闸板防喷器、液动阀开关动作。三位四通转阀手柄连接有双作用气缸，因此可在司钻控制台上操纵气控阀件遥控三位四通转阀手柄，实现井口防喷器开关动作。闸板防喷器与环形防喷器供油管路上装有减压阀，其二次油压(输出油压)调定为10.5MPa。当闸板防喷器的闸板遇阻，10.5MPa的油压推不动闸板时，可手动操纵旁通阀或在司钻控制台上遥控旁通阀使之处于开位，直接利用蓄能器里19~21MPa的高压油迫使闸板动作。

电泵通向蓄能器的管路上装有蓄能器溢流阀，用来保护蓄能器。蓄能器溢流阀调定开启压力23MPa。管路上装有用于系统静压试验及使用超高压压力时(高于蓄能器溢流阀开启压力，此时应将蓄能器组及蓄能器溢流阀隔离)的管汇溢流安全阀，用来保护高压管路。管汇溢流阀调定开启压力34.5MPa。

控制闸板防喷器的三位四通转阀供油管路上装有泄压阀。当控制装置停用或搬迁时，利用泄压阀将蓄能器里的液压油排回油箱。

电泵、气泵的进油管路上都装有进油阀与滤油器，输出管路上装有单向阀。

蓄能器里装有充氮胶囊，蓄能器下部装有球阀，单个蓄能器检修时不影响整套系统工作。

远程控制台上除气源压力表外还装有3个油压表，即蓄能器压力表、环形防喷器供油压力表和闸板防喷器供油压力表。为使司钻控制台上的操作者能随时了解远程控制台上的油压变化情况，蓄能器装置上装有3个气动压力变送器。气动压力变送器的作用是将油压的变化转变为气压讯号，气管线将气压讯号传输至司钻控制台上的二次仪表，由二次仪表显示油压值。

油箱容积1600L。液压油推荐L-HM32液压油，北方冬季选用低凝液压油，如L-HS32。

电泵进油管路上设计有外接油口并备有软管等附件，可将油桶中的液压油泵入油箱。

该装置有制备34.5MPa高压油的能力，以便为井场其他设施与工具提供压力试验的油源。制备高压油的操作要领是：将电泵与气泵输油管线汇合处的截止阀关闭，开启旁通阀，打开气泵进气管路上的旁通截止阀，开启气泵进气阀，气泵运转，就可以得到高达34.5MPa的液压油。油路恢复常态的操作要领是：关闭气泵进气阀，气泵停止运转；关闭气泵进气管路上的旁通截止阀；打开泄压阀，当闸板防喷器供油压力表显示10.5MPa时即关闭泄压阀；关闭旁通阀；打开气泵与电泵输油管线交汇处的截止阀；一切恢复正常。

管汇上设计有外接油口，可临时连接高压管线将高压油引出；亦可将备用液压源的高压油或氮气备用系统引入。

远程控制台的保护房分为非保温型、保温型及拖撬型，可根据不同的要求配置空调、电加热板、电暖气等。

司钻控制台由气控阀件组成，利用压缩空气遥控远程控制台上的7个三位四通转阀以及旁通阀。气源仍然来自钻机气控系统。压缩空气经气源处理元件、气源总阀进入各三位四通气转阀。当需井口防喷器开关动作时，司钻一手扳动气源总阀手柄，另一手操纵相应三位四通气转阀手柄使压缩空气输往远程控制台上的双作用气缸，推动三位四通转阀手柄动作。

通常，井口防喷器的开关动作都是由司钻在钻台上遥控操作的，只是在气控失灵或是井口严重井喷，钻台上不能容人时才在地面上的远程控制台上操作控制。务请注意：在钻台上操作司钻控制台只能使远程控制台上的三位四通转阀处于开位或关位，却不能使之处于中位。

司钻控制台上的三位四通气转阀都设有弹簧复位机构，操作者动作完毕松手后，三位四通气转阀会自动恢复中位，远程控制台上双作用气缸里的压缩空气立即逸入大气，因此远程控制台上的三位四通转阀随时可以手动操作，这样就保证了司钻控制台与远程控制台对井口防喷器的控制各自独立，互不干涉。操作者在司钻控制台上同时操作气源总阀与三位四通气转阀时才能对远程控制台实行遥控，这样就避免了由于偶然碰撞、扳动三位四通气转阀手柄而引起井口防喷器误动作事故。

司钻控制台上装有4个压力表，显示气源气压、环形防喷器液控油压、闸板防喷器液控油压以及蓄能器油压。

司钻控制台具有操作记忆功能，每个三位四通气转阀分别与一个显示气缸相接，当操作转阀到“开”位或“关”位时，显示窗口便同时出现“开”字或“关”字，气转阀手柄复位后，显示标牌仍保持不变，使操作人员能了解前一次在司钻台上操作的状态。

第四节　控制装置主要部件

现以气控液型控制装置为例，介绍控制装置上的主要部件。

一、蓄能器

1. 功用

蓄能器用以储存足量的高压液压油，为井口防喷器、液动阀动作时提供可靠油源。

2. 结构

蓄能器组由若干个蓄能器组成，FKQ 640—7的蓄能器组由8个蓄能器组成。每个蓄能器中装有胶囊，胶囊中预充(7±0.7)MPa的氮气。蓄能器结构如图12-7所示。

3. 工作原理

电泵将7MPa以上的压力油输入蓄能器内，瓶内油量逐渐增多，油压升高，胶囊里的氮气被压缩，直到蓄能器中油压达到21MPa为止。此时胶囊里氮气体积约占蓄能器容积的1/3。

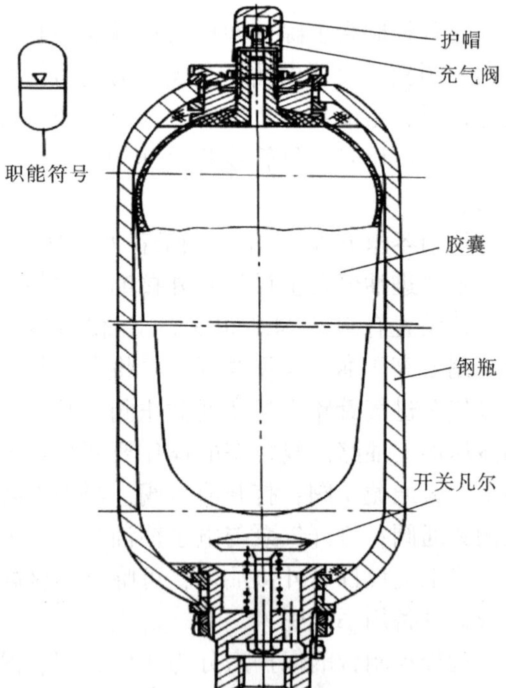

图12-7　蓄能器钢瓶

在防喷器开关动作时，胶囊内氮气膨胀将油挤出，瓶内油量逐渐减少，油压降低，通常油压降至 18.5MPa 时电泵立即启动向瓶内补充液压油，使油压恢复 21MPa。

防喷器开关动作所需压力油来自蓄能器，而电泵与气泵则为蓄能器充油与补油。在选用控制装置时其蓄能器应能保证在停泵不补油情况下，只靠蓄能器本身的有效排油量(蓄能器油压由 21MPa 降至 8.4MPa 时所排出的油量)的 2/3 即能满足全部防喷器关闭、液控阀打开一次的需要。因此蓄能器的数量较多，而电泵与气泵却小巧轻便。当电泵与气泵发生故障甚至停电、停气情况下，仅靠蓄能器本身的液压能量也能确保井口防喷器动作，不致影响井控作业。

4. 主要技术规范

单瓶公称容积：40L；

胶囊充氮压力：(7±0.7)MPa；

钢瓶设计压力：32MPa；

蓄能器额定工作压力：21MPa；

单瓶理论充油量(油压由 21MPa 降至 7MPa)：约为 24L；

单瓶实际有效排油量(油压由 21MPa 降至 8.4MPa)：约为 17L。

5. 现场使用注意事项

(1)胶囊中只能预充氮气，不应充压缩空气，绝对不能充氧气。

(2)往胶囊充氮气时应使用充氮工具并应在充氮前首先泄掉蓄能器里的压力油，即必须在无油压条件下充氮。

(3)每月对胶囊的氮气压力检测一次。检测时使用充氮工具，检测前应首先泄掉蓄能器里的压力油。

(4)现场无充氮工具时可采取往蓄能器里充油升压的方法检测胶囊中的氮气预压力。方法是打开泄压阀使蓄能器压力油流回油箱，关闭泄压阀，启动电泵往蓄能器里充油。油压未达到氮气预压力时压力油进不了蓄能器，蓄能器压力表升压很快，当油压超过氮气预压力时压力油进入蓄能器，蓄能器压力表升压变慢。在往蓄能器里充油操作时，密切注视蓄能器压力表的压力变化，压力表快速升压转入缓慢升压的压力转折点即胶囊预充氮气的预压力。

(5)充氮工具如图 12-8 所示。充氮操作时，旋开蓄能器上部的护帽，卸下充气阀螺帽，将接头与蓄能器充气阀嘴相接，另一接头与氮气瓶相接。顺时针旋转充氮工具旋钮将蓄能器充气阀压开，然后缓慢旋开氮气瓶阀旋钮并观察压力表。当表压显示(7±0.7)MPa 时，关闭氮气瓶阀旋钮，逆时针旋转充氮工具旋钮使蓄能器充气阀封闭，打开充氮工具放气阀使圈闭在工具中的氮气逸出直至压力表回零，最后将两接头从蓄能器与氮气瓶上卸下。使用充氮工具时应熟悉操作顺序，确保安全作业。蓄能器充氮的初始阶段充氮速度应较慢，以免损坏胶囊。

6. 蓄能器数量的确定

在选用控制装置时应对蓄能器数进行确定，以确保井控作业安全可靠。现举例如下：

若井口防喷器组为 2FZ35—70 与 FZ35—70 与 FH35—35 环形的组合，控制装置选用 FKQ640—7。已知 FH35—35 关闭一次耗油 94L，2FZ35—70、FZ35—70 关闭一次耗油 33.2L×3，液动平板阀开启一次耗油 3L。则控制对象各关闭一次(液动平板阀开启一次)所需总油量为：

$$94L+33.2L\times3+3L=196.6L$$

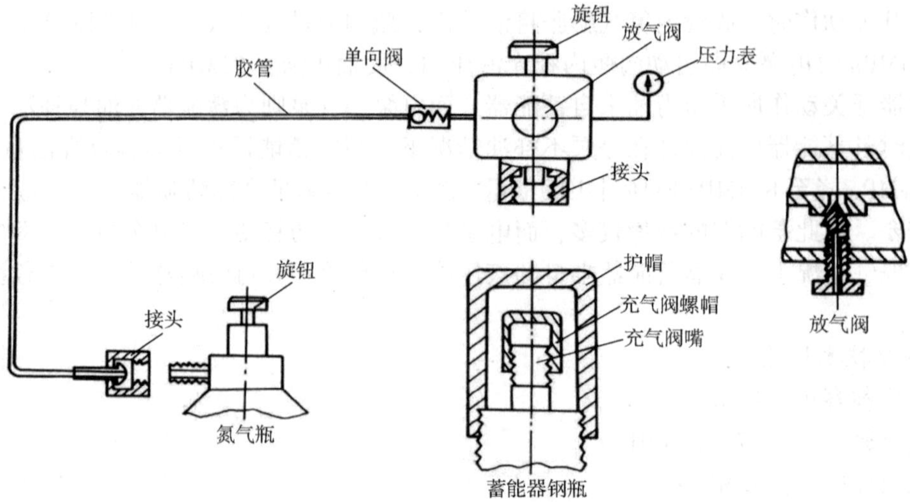

图 12-8　充氮工具示意图

根据蓄能器的选配原则：在停泵不补油情况下，只靠蓄能器本身的有效排油量应能满足操作井口全部控制对象(开或关)一次的需要。因此，控制装置的总有效排油量应不少于 196.6L。

已知 FKQ 640-7 的使用的是 80L 的蓄能器，每个蓄能器瓶实际有效排油量为 31L，则理论上所需要蓄能器的数量至少应为：

$$196.9 \div 31 = 6.35(\text{个})$$

根据蓄能器(单个或一组)失效时容量损失不大于蓄能器总容积的 25%，并且实际操作时会有连接管线等会有一定损失，所以适当增大蓄能器容积来保证安全，于是蓄能器数量设计为 8 个。FKQ 640-7 的蓄能器数量为 8 个，因此 FKQ 640-7 控制装置可以满足上述防喷器组的控制的基本要求。

二、电泵

1. 功用

电泵用来提高液压油的压力，往蓄能器里输入与补充压力油。电泵在控制装置中作为主泵使用。

2. 结构与工作原理

电泵为三柱塞、单作用、卧式、往复油泵，由三相异步防爆电机驱动。电泵的结构与井场钻井泵类似，其工作原理也相同。电泵结构如图 12-9 所示，电机通过双排滚子链条驱动电机动力端的曲轴，曲轴的旋转运动经连杆、十字头转变为拉杆与柱塞的水平往复运动。柱塞向后运动时，吸入阀进油；柱塞向前运动时，排出阀排油。电泵无缸套，柱塞即活塞。液力端有柱塞密封装置。柱塞与拉杆采用挡圈与连接螺帽的连接方式(图 12-10)。

电泵的排量固定，不可调节。

3. 主要技术规范

不同厂家所生产的控制装置，其电泵的额定工作压力都是 21MPa，但泵的排量与电机功率却不相同。FKQ640-7 控制装置配备 QB21-80 型电泵，其主要技术规范如下：

额定工作压力　21MPa

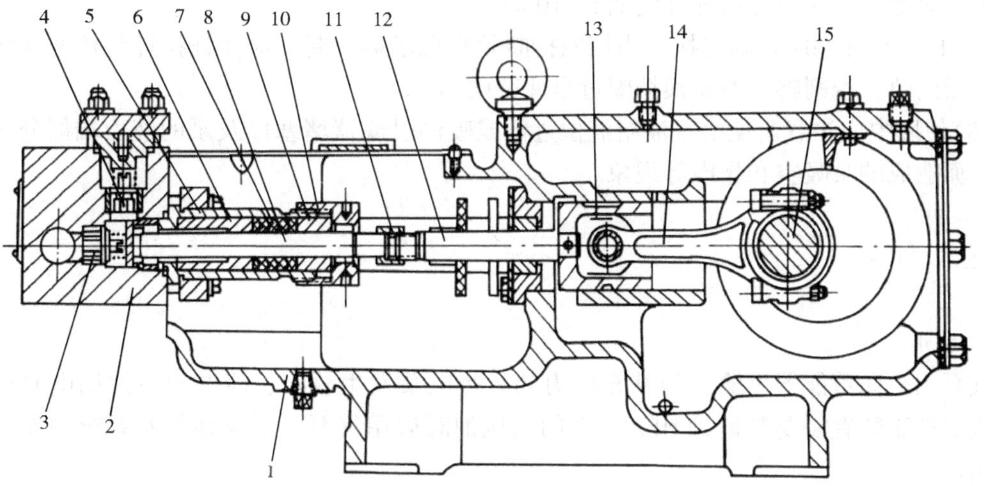

图 12-9　电泵结构

1—壳体；2—液力端；3—吸入阀；4—排出阀；5—密封圈套筒；
6—衬套；7—密封圈；8—柱塞；9—压套；10—压紧螺帽；11—连接螺帽；
12—拉杆；13—十字头；14—连杆；15—曲轴

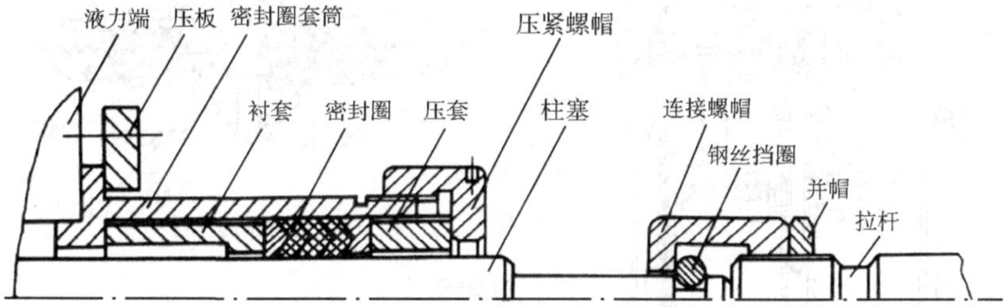

图 12-10　柱塞密封装置、柱塞与拉杆的连接示意图

理论排量	41L/min
实际排量	40L/min
每转排量	82mL/r
电机功率	18.5kW

4. 现场使用注意事项

(1)电源不应与井场电源混淆，应专线供电，以免在紧急情况下井场电源被切断而影响电泵正常工作。

(2)电源电压应保持 380V，电压过低或电源线过细等都将影响电泵的正常补油工作。

(3)控制装置投入工作时电泵的启停应由压力控制器控制，即电控箱(磁力启动器)旋钮应旋至自动位。压力控制器上限压力调定为 21MPa；下限压力调定为 19MPa。

(4)电机接线时应保证曲轴按逆时针方向旋转，即链条箱护罩上所标志的红色箭头旋向。其目的是使十字头得到较好的飞溅润滑。

(5)曲轴箱、链条箱注入 20 号机油并经常检查油标高度，机油不足时应及时补充。半年换油一次。

(6)柱塞密封装置中的密封圈应松紧适度。密封圈不应压得过紧，以有油微溢为宜。通常调节压紧螺帽，使该处每分钟滴油 5~10 滴。

(7)拉杆与柱塞应正确连接。当挡圈折断须在现场拆换时，应保证拉杆与柱塞端部相互顶紧勿留间隙，否则将导致新换挡圈过早疲劳破坏。

(8)使用中应注意避免由于油箱液位过低或吸油过滤器堵塞以及泵的液力端部分没有排尽余气而造成的泵吸空和噪声等现象。

三、气泵

1. 功用

气泵用来向蓄能器里输入与补充压力油。当电泵发生故障、停电或不许用电时启用气泵；或当控制装置需要制备 21MPa 以上的高压油时启用气泵。气泵在控制系统中作为辅助泵来用。

2. 结构与工作原理

气泵上部为气动马达，下部为抽油泵。气动马达由钻机气控系统制备的压缩空气驱动，抽油泵为单柱塞、立式、往复油泵。气泵结构如图 12-11 所示。

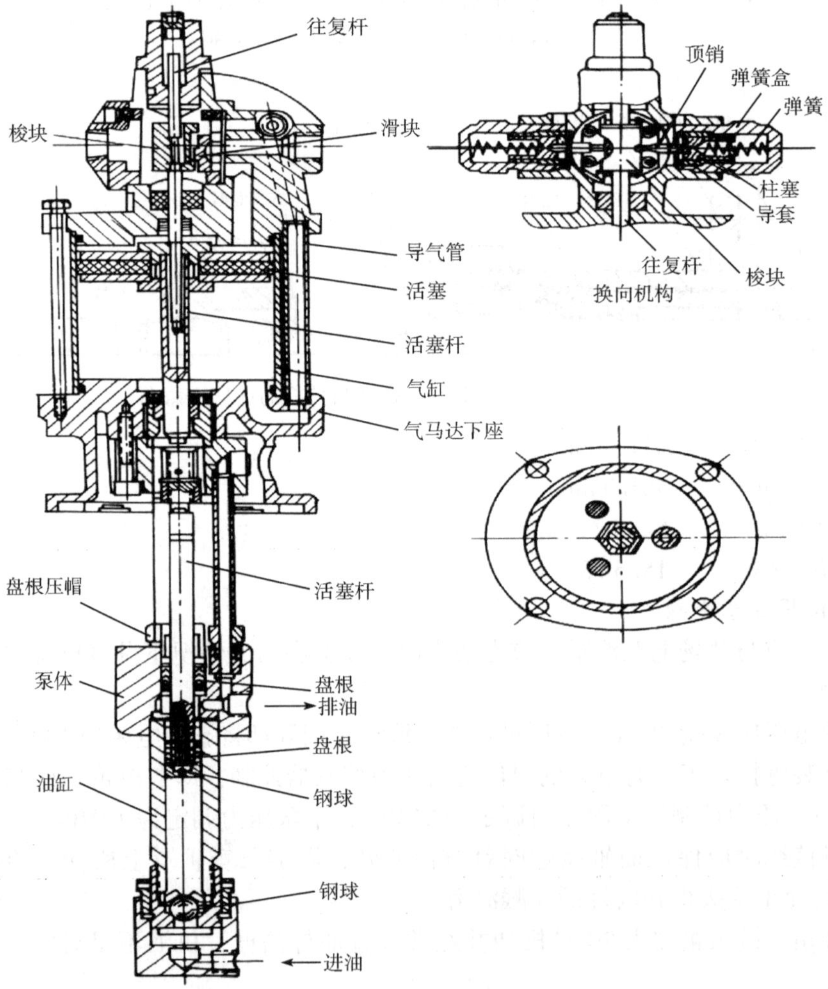

图 12-11　气泵结构示意图

压缩空气经换向机构进入气缸上腔推动活塞下行，此时气缸下腔与大气相通。稍后，随着活塞的继续下行，往复杆与梭块亦被迫下行。当活塞抵达下死点时，梭块刚过换向机构的中点，于是在顶销弹簧推动下梭块与滑块被迅速推向下方，换向机构实现换向。压缩空气经换向机构进入气缸下腔推动活塞上行，此时气缸上腔与大气相通。稍后，伴随活塞的继续上行，往复杆与梭块亦被迫上行。当活塞抵达上死点时，梭块刚过换向机构中点，顶销将梭块与滑块迅速推向上方，换向机构又实现换向。如此，往复变换气流，活塞与活塞杆即连续上下往复运动。带动油泵活塞杆上下往复运动，油泵随即吸油、排油。

气泵的工作特点是：间歇吸油，连续排油。

如果气缸与油缸内腔断面的面积比为 60∶1，则进气压力与排油压力的理论比为 1∶60。当钻机气控系统的气压为 0.6～0.8MPa 时可获得相应油压 36～48MPa。为了保护气泵与液压管线的安全，通常限定气源压力不超过 0.8MPa。制造厂家在制造控制装置时，通常在气泵供气管线上装设有空气减压阀，用来调定供气压力低于 0.8MPa。

气泵的排油量与耗气量都不稳定，随排油压力高低而变化。当排油压力低时泵冲次增多；排油量增多；耗气量增多。当排油压力高时泵冲次减少，排油量减少，耗气量减少。气泵往蓄能器里补油工作时，启动平稳，无需卸压启动。

3. 现场使用注意事项

(1)气泵耗气量较大。当钻机气控系统气源并不充裕时，不宜使气泵长期自动运转工作。通常关闭气泵进气阀，停泵备用。

(2)气泵的油缸上方装有密封盘根，当漏油时可调节盘根压帽，盘根压帽不宜压得过紧，不漏即可，否则将加速盘根与活塞杆的磨损。

(3)气泵应保持压缩空气的洁净与低含水量。在设备气路上的气源处理元件中的过滤器(分水滤气器)应半月清洗一次，每天打开底部放水阀放掉杯内积水(见图 12-12)。

(4)气路上装有油雾器。压缩空气进入气缸前流经油雾器时，有少量润滑油化为雾状混入气流中，用来润滑气缸与活塞组件。油雾器的结构如图 12-13 所示。

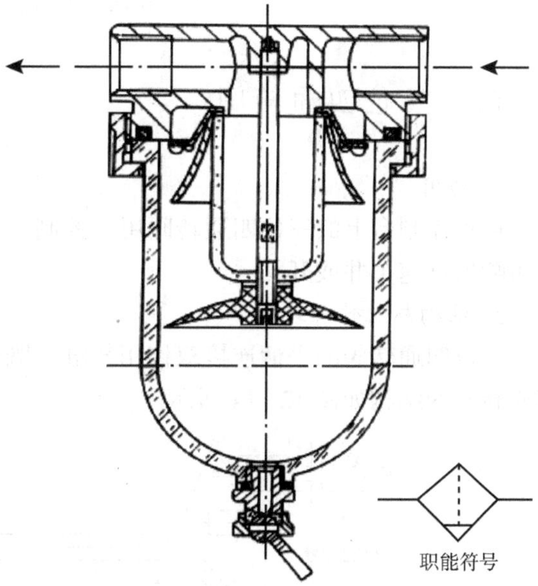

图 12-12　分水滤气器

(5)应每班动作一下气泵，避免长期闲置造成气泵内部零件的锈蚀。

油雾器使用时的注意事项：

①油杯中储存 10 号机油。

②油杯中盛油不可过满，2/3 杯即可。油杯盛满机油时油雾器将失效。

③控制装置投入工作时，每天检查油杯油面一次，酌情加油。加油时不必停气，可以“带压”操作，即将油杯上螺塞旋下直接往杯中注油，油杯中存油不会溅出。

④手调顶部针型阀以控制油雾器喷油量。通常，逆时旋拧针型阀半圈即可。

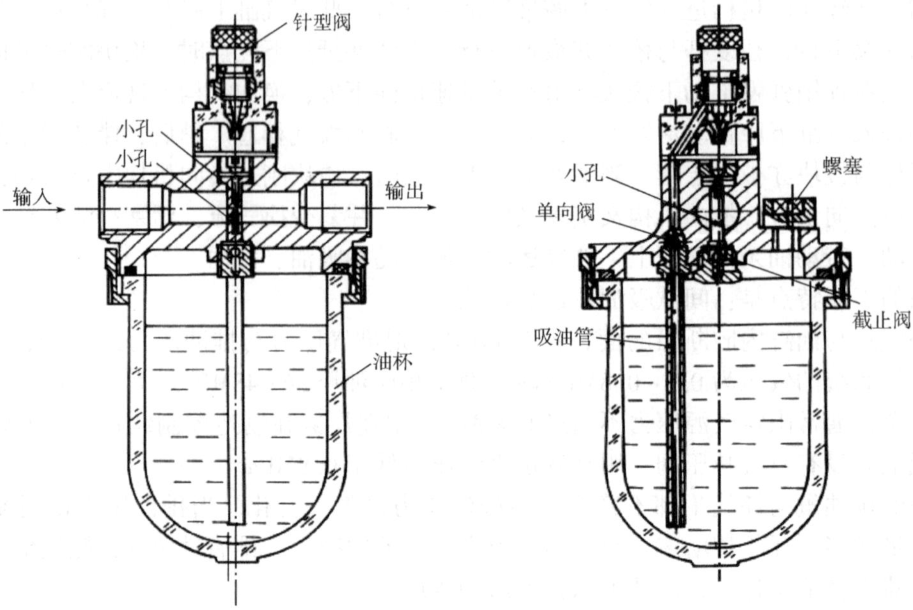

图 12-13　油雾器结构示意图

四、三位四通转阀

1. 功用

远程控制台上的三位四通转阀用来控制压力油流入防喷器的关井油腔或开井油腔，使井口防喷器迅速关井或开井。

2. 结构与工作原理

三位四通转阀的手柄连接双作用气缸，既可手动换向又可在司钻台遥控气动换向。三位四通转阀的结构如图 12-14 所示。

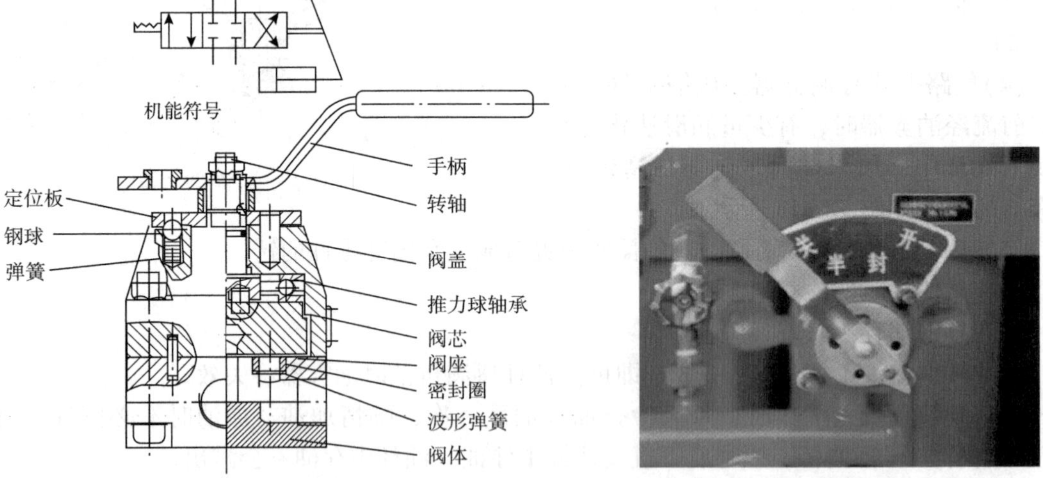

（a）结构图　　（b）远程控制台上的三位四通转阀

图 12-14　三位四通转阀

该阀装有推力球轴承，手柄操作轻便灵活。阀盖上部装有由弹簧、钢球、定位板组成的定位机构，手柄转动到位后即被锁住实现定位。阀体装有 3 个阀座，阀座下面装有波形弹簧使阀座与阀芯紧贴密封。液压油作用在阀座底部起油压助封作用。3 个阀座的油口与回油口各自与管线连接。上方油口为 P 口，接液压油管路；下方油口为 T 口，接通油箱管路；A 口与 B 口则连接通向防喷器的开、关油腔管路。阀芯有 4 个孔口但两两相通形成两条孔道。手柄有 3 个工作位置：中位、关位、开位。

当三位四通转阀手柄处于中位时，阀体上的 P、T、A、B 四孔口被阀芯封盖堵死，互不相通。当手柄处于关位时，阀芯使 P 与 B；A 与 T 连通，液压油由 P 经 B 再沿管路进入防喷器的关井油腔，防喷器关井动作，与此同时防喷器开井油腔里的存油则沿管路由 A 经 T 流回油箱。手柄处于开位时，阀芯使 P 与 A、B 与 T 相通，防喷器实现开井动作。

在三位四通转阀手柄由关位或开位扳向中位过程中，阀芯孔口将相对阀座孔口转移，当阀芯孔口一部分已移离阀座孔口，而另一部分却仍与阀座孔口相通时，与阀座油口相连管路里的液压油就绕经阀芯孔口溢流回油箱，结果导致管路里的油压迅速降低。这就是闸板防喷器在关井，手动锁紧后，只需将三位四通转阀手柄扳至中位就可使液控管路液压油卸压的缘故。值得注意的是，三位四通转阀手柄由关位或开位扳至中位时，来自蓄能器管路的液压油也将有一部分溢流回油箱，从而增加蓄能器液压油的损耗。三位四通转阀的工作原理如图 12-15 所示。

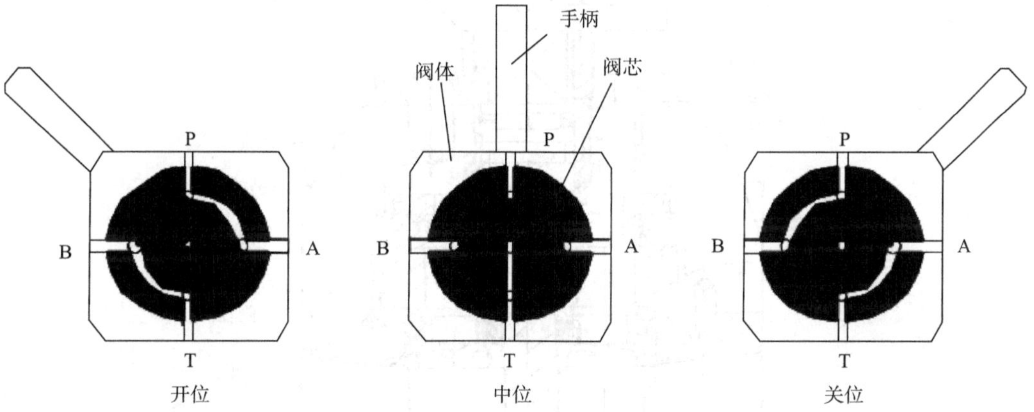

图 12-15　三位四通转阀工作原理

控制装置投入工作时，三位四通转阀的操纵应由司钻在司钻控制台遥控，气动换向，见图 12-16。但在司钻控制台上操作只能使转阀处于开位或关位而不能使之处于中位。欲使转阀处于中位时，必须在远程控制台手动操作。

3. 现场使用注意事项

(1)操作时手柄应扳动到位。

(2)遥控操作的控制装置不能在手柄上加装其他锁紧装置。

(3)定期对双作用气缸进行润滑保养。

三位四通转阀性能可靠，经久耐用，很少出现故障。即使使用中出现问题，现场拆装检修也很方便。

图 12-16　司钻控制台换向阀操作

五、旁通阀

1. 功用

远程控制台上的旁通阀用来将蓄能器与闸板防喷器供油管路连通或切断。当闸板防喷器使用 10.5MPa 的正常油压无法推动闸板封井时，须打开旁通阀利用蓄能器里的高压油实现封井作业。

2. 结构与工作原理

老式的旁通阀为二位二通转阀，其结构、工作原理与前述三位四通转阀类似(见图 12-17)。阀体上装有两个阀座，两油口与两条油管连接。阀盘上有两孔。手柄有两个工位，即开位与关位。手柄处于开位时两条油路相通；手柄处于关位时两油路切断，通常手柄处于关位。阀盖上有定位机构可锁住手柄，手柄下方连接双作用气缸。该阀不与油箱相通，因此开关换位时蓄能器无液压损耗。

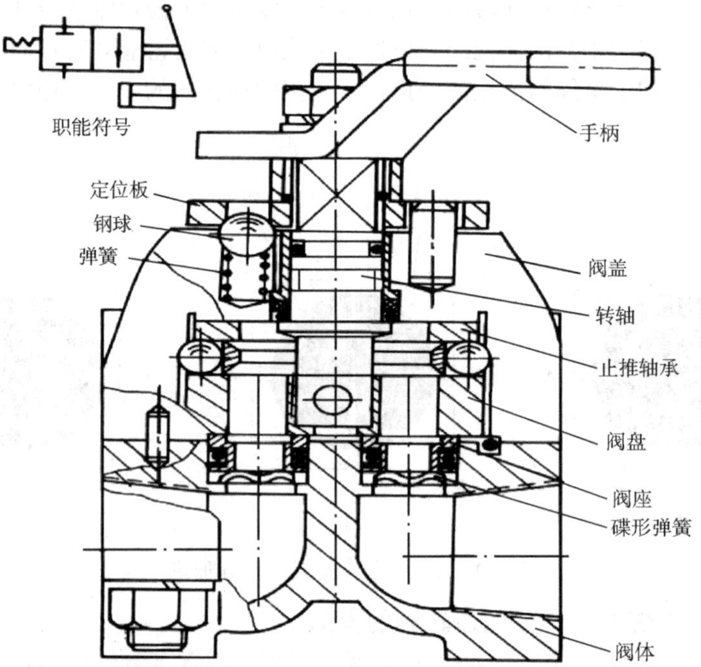

图 12-17 旁通阀结构示意图

六、减压阀

1. 功能

减压阀用来将蓄能器的高压油降低为防喷器所需的合理油压。当利用环形防喷器封井起下钻作业时，减压阀起调节油压的作用，保证顺利通过接头并维持关井所需液控油压稳定。

2. 结构与工作原理

手动减压阀的结构如图 12-18 所示。减压阀有 3 个油口，进油口与蓄能器油路相接；出油口与三位四通转阀 P 口相接；回油口与回油箱管路相接。高压油从进油口流入称为一

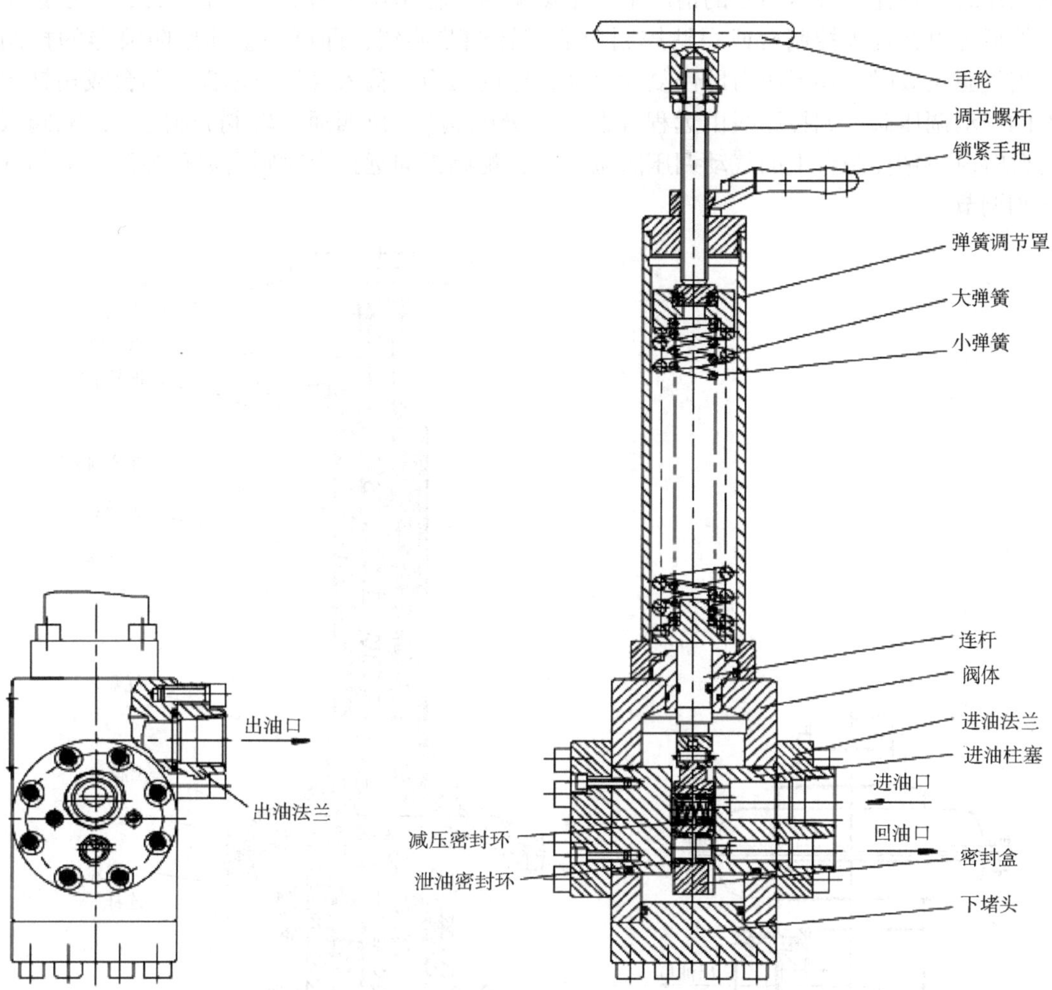

图 12-18　手动减压阀结构示意图

次油，减压后的压力油从出油口输出称为二次油。顺时旋转手轮，压缩弹簧，迫使连杆与密封盒下移，进油口打开，一次油从进油口进入阀腔。阀腔里的油压作用在密封盒与连杆上的合力等于油压作用在连杆横截面上的上举力。上举力推动密封盒与连杆向上移动，压缩上部弹簧，直到密封盒将进油口关闭为止，此时油压上举力与弹簧下推力相平衡，阀腔中油压随即稳定。减压阀出口输出的二次油其油压与弹簧力相对应。防喷器开关动作用油时，随着二次油的消耗油压降低，弹簧将密封盒推下，减压阀进油口打开，一次油进入阀腔，阀腔内油压回升，密封盒又向上移动，进油口关闭，二次油压又趋稳定。在这期间回油口始终关闭。逆时旋转手轮，二次油压力将降低。此时弹簧力减弱，密封盒上移，回油口打开，阀腔压力油流回油箱，阀腔油压降低，密封盒又向下移动将回油口关闭，阀腔油压复又稳定，但二次油压也已降低。在这期间，一次油进油口始终关闭。二次油压力的调节范围为 0~14MPa。

在控制环形防喷器的三位四通转阀供油管路上将手动减压阀换装成气手动减压阀，其目的是便于司钻在司钻控制台上遥控调节远程控制台上的气手动减压阀，以控制环形防喷器的关井油压。

气手动减压阀的结构、工作原理和调压方式与手动减压阀基本相同，如图 12-19 所示。

气动调压时，首先在气压为0的情况下，手动调压至输出压力为所需设定压力，锁定锁紧手把，然后可以在远程控制台或司钻控制台上旋转调节旋钮，即可调整环形防喷器的控制压力。当气源失效时，环形压力即恢复为手动设定的压力。输入气压由远程控制台或司钻控制台上的气动调压阀，调控路线由远程控制台的分配阀(三位四通气转阀)确定。分配阀扳向司控台时由司钻控制台上的气动调压阀调节；分配阀扳向远控台时则由远程控制台上的气动调压阀调节。

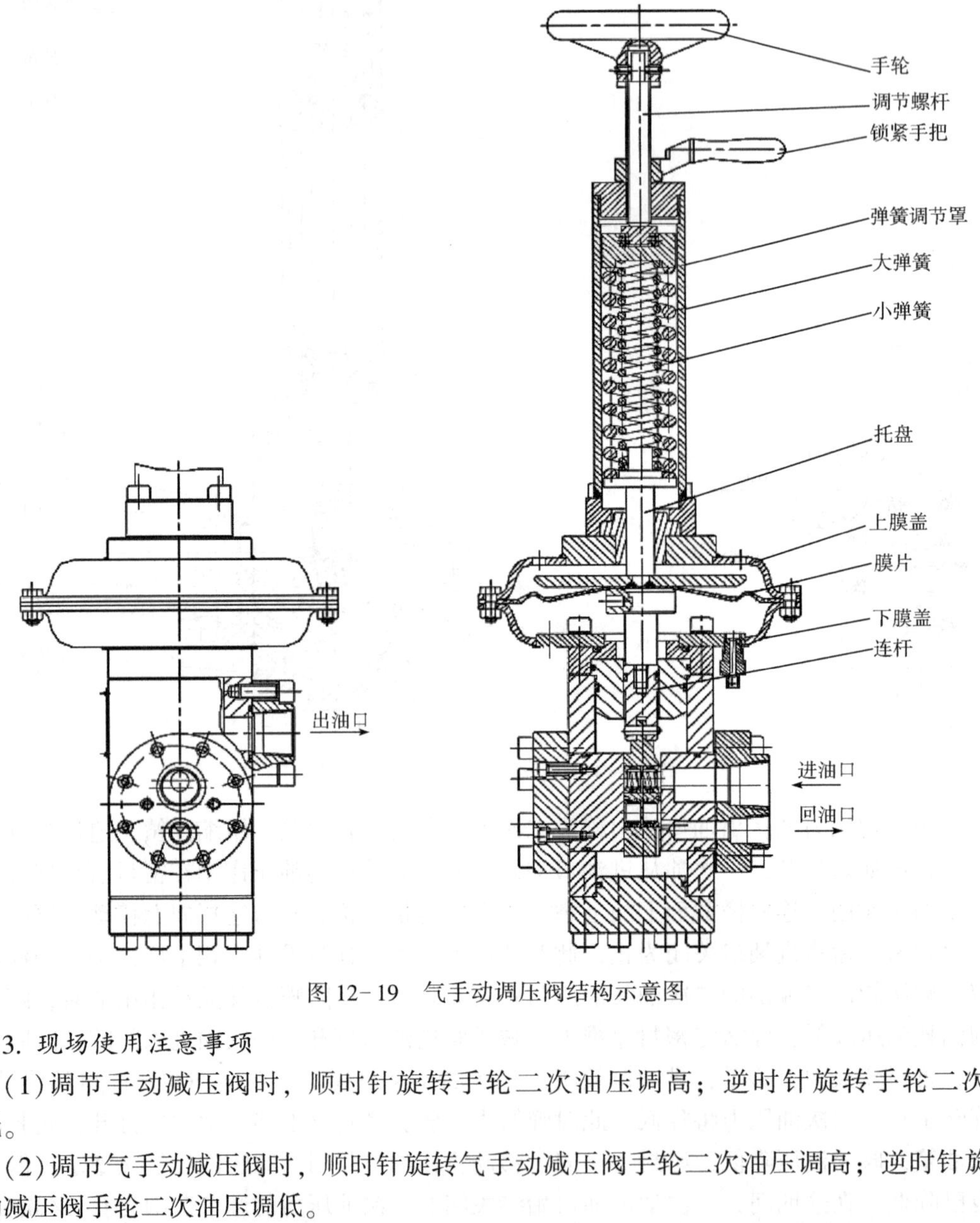

图12-19　气手动调压阀结构示意图

3. 现场使用注意事项

(1)调节手动减压阀时，顺时针旋转手轮二次油压调高；逆时针旋转手轮二次油压调低。

(2)调节气手动减压阀时，顺时针旋转气手动减压阀手轮二次油压调高；逆时针旋转气手动减压阀手轮二次油压调低。

(3)配有司控台的控制装置在投入工作时应将三位四通气转阀(分配阀)扳向司控台，气手动减压阀由司钻控制台遥控。

(4)闸板防喷器液控油路上的手动减压阀，二次油压调定为10.5MPa，调节螺杆用锁紧手把锁住。环形防喷器液控油路上的手动或气手动减压阀，二次油压调节为10.5MPa，切勿过高。

(5)减压阀调节时有滞后现象，二次油压不随手柄或气压的调节立即连续变化，而呈阶梯性跳跃。二次油压最大跳跃值可允许 3MPa。调压操作时应尽量轻缓，切勿操之过急。但有时跳跃值远不止 3MPa，这可能是阀腔内密封盒与进油柱塞之间卡有污物屑粒，摩阻增大导致的。遇此情况，可调节减压阀使密封盒上下移动数次，将污物屑粒挤出，如仍未解除则应检修减压阀。

七、安全阀

1. 功能

安全阀用来防止液控油压过高，对设备进行安全保护。远程控制台上装设 2 个安全阀，即蓄能器安全阀与管汇安全阀。

2. 结构与工作原理

液控装置用的安全阀一般为溢流阀，其结构如图 12-20 所示。安全阀进口与所保护的管路相接，出口则与回油箱管路相接。平时安全阀“常闭”，即进口与出口不通。一旦管路油压过高，钢球上移，进口与出口相通，压力油立即溢流回油箱，使管路油压不再升高。管路油压恢复正常时，钢球被弹簧压下，进口与出口切断。

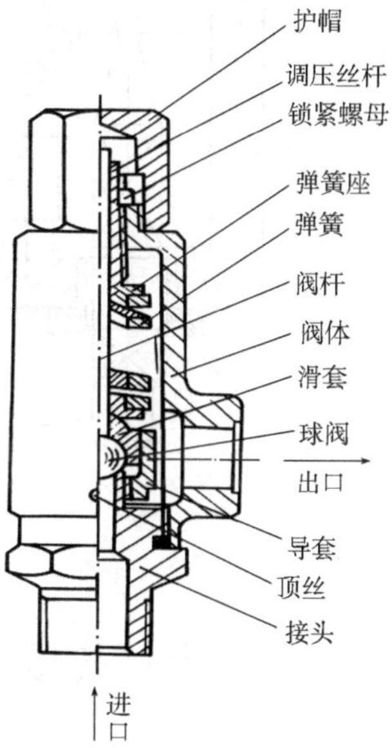

图 12-20 安全阀结构示意图

安全阀开启的油压值由上部调压丝杆调节。将上部六方螺帽旋下，旋松锁紧螺母，旋拧调压丝杆，改变弹簧对钢球的作用力即可调定安全阀的开启油压。顺时针旋拧调压丝杆，安全阀开启油压升高；逆时针旋拧调压丝杆，安全阀开启油压降低。

3. 现场使用注意问题

(1)设备经检修后，安全阀业已调定，井场使用时只需在试运转操作中校验其开启压力值即可。

(2)远程控制台中设定的蓄能器安全阀开启压力为 23MPa，管汇安全阀开启压力为 34.5MPa，在井场调试时应按技术指标校验。

八、压力继电器

1. 功能

压力继电器属于压力控制元件，用来对电动油泵的启动、停止实现自动控制。API 标准规定压力控制器的控制范围为 18.5~21MPa，即当电泵输出油压达到 21MPa 时电泵自动停止工作；当电泵输出油压低于 18.5MPa 时电泵自动启动，再次向蓄能器输入高压油，直至 21MPa 时停止泵油。

2. 压力继电器器的使用与调节

压力继电器主要由压力测量系统、电控装置、调整机构和防爆机壳等部分组成，其构成如图 12-21 所示。当控制装置远程台的配电盘旋钮旋至“自动”位置时，电机的启停就在压力控制器的控制下。压力测量系统的弹性测压元件在被测介质压力的作用下会发生弹性变形，且该变形量与被测介质压力的高低成正比。当被测介质的压力达到预先设定的控制压力时，通过测量机构的变形，驱动微动开关，通过触点的开关动作，实现对电动油泵的控制。压力上限值和切换差均可以通过调整螺钉进行调节。若将电控箱上旋钮转至“手动”位置，电机主电路立即接通，电泵启动运转。此时电机主电路不受电接点压力表控制电路的干预，电泵连续运转不会自动停止。如欲使电泵停止运转必须将电控箱上旋钮转至“停”位，使主电路断开。

通常，设备经检修后，压力控制器的上下限压力已调好，井场使用时无须再作调整。

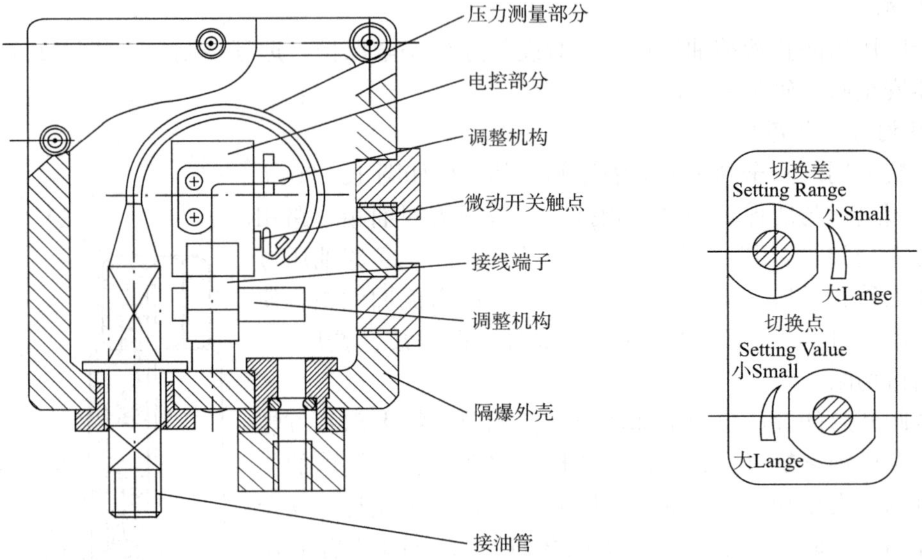

图 12-21　压力继电器结构示意图

九、压力继气器

1. 功用

压力继气器用来自动控制气泵的启停，使蓄能器保持 21MPa 油压。

2. 结构与工作原理

压力继气器的结构如图 12-22 所示。

液压接头连接蓄能器油路，气接头下部连接气泵进气阀，气接头侧孔则连接气源。蓄能器油压作用在柱塞上，当油压作用力大于所调定的弹簧力时柱塞下移，柱塞端部密封圈即将气接头封闭切断气泵气源，气泵停止运转。当油压作用力减弱时柱塞上移，气接头打开，气泵与气源接通，气泵启动运行。

液气开关的弹簧力应调好。油压低于 21MPa 时，弹簧伸张迫使柱塞上移，气接头打开；油压等于 21MPa 时，弹簧压缩，柱塞下移，气接头封闭。

弹簧力的调节方法是：用圆钢棒插入锁紧螺母圆孔中，旋开锁紧螺母。然后再将钢棒插入调压螺母圆孔中，顺时针旋转，调压螺母上移，弹簧压缩，张力增大，关闭油压升高；逆时针旋转，调压螺母下移，弹簧伸张，弹簧力减弱，关闭油压降低。所调弹簧力是否正确，关闭油压是否为21MPa，须经气泵试运转，调试核准。最后上紧锁紧螺母。气泵启动平稳、柔和，带负荷启动补油不会超载。

3. 使用与调节

设备经检修后，液气开关的弹簧已调好，现场使用时一般无须再作调节。但在长期使用后其弹簧可能“疲劳”，弹力减弱，因而导致关闭油压有所降低，如遇这种情况可酌情调节。

十、单向阀

1. 功用

单向阀用来控制压力油单向流动，防止倒流。电泵、气泵的输出管路上都装有单向阀。压力油可以通过单向阀流向蓄能器，但在停泵时，压力油却不能回流到泵里，这样可使泵免遭高压油的冲击。

2. 结构

单向阀的结构如图12-23所示。单向阀在现场无需调节与维修。

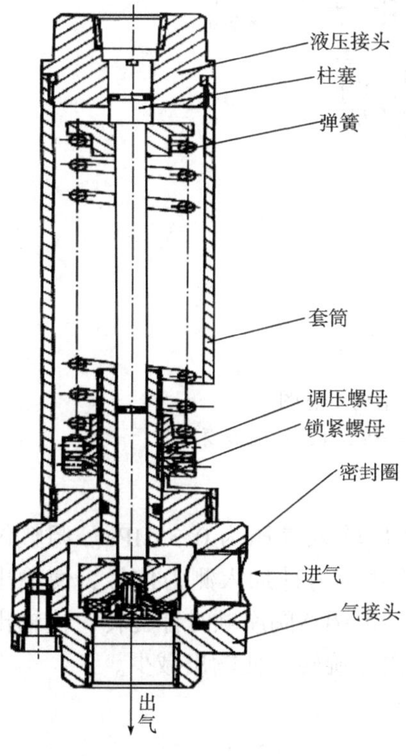

图12-22　压力继气器结构示意图

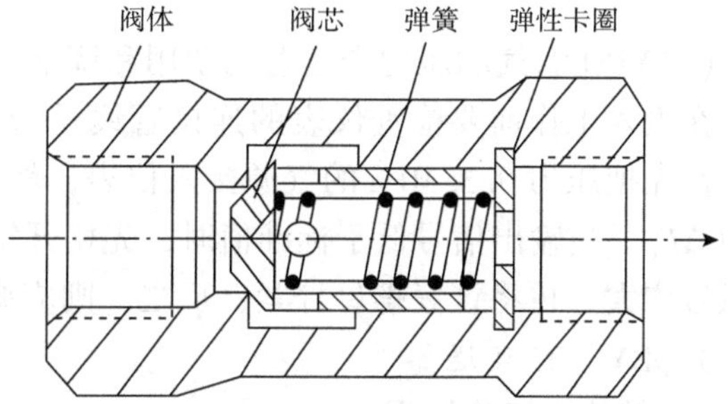

图12-23　单向阀结构示意图

十一、气动压力变送器

1. 功用

气动压力变送器用来将远程控制台上的高压油压值转化为相应的低压气压值，然后低压气经管线输送到司钻控制台上的气压表，以气压表指示油压值。这样既可以使司钻随时掌握远程控制台上的有关油压情况，又避免了将高压油引上钻台。司钻控制台上气压表的表盘已换为相应高压油压表的表盘，因此，气压表的示压值与远程控制台上所对应的油压表的油压值应是相等的。

2. YPQ 型气动压力变送器

(1) YPQ 型的结构与工作原理

当压力为 0. 35MPa 的气源进入 A 室后，若无测量信号压力时，阀针关闭，空气被封闭于 A 室内，此时该表输出压力为 0。当加入测量信号压力后，此压力信号作用在测量橡胶件上，使橡胶件产生变形，通过活塞杆推动膜片组件向上移动，首先关闭放气嘴，使 B 室内的空气不能排出，然后继续上升，把阀针打开，A 室内的空气流入输出室 B 中，且对膜片组产生向下的推力，以克服活塞向上的推力，直到作用在膜片组上的力和作用在橡胶件上的信号压力平衡时为止，此时输出室 B 内的压力即为变送器的输出压力，其结构如图 12-24 所示。

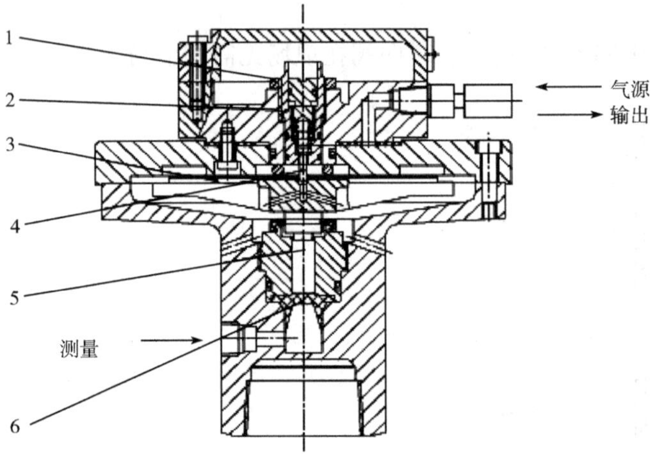

图 12-24　YPQ 型气动压力变送器结构示意图

1—锁紧螺母；2—阀座；3—膜片组；4—阀针；5—活塞杆；6—橡胶模片

(2) YPQ 型气动压力变送器的使用和调整

在投入工作前要检查仪表的连接管线是否正确，然后输入气压为 0. 35MPa。调整仪表时，首先把压力 0. 35MPa 的气源接入仪表，然后再用活塞压力计加入测力信号，使输出压力为 ΔP_0。当输出信号低于标准值时，先松开锁紧螺母，再调整阀座顺时针旋转，使输出压力讯号增大，再将锁紧螺母拧紧；反之，则应调整阀座向左旋转，使输出减少。

3. QBY—32 变送器

(1) 结构与工作原理

气动压力变送器是国产自动化仪表，型号为 QBY-32，其结构如图 12-25 所示。

变送器输入液压油并输入压力为 0. 14MPa 的压缩空气(一次气)，输出 0. 02~0. 1MPa 的压缩空气(二次气)，二次气压与输入液压成相应比例关系。

主杠杆为立式，由支点膜片支撑，可绕支点轻微摆动。主杠杆上方承受调零弹簧作用力与波纹管作用力，主杠杆下方则随承受弹簧管作用力。主杠杆上下方所受作用力对杠杆产生相反的转动力矩，当转动力矩不平衡时主杠杆当绕支点微摆；当转动力矩平衡时主杠杆即稳定不再摆动。

弹簧管中无油压时，主杠杆在调零弹簧与波纹管张力作用下其上部向左方微摆，顶针顶住挡板，主杠杆平衡。此时挡板与喷嘴间形成较大间隙，波纹管中具有来自放大器的0.02MPa压缩空气。

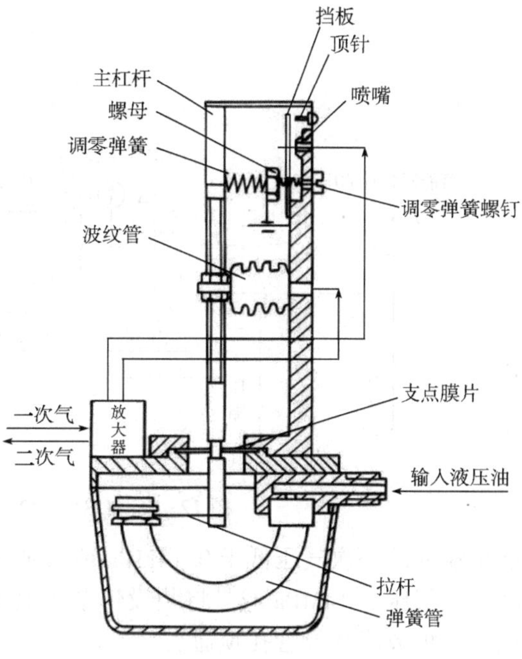

图 12-25　QBY—32 结构原理示意图

当弹簧管中输入液压油时，弹簧管自由端伸张变形对主杠杆下部产生转动力矩，使主杠杆上部向右微倾，顶针微退，挡板与喷嘴间的间隙减小，自放大器输入波纹管的气压增高，波纹管张力与调零弹簧张力对主杠杆所产生的转动力矩与弹簧管张力对主杠杆所产生的转动力矩相抗衡。结果，主杠杆趋于平衡，挡板与喷嘴间的间隙固定不变，波纹管中气压稳定，变送器输出二次气压稳定。当弹簧管中输入的液压升高时，主杠杆平衡被破坏，主杠杆上部向右微倾，挡板喷嘴间的间隙略微减小，自放大器输入波纹管的气压略微升高，主杠杆又趋于新的平衡状态。于是，挡板喷嘴间的间隙不再改变，波纹管中气压复又稳定，但气压已略微升高，变送器输出稳定的、压力稍高的二次气压。当弹簧管中输入的液压降低时，主杠杆的平衡又被破坏，主杠杆上部向左微倾，顶针迫使挡板与喷嘴间的间隙略微增大，自放大器输入波纹管中的气压略微降低，主杠杆又趋于新平衡。挡板与喷嘴间的间隙不再改变，波纹管中气压复又稳定，但气压已略微降低，变送器输出稳定的、压力稍低的二次气压。

变送器的喷嘴孔径为1mm，恒节流孔导管孔径为0.25mm，流通孔道都很小，因此对输入的压缩空气要求较为严格，所输入气流应洁净，无水、无油、无尘。压力变送器都附带有空气过滤减压阀，一方面用以调定输入气压（一次气）0.14MPa；一方面将输入气流加以净化。

(2) QBY—32 变送器的使用调节

气动压力变送器所输入的一次气压值由空气过滤减压阀调定。用小螺丝刀伸入空气过滤减压阀顶部小孔内，旋拧调压杆同时观察一次气压表，当表压显示0.14MPa时即停止旋拧。顺时针旋拧一次气压升高，逆时针旋拧一次气压降低。调压时操作应轻缓，一次气压应准确。气动压力变送器投入工作时，远程控制台上油压表与司钻控制台上气压表所显示的油压值应基本相等，压差不应超过1MPa。当压差过大时，可用小螺丝刀伸入变送器侧孔，旋拧调零弹簧螺钉。顺时针旋拧螺钉时，螺母后退，调零弹簧松弛，张力减弱，挡板与喷嘴间隙减小，司钻控制台压力表显示值升高。同理，逆时针旋拧螺钉时，司钻控制台压力表显示值降低。这种调节常称为“有压调零”。当输入液压油的压力为0时，远程控制台与司钻控制台两表指针都应回零，若司钻控制台压力表指针未回零，亦可调节其调零弹簧螺钉使表针回零。这种调节常称为“无压调零”。图12-26为气动压力变送器的工作示意图。

(3) 常见故障与处理

远程控制台与司钻控制台两表示压值相差悬殊，司钻控制台示压表显示压力过低。这可

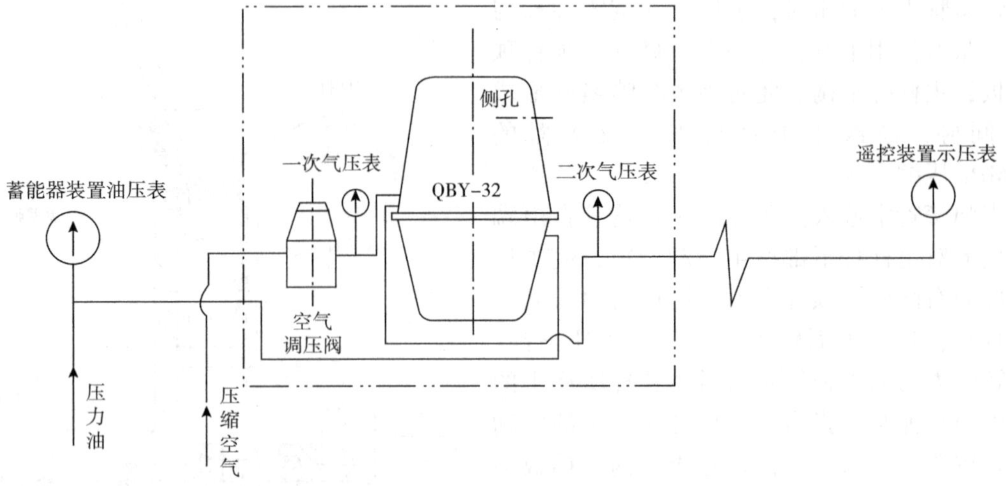

图 12-26　QBY—32 型气动压力变送器工作示意图

能是输入的一次气压低于 0. 14MPa 或是放大器的恒节流孔导管堵塞所致。处理的办法是调准一次气压 0. 14MPa 或是将装设恒节流孔导管的螺杆取出，使用 ϕ 0. 2mm×200mm 的不锈钢丝将恒节流孔导管孔顶通。

远程控制台油压表的示压值为 0，但司钻控制台示压表显示值却很高。这可能是喷嘴黏附污物堵塞所致。处理的方法是用酒精棉球擦拭喷嘴并将喷嘴吹通、擦干。

气动压力变送器属精密仪表，调节时应小心谨慎，检修工作宜由专业仪修人员进行。

十二、控制装置的辅助功能

控制装置还有报警装置、氮气备用系统、压力补偿装置、油箱电加热装置等辅助功能，下面一一详述。

1. 报警装置

远程控制台可以安装报警装置，对蓄能器压力、气源压力、油箱液位和电动泵的运转进行监视，当上述参数超出设定的报警极限时，可以在远程控制台和司钻控制台上给出声、光报警信号，提示操作人员采取措施。操作人员应当利用报警仪所提供的信息以及其他仪表所提供的信息综合分析设备的工作状态，确保地面防喷器控制装置可靠工作。

报警装置的功能如下：

(1)蓄能器压力低报警。

(2)气源压力低报警。

(3)油箱液位低报警。

(4)电动泵运转指示。

2. 氮气备用系统

氮气备用系统由若干与控制管汇连接的高压氮气瓶组成，可为控制管汇提供应急辅助能量。氮气备用系统通过隔离阀、单向阀及高压球阀与控制管汇连接，如果蓄能器和(或)泵装置不能为控制管汇提供足够的动力液，可以使用氮气备用系统为管汇提供高压气体，以便关闭防喷器。

氮气备用系统与控制管汇的连接方式能防止压力液进入氮气备用系统，操作时应当避免氮气进入蓄能器回路。氮气备用回路设计有排放控制阀，用以控制高压氮气的排出，以防止高压氮气排入液箱。氮气备用系统也可具有为司钻控制台提供备用气源的功能。通过减压器将高压氮气转变为较低压力，经软管线与司钻控制台的进气口连接。当钻机的压缩机组失效时，该装置可为司钻控制台提供远程操作所需的气源压力，进而实现在司钻台关闭防喷器组。

3. 压力补偿装置

在钻井过程中，当钻杆接头通过环形防喷器时，会在液压系统中产生压力波动。将压力补偿装置安装在控制环形防喷器的管路上，管路压力的波动会立即被吸收，从而可以减少环形防喷器胶芯的磨损，同时也会在过接头后使胶芯迅速复位，确保钻井安全。压力补偿装置安装在控制装置的环形防喷器控制管线中，为保证使用效果，应将该装置安装在距环形防喷器较近的关闭油路。

4. 油箱电加热装置

油箱电加热装置可以对控制装置远程控制台油箱内的液压油进行加热。我国北部地区及国外高纬度地区冬季打井时，因环境温度过低造成控制装置油箱内的液压油过稠甚至凝固，将严重影响控制装置的正常使用，而安装加热装置可以改善控制装置在寒冷地区的工作条件。加热装置采用先进的技术原理和元器件，加热过程全部自动化，工作安全可靠。亦可人工操作，并可利用加热装置所提供的信息，了解其工作状态。

第五节　控制装置常见故障与排除

一、控制装置在使用中其常见故障及排除方法

(1)当启动电泵往蓄能器里充油时，充油耗时大大超过估算时间，这就表明远程控制台不正常。产生这种现象的原因与处理方法见表12-1。

表12-1　电泵启动后蓄能器压力表升压很慢的原因与处理方法

故障原因	处理方法
①电泵柱塞密封装置的盘根过松或磨损	上紧压紧螺母或更换密封圈
②进油阀微开	全开进油阀
③吸入滤清器堵塞，不畅	清洗滤清器
④油箱油量过少	加油
⑤泄压阀微开	关闭泄压阀
⑥三位四通转阀手柄未扳到位	转阀手柄扳到位
⑦管路刺漏	检修

(2)电泵启动后，蓄能器压力表不升压，其原因和处理方法见表12-2。

表12-2　电泵启动后，蓄能器压力表不升压的原因及处理方法

故障原因	处理方法
①进油阀关死	全开进油阀
②吸入滤清器堵死	清洗滤清器
③油箱油量极少或无油	加油
④泄压阀全开	关闭泄压阀

(3)蓄能器充油升压后，油压稳不住，压力表不断降压，其故障原因及处理方法列于表12-3。

表12-3 蓄能器充油升压后油压不稳，蓄能器压力表不断降压的原因与处理方法

故障原因	处理方法
①管路油壬、弯头泄漏	检修
②三位四通转阀手柄未扳到位	转阀手柄扳到位
③泄压阀、三位四通转阀、安全阀等元件磨损，内部漏油	修换阀件(可从油箱上部侧孔观察到阀件的泄漏现象)
④泄压阀未关死	关紧泄压阀

(4)电泵电机不启动。

①密封装置的密封圈如果压得过紧，可能导致电泵启动困难。应适当放松压紧螺帽。

②电压过低时电泵补压启动困难，电机启动瞬间，若电压低于330V，电机无法启动补压。应调整井场发电机组电压，同时加粗供电电缆线。对于18.5kW及以下的单电机，其供电电缆至少应为6mm²，当供电电缆过长时，应将电缆线加粗至10mm²甚至16mm²，以减少在输电线上的压降。尤其是电机启动瞬间，其启动电流是工作电流的5~7倍，瞬时电流过大导致在输电线上的压降过大而使电机在带载时无法启动。

注意：当电机处于停止状态时，用万用表量出的电压值不能代表实际电机运行时的工作电压，因为电机没有运行时，电流为0，在输电线上的压降很小，当电机运行后，输电线上的电流增大，线电阻认为不变，则输电线上的压降增大，到达电机的电压相应减少，尤其是输电线过长过细时，此种现象就很典型了。

③电路中的各元件是否有松动、接触不良等现象。当用万用表测得三相绕阻短路以及某相不通时，说明受潮或烧坏。

④查热继电器是否脱扣，在为热继电器复位前应仔细察看造成热继电器脱扣的原因，如断相或电压低引起电机堵转等，要将故障排除后再对热继电器复位。

(5)蓄能器不储能。检查瓶内有无氮气，或充气阀处是否漏气。另外，胶囊及单向阀损坏，截止阀未打开或油路堵塞等原因也会导致蓄能器不储能。

(6)电动泵不能自动停止运行。检查压力控制器是否正常，是否在接头处堵塞或漏油。

(7)在司钻控制台上不能开、关防喷器或相应动作不一致。检查空气管缆，观察管芯是否有接错，管芯折断或堵死现象，是否连接法兰密封垫串气。

(8)减压溢流阀出口压力太高。旋转调压手轮，使密封盒上下移动数次，挤出污物，必要时拆检修理。

(9)系统压力降低较快。检查远程控制台、管排架或液压软管连接处是否有渗漏点。打开油箱观察孔，观察各阀件的内漏情况，必要时更换零件。

(10)气动油泵不能自动停止。液气开关密封垫失效，更换密封垫。

(11)气动油泵不能达到正常的工作压力或换向较慢。检查气源压力是否不足，可调整气泵的气源压力或调整三联体的输出气压。检查气源管线是否堵塞，可清理供气管线。

(12)蓄能器压力从预充压力逐渐回零。检查蓄能器胶囊是否破损，更换胶囊。

(13)带有辅助控制台的控制装置三位四通转阀手动无法扳动。没有安装辅助控制台，而辅助控制台连接方板的防护罩没有松开，导致排气不畅。可安装上辅助控制台或者将辅助控制台连接方板的防护罩取下或松开，使排气顺畅。

(14)蓄能器提供的实际可用液量明显小于理论计算后的流量。蓄能器隔离球阀没有完全打开，可打开蓄能器隔离球阀。

(15)不能在规定的时间内关闭防喷器组。蓄能器标称总容积不足，可更换新型号的控制装置，提高蓄能器的总容积。环形防喷器开启和关闭液量较大，可更换新型号的控制装置，提高蓄能器的总容积或者更换大通径的环形调压阀及三位四通转阀。

(16)气马达调压阀不能气动调压或者调压时困难。检查锁紧螺母是否松动，并拧紧。检查是否由气路延迟造成，由于气马达调压阀耗气量较大且传输距离较远，会出现几秒钟的延时。因此，在司钻控制台上扳动三位四通气转阀调整环形压力时，应注意每通气一秒钟后将三位四通气转阀放置于“中位”一至两秒，并注意观察压力表的读数，以免由于延时造成的压力不到位或过高。

(17)蓄能器压力从预充压力逐渐回零。蓄能器胶囊损坏。检查蓄能器，更换胶囊。

二、控制装置在井场安装后的调试

控制装置安装结束后应进行整体调试，其目的是对全套设备的连接部位、密封部位进行一次全面的耐压试验。

1. 远程控制台空负荷运转前检查

(1)油箱里装规定类型液压油，可由电动油泵吸油口用吸油管开泵加油，或打开油箱左右两侧上方的观察孔利用油泵加油。加油量应控制在油箱最上面油标上的中间位置。注意：利用油泵加油时，应对液压油进行过滤。

(2)电泵曲轴箱、链条箱注20号机油，检查油面高度。

(3)油雾器油杯注10号机油，调节顶部针型阀，逆旋半圈。

(4)按润滑要求，对运动部位进行润滑(如空气缸和曲轴柱塞泵的链条等)。

(5)蓄能器隔离阀开启。

(6)控制管汇上的卸荷阀打开。

(7)各三位四通转阀手柄扳至“中”位。

(8)旁通阀在“关”位。

(9)电动油泵、气动油泵或手动泵的进油口球阀处于“开”位，备用高压球阀(一般处于油箱的后侧)处于“关”位；若使用马达调压阀，将马达调压阀两个进气管路前的球阀打开。

(10)电源总开关合上，电压保证380V，打开电源开关，手动启动电动机，然后立即停止转动。电机缓慢停止时观察其转向是否与链条护罩上方的箭头所指方向一致，不一致时要调换电源线相位。检查气源压力表的压力，保证气源压力达到0.65~0.80MPa。

2. 空负荷运转的具体操作步骤

(1)电控箱旋钮转至手动位置启动电泵，检查电泵链条的旋转方向；检查柱塞密封装置的松紧程度、柱塞运动的平稳状况，电泵运转3min后停泵；

(2)开气泵进气阀启动气泵，检查其工作是否正常，气泵运转3min后停泵；

(3)关闭卸荷阀和旁通阀。

3. 远程台带负荷运转

(1)手动启动电泵，蓄能器压力迅速升至7MPa，然后缓慢升至21MPa，手动停泵，稳压15min，检查管路密封情况，蓄能器压降不超过0.5MPa为合格(由于系统内可能存有余气，应反复冲放压几次，使压力稳定)。

(2)观察管汇压力表和环形压力表，检查或调节两个减压阀后的油压(即两个表压)为10.5MPa。

(3)开、关卸荷阀，使蓄能器油压降至18.5MPa以下，手动启动电泵，使油压升至蓄能器溢流阀调定值，检查或调节该阀的开启压力，手动停泵。

(4)开、关卸荷阀，使蓄能器油压降至18.5MPa以下，将电控箱旋钮转至自动位，检查和调定压力控制器的油压上、下限值，最后将电控箱旋钮转至停位。

(5)开、关卸荷阀，使蓄能器油压低于18.5MPa，开气泵进气阀，检查和调节压力控制器21MPa时关泵。

(6)检查或调节气动压力变送器的输入气压为0.35MPa，核对远程台与司钻台上的三副压力表，其压差小于5%。这一误差可以适量减少，可以通过微调气动压力变送器来实现。

4. 远程台上操作检查液控效能

在远程台上操作三位四通阀，使闸板防喷器及放喷阀开关各两次，环形防喷器在有钻具的情况下开关各一次，检查开关动作的正误、液控管路密封情况。

5. 司钻台操作检查气控效能

在司钻控制台上操作气转阀使闸板防喷器及放喷阀开关各两次，环形带钻杆开关各一次检查气控效能、开关动作正误；打开旁通阀，待管汇压力表与蓄能器压力表一致后，关旁通阀；若远程台上分配阀手柄在司钻控制台位置，则应在司钻台上调节气动调压手轮，改变气动调压阀的二次油压，环形压力表能产生变化。

6. 控制装置试压

(1)控制装置按其额定工作压力做一次可靠性试压。

(2)控制装置液压管线按规定油压21MPa试压。

(3)试压稳压时间不少于10min，允许压降不大于0.7MPa，密封部位无渗漏为合格。

三、控制装置正常工作时的工况

钻开油气层前，控制装置应投入工作并处于随时发挥作用的待命工况。蓄能器应预先充油，升压至21MPa，调好有关阀件并经检查无误后待命备用。控制装置的待命工况，亦即临战检查的主要项目，分述于下：

1. 远程控制台工况

(1)电源空气开关合上，电控箱旋钮转至自动位。

(2)装有气源截止阀的控制装置，将气源截止阀打开。

(3)气源压力表显示0.65~0.8MPa。

(4)蓄能器下部截止阀全开。

(5)电泵与气泵输油管线汇合处的截止阀打开或蓄能器进出油截止阀打开。

(6)电泵、气泵进油阀全开。

(7)泄压阀关闭。

(8)旁通阀手柄处于关位。

(9)三位四通转阀手柄处于与井口防喷器开关状态一致的位置。

(10)蓄能器表显示 21MPa。
(11)环形防喷器供油压力表显示 10.5MPa。
(12)闸板防喷器供油压力表显示 10.5MPa。
(13)压力控制器的上限压力调为 21MPa，下限压力调为 18.5MPa。
(14)气泵进气路旁通截止阀关闭。
(15)气泵进气阀关闭。
(16)装有司钻控制台的系统将分配阀扳向司钻控制台。
(17)YPQ 型气动压力变送器的一次气压表显示为 0.35MPa。
(18)油箱盛油低于上部油位计中位。
(19)气源处理元件中的油雾器油杯盛油过半。

2. 司钻台工况

(1)气源压力表显示 0.65~0.8MPa。
(2)蓄能器示压表、环形防喷器供油示压表、闸板防喷器供油示压表，三表示压值与远程控制台上相应油压表的示压值相差不超过 1MPa。
(3)气源处理元件中的油雾器油杯盛油过半。

复习思考题

一、选择题

1. 防喷器动作所需液压油是由(　　)提供的。
   A. 控制装置　B. 遥控装置　C. 辅助遥控装置　D. 压力补偿装置
2. FKQ 640-7 型控制装置属于(　　)类型。
   A. 电控液　B. 气控液　C. 液控液　D. 电-气控液
3. 当 10.5MPa 的压力油不能推动闸板防喷器关井时，可操纵(　　)使蓄能器里的高压油直接进入管汇中，利用高压油推动闸板。
   A. 旁通阀　B. 泄压阀　C. 减压阀　D. 三位四通换向阀
4. 气控液型控制装置液压能源的制备、压力油的调节与其流向的控制等工作是在(　　)上完成的。
   A. 远程控制台　B. 司钻控制台
   C. 压力补偿装置　D. 辅助遥控装置
5. FKQ 640-7 型控制装置的蓄能器公称总容积为是(　　)L。
   A. 320　B. 400　C. 480　D. 640
6. FKQ 640-7 型控制装置，管汇溢流阀调定开启压力(　　)MPa。
   A. 21　B. 24　C. 34.5　D. 38.5
7. 电泵柱塞密封装置不应压得过紧，应保持油液微溢，以每分钟滴油(　　)滴为宜。
   A. 1~2　B. 3~4　C. 5~10　D. 10~20
8. 额定工作压力 21MPa 的蓄能器，预充氮气压力为(　　)±0.7MPa。
   A. 5　B. 7　C. 9　D. 6
9. 安装(　　)可以改善控制装置在寒冷地区的工作条件。

A. 报警装置　　B. 氮气备用系统

C. 压力补偿装置　　D. 加热装置

10. 在控制环形防喷器的管路上安装(　　)，会减少环形防喷器胶芯的磨损，并且使胶芯在过接头后迅速复位，管路压力的波动会立即被吸收，确保钻井安全。

A. 报警装置　　B. 氮气备用系统

C. 压力补偿装置　　D. 加热装置

11. 控制装置在“待命”工况时，电源开关合上，电控箱旋钮转至(　　)。

A. 手动位　　B. 中位　　C. 自动位　　D. 停位

12. FKQ640-7 型控制装置正常工作时，蓄能器压力在(　　)MPa。

A. 8.4~18.5　　B. 10.5~21　　C. 18.5~21　　D. 21~24

13. 电泵启动后蓄能器压力表升压很慢的原因是(　　)。

A. 进油阀关死　　B. 蓄能器充气压力高

C. 管路刺漏　　D. 旁通阀被打开

14. 蓄能器充油升压后，油压稳不住、压力表不断降压的原因是(　　)。

A. 吸入滤清器堵死　　B. 三位四通转阀手柄未扳到位

C. 油箱油量极少或无油　　D. 进油阀微开

15. 蓄能器装置带负荷运转时，手动启动电泵后蓄能器压力表油压正常情况下应(　　)。

A. 迅速升至 7MPa　　B. 缓慢升至 7MPa

C. 迅速升至 10.5MPa　　D. 迅速升至 21MPa

16. 当蓄能器预充气压力降低、蓄能器达到额定工作压力时的充油量比正常预充气压力下的充油量(　　)。

A. 增加　　B. 不变　　C. 降低　　D. 无法确定

二、判断题

1. FKQ 系列控制装置主要由蓄能器装置、遥控装置、管排架、液压油管线和气管线等组成。

2. 控制装置上的三位四通转阀的遥控方式有三种：即液压传动遥控，气压传动遥控和电传动遥控。

3. 气泵的供气管路上的旁通截止阀通常处于开启工况，当需要制备高于 21MPa 的压力油时，将旁通截止阀关闭，利用气泵制造高压液能。

4. 远程控制台上控制环形防喷器开关的三位四通转阀的供油管路上装有气手动减压阀。通常，气手动减压阀应由司钻控制台上的气动调压阀调控。

5. FKQ 640-7 控制装置可以控制一台环形防喷器、一台双闸板防喷器、一台单闸板防喷器、两个液动阀和一个备用控制线路，共计可控制 7 个对象。

6. FKQ 640-7 远程控制台的气泵只能使系统压力升至 21MPa。

7. FKQ 640-7 远程控制台的手动减压阀二次油压调节范围 19~21MPa。

8. 目前常用控制装置的电泵额定工作压力为 21MPa。

9. 氮气备用系统由若干与控制管汇连接的低压氮气瓶组成，可为控制管汇提供应急辅助能量。

10. 远程控制台可以安装报警装置，对蓄能器压力、气源压力、油箱液位和电动泵的运转进行监视并报警。

11. 控制装置处于“待命”工况时，电泵与气泵输油管线汇合处的截止阀打开、蓄能器进出油截止阀关闭。

12. 控制装置的待命工况，油路旁通阀手柄处于关位。

13. 电泵柱塞密封装置的密封圈如果压得过紧，可能导致电泵启动困难。

三、简答题

1. 远程控制台有几种供油泵？哪种泵作为主泵？

2. 远程控制台上的泵组，什么时候使用电泵工作，什么时候使用气泵工作？

3. 气控液型控制装置，其遥控装置上只需装设空气换向阀即可实施遥控，为什么还加设气源总阀？

4. 气控液型控制系统，处于正常工况时，蓄能器的进出油截止阀、旁通阀、泄压阀、气泵进气阀、电泵进油阀、电控箱旋钮都应处于什么状态？

第十三章　井 控 管 汇

在井控压井作业中，需要借助一套装有可调节流阀的专用管汇给井内施加一定的回压，并通过管汇控制井内各种流体的流动或改变流动路线，这套专用的管汇称为井控管汇。井控管汇包括节流管汇、压井管汇、防喷管线、放喷管线等，节流管汇由节流阀、平板阀、五通、汇流管、缓冲管和压力表等组成，液动节流管汇还配有液控箱、阀位变送器、气动压力变送器等，压井管汇由单流阀、平板阀、三通和压力表等组成。面对井架大门，井口四通右翼安装有节流管汇，左翼安装压井管汇。图 13-1 为节流管汇，图 13-2 为压井管汇。

图 13-1　节流管汇

图 13-2　压井管汇

井控管汇的安装如图 13-3 和图 13-4 所示，图 13-3 为双钻井四通节流压井管汇安装布置示意图，图 13-4 为单钻井四通节流压井管汇安装布置示意图。

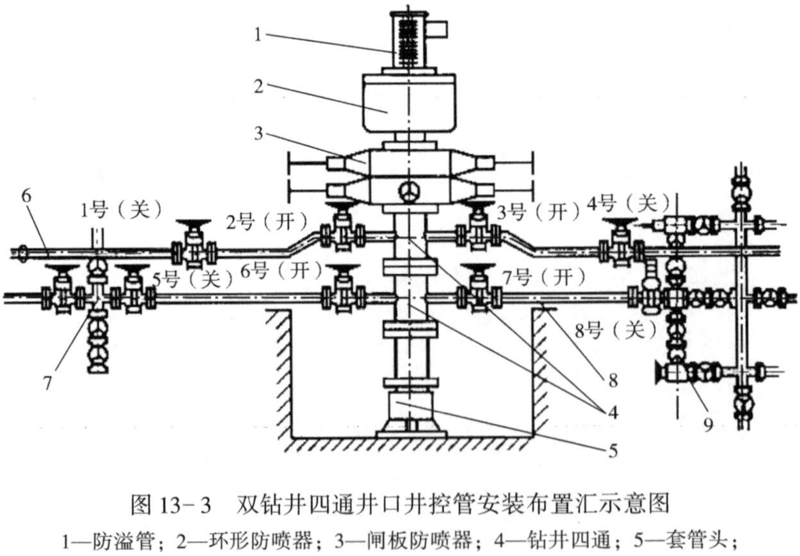

图 13-3　双钻井四通井口井控管安装布置汇示意图

1—防溢管；2—环形防喷器；3—闸板防喷器；4—钻井四通；5—套管头；

6—放喷管线；7—压井管汇；8—防喷管线；9—节流管汇

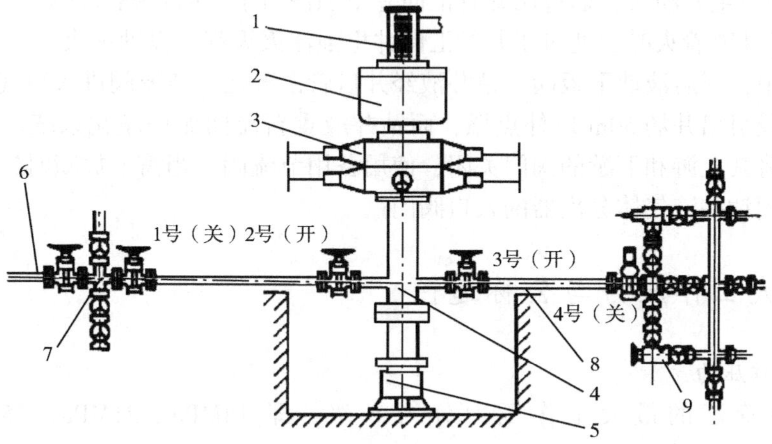

图 13-4　单钻井四通井口井控管汇安装布置示意图

1—防溢管；2—环形防喷器；3—闸板防喷器；4—钻井四通；
5—套管头；6—放喷管线；7—压井管汇；8—防喷管线；9—节流管汇

管汇处于“待命”工况时，各阀的开关状况见表 13-1。

表 13-1　井控管汇阀门正常工况下开关状态一览表

阀门编号	开关位置
单四通：2 号，3 号；双四通：2 号，3 号，6 号，7 号	开
单四通：1 号，4 号；双四通：1 号，4 号，5 号，8 号	关
J_{2a}，J_{2b}，J_{3a}，J_5，J_{6a}，J_7，J_8	开
J_1，J_{12}，J_4	开 3/8~1/2
J_9，J_{11}，J_{6b}，J_{10}，J_{3b}	关
Y_2，Y_4	关

第一节　节流压井管汇

一、功用

1. 节流管汇

(1) 通过节流管汇的节流作用来实施压井作业，替换出井内被污染的钻井液。同时控制井口套管压力和立管压力，恢复钻井液柱对井底的压力控制，控制溢流。

(2) 通过节流阀的泄压作用，降低井口压力，实施“软关井”。

(3) 通过放喷阀的大量泄流作用，降低井口套管压力，保护井口防喷器组。

(4) 起分流放喷作用，将溢流物引出井场以外，防止井场着火和人员中毒，确保钻井安全。

2. 压井管汇

(1) 当全封闸板全封井口时，通过压井管汇往井筒里面强行吊灌或顶入重钻井液，实施压井作业。

(2)当已经发生井喷时，通过压井管汇向井里强注清水，防止燃烧起火。

(3)当已经井喷着火时，通过压井管汇向井里强注灭火剂，以助灭火。

压井作业中，开启液动平板阀，钻井液经井口管汇五通、节流阀进入液气分离器，分离出的气体由管线引出井场50m以外点燃，而钻井液重新流回循环净化系统。当节流阀发生故障时，可以将其上游和下游的阀门关闭，使用备用节流阀。当需要放喷时，可迅速打开两个放喷阀，关闭钻井液气体分离器的入口阀门。

二、最大工作压力与公称通径

1. 最大工作压力

我国节流管汇的最大工作压力分为6级，即14MPa、21MPa、35MPa、70MPa、105MPa、140MPa。

井场所装设的节流压井管汇，其压力等级必须与井口防喷器组压力级别相匹配。通常，管汇压力级别的选定以最后一次开钻时井口防喷器组的压力等级为准，这样就避免了由于井口防喷器组压力等级的改变而频繁地换装管汇。

2. 公称通径

管汇的公称通径是指管线内径。井口四通与节流管汇五通间的连接管线，其公称通径一般不小于76mm(3in)，预计钻井作业中有大量的气流时不得小于102mm(4in)。节流阀上下游的连接管线，其公称通径不得小于50mm(2in)；放喷管线的公称通径不得小于76mm(3in)。

压井管汇的公称通径一般不得小于50mm(2in)。四通与压井管汇之间的连接管线，其公称通径一般不得小于50mm(2in)。

三、型号表示方法

1. 节流管汇型号表示方法

节流管汇的型号表示方法如下：

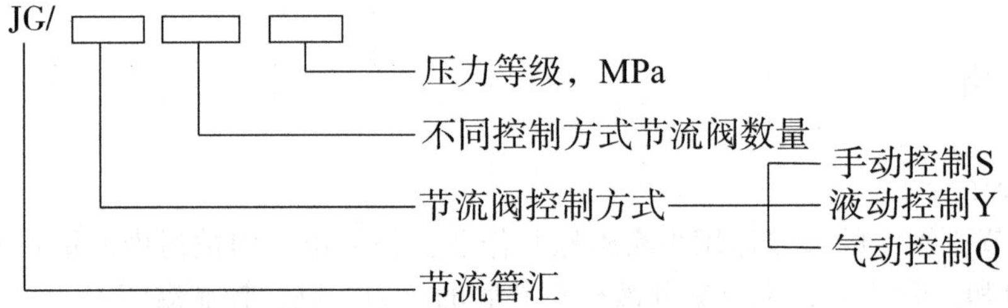

2. 压井管汇型号表示方法

压井管汇的型号表示方法如下：

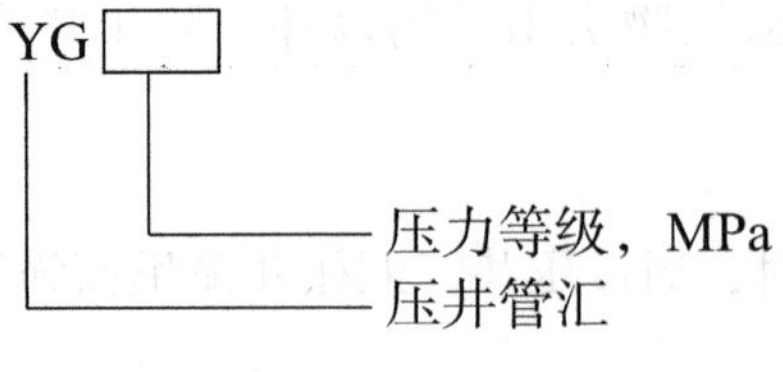

四、节流压井管汇的组合形式

按照 SY/T 6426—2005 的规定，节流压井管汇按压力等级有以下几种组合形式。

1. 节流管汇组合形式

以下是目前常用的组合形式，在高压高产气井钻井、高含硫化氢地区钻井，组合形式可以更加完善。

压力等级 14MPa 的节流管汇组合形式见附录 1–A，如附图 1–A–13 所示。

压力等级 21MPa 的节流管汇组合形式见附录 1–A，如附图 1–A–14 所示。

压力等级 35MPa 和 70MPa 的节流管汇组合形式见附录 1–A，如附图 1–A–15 所示。

压力等级 105MPa 和 140MPa 的节流管汇组合形式见附录 1–A，如附图 1–A–16 所示。

2. 压井管汇的组合形式

压井管汇的组合形式见附录 1–A，如附图 1–A–17、附图 1–A–18 所示。

五、节流压井管汇的使用要求

节流管汇上的阀件、管线、配件、仪表等，其额定工作压力应等于或大于最大预期的地面压力，节流阀后的零部件工作压力应比额定工作压力低一个压力等级。

节流管汇水平安装在双四通的 8 号或单四通的 4 号平板阀外侧的基础坑上，基础坑应排水良好。井场装设的节流压井管汇，其压力等级必须与井口防喷器组一致。其使用要求：

(1) 节流管汇所有部件工作压力应与所用防喷器组合的工作压力匹配。

(2) 节流管汇应安装在操作人员易接近的地方，安装时必须试压，其密封试验压力应等于额定工作压力。

(3) 管线应尽可能平整，管线拐弯处应使用 120° 的铸钢弯接头，管线应有足够大的孔径。

(4) 必须安装工作压力表。

(5) 冬季施工，管汇应具有低温条件下工作的性能。

(6) 压井管汇不可作日常灌注钻井液的管线。

第二节　节流压井管汇的主要阀件

一、平板阀

1. 类型与结构

根据驱动方式的不同，平板阀可以分为手动平板阀、液动平板阀和液动/手动平板阀三种。

平板阀是一个沿顺流方向金属阀板对金属阀座密封的两通阀，由手轮（或液缸）操纵。它是通过润滑导向板由阀腔得到润滑的阀门，该阀的阀板两密封面平行，阀板与阀座之间采用浮动密封，即阀板与阀座在压力作用下均能作微小的轴向位移。平板阀的阀腔内要注满密封润滑脂，使阀板与阀座有一层薄薄的密封润滑脂膜，协助密封，且减轻操作力矩。由于在开关过程中，油膜易被水压冲走一部分，故在使用一段时间后，要向阀腔补注密封脂。

手动平板阀结构如图 13-5 所示，液动平板阀结构如图 13-6 所示，工作原理与手动平板阀相同，由油缸、活塞取代上部的手轮机构。

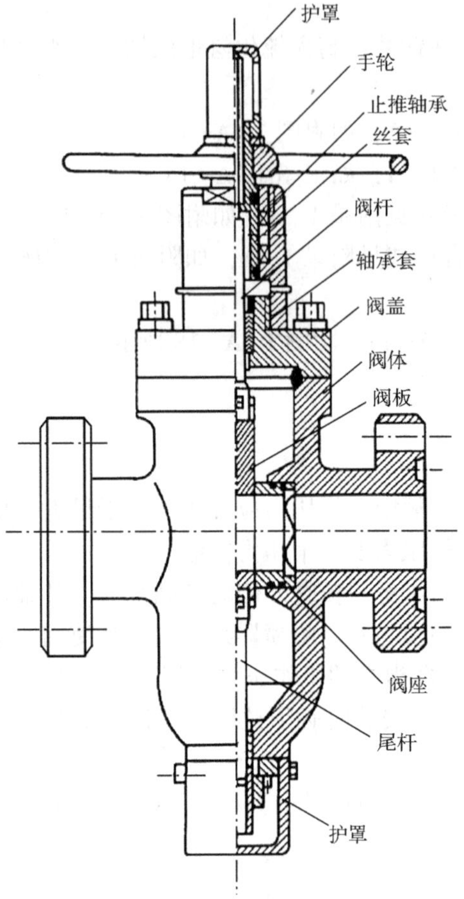

图 13-5 手动平板阀结构示意图

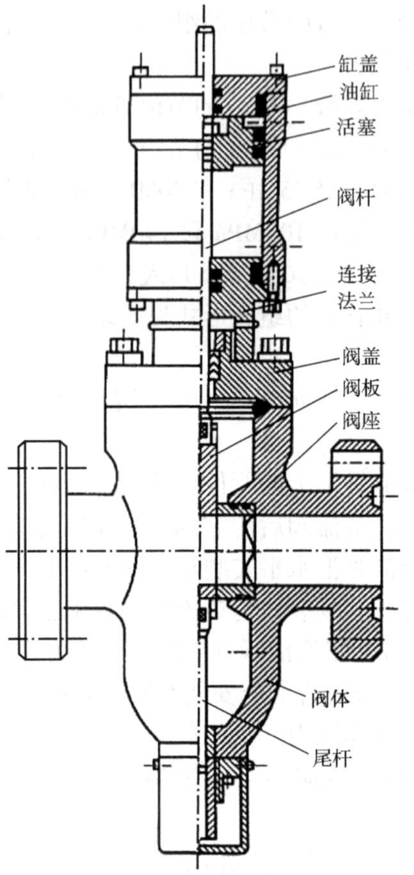

图 13-6 液动平板阀结构示意图

2. 手动平板阀开、关操作

关闭：顺旋手轮，到位后回旋 1/4～1/2 圈。

开启：逆旋手轮，到位后回旋 1/4～1/2 圈。

3. 平板阀在使用中的注意事项

平板阀是一种截止阀，只能全开全关，不允许半开半关，否则在钻井液的高速冲蚀下将使其过早地损坏。

手动平板阀关闭到位后，应回旋 1/4～1/2 圈，以保证阀板和阀座有浮动的余地，使其实现浮动密封的效果。打开到位后，应回旋 1/4～1/2 圈，以便于下次操作。

使用双联平板阀时，应前阀开启(备用)后阀关闭。

为了保证阀板与阀座之间可靠的密封和良好的润滑，须定期给阀腔补灌特种润滑密封脂。井控装置部件的表面均要涂以润滑脂，起到防锈抗腐、润滑耐磨的作用。

平板阀在节流管汇上平时处于常闭工况，只在节流、放喷或“软关井”时才开启工作。

二、节流阀

1. 功用

在实施油气井压力控制时，借助它的开大或关小维持一定的井底回压。

2. 类型与结构

根据驱动方式的不同，节流阀可以分为手动节流阀和液动节流阀。手动节流阀的结构如图 13-7 所示，阀板呈圆筒形，阀板与阀座间有环隙。液动节流阀的结构如图 13-8 所示，以油缸、活塞代替手轮机构，其余与手动筒式节流阀相同。

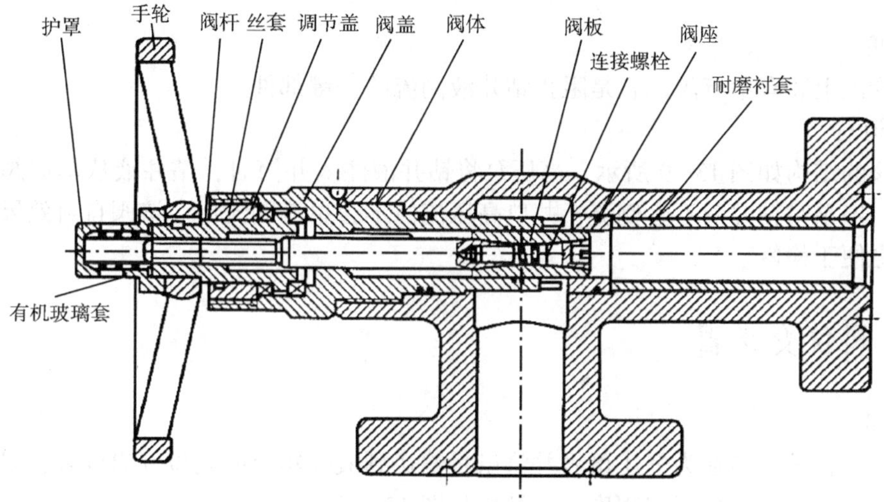

图 13-7　手动筒式节流阀结构示意图

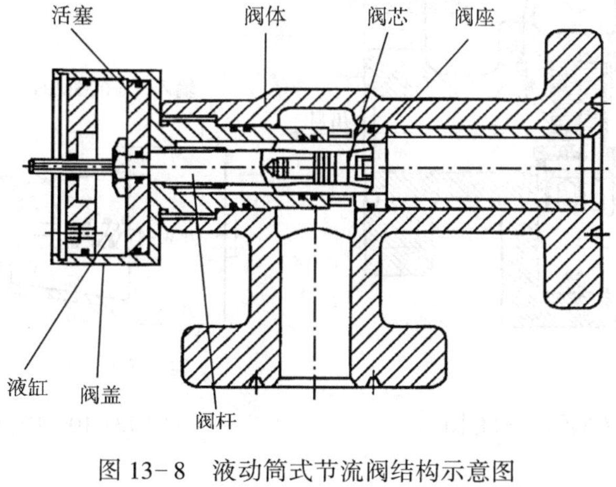

图 13-8　液动筒式节流阀结构示意图

3. 手动节流阀的开、关操作

关闭：顺旋；开启：逆旋。

4. 液动节流阀的开、关操作

关闭：左手将液动节流阀液控箱上的换向阀扳至关位，右手旋转调速阀来实现液动节流阀的关闭操作。

开始：左手将液动节流阀液控箱上的换向阀扳至开位，右手旋转调速阀来实现液动节流阀的开启操作。

5. 节流阀操作注意事项

节流阀在正常作业工况时处在“半开”位。

在溢流控制中，节流阀根据井控压力要求可以在任何位置。它主要起节流作用，用于控制井口排出压力和流量，以平衡地层压力。

筒式节流阀只能阻流不能密封(断流)，当需要断流时应关闭其上游的平板阀。

三、单流阀

1. 功用

压井管汇上装有单流阀，它是阻止钻井液倒流的关键部件。

2. 结构

单流阀的结构如图 13-9 所示。高压泵将钻井液注入井筒时，钻井液从单流阀低口进入高口输出，停泵时钻井液不会倒流，井口高压流体不会单流阀流出。该阀自封效果好，寿命长，现场也便于检修。

四、阀位变送器

1. 功用

将所受的机械力转换为气压讯号并将讯号输送到液控箱上的阀位开启度表，以气压的高低变化显示液动节流阀的开启程度，其结构如图 13-10 所示。

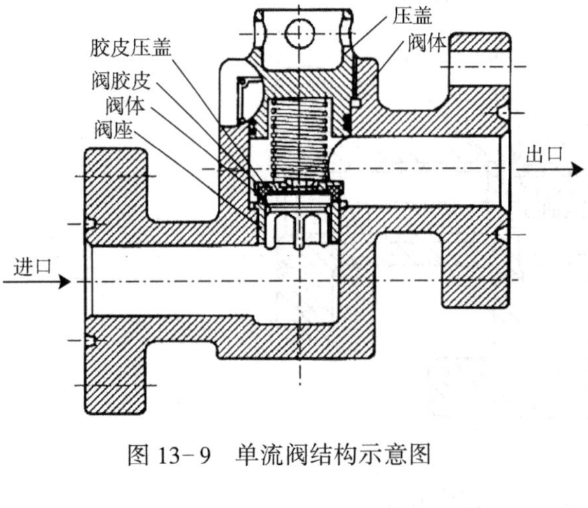

图 13-9 单流阀结构示意图

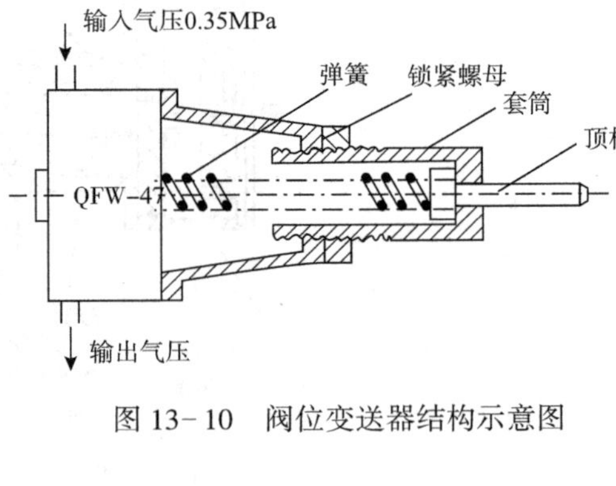

图 13-10 阀位变送器结构示意图

2. 输入气压

阀位变送器的输入气压为 0. 35MPa。

3. 调节方法

液动节流阀处于全关位置时，阀位开启度表的指针应指在关位上(开度为 0)，如指针偏离关位则需调节回零。指针偏离较大时应进行粗调零点，指针偏离较小时可进行微调零点。

粗调零点的方法是：松开阀位变送器固定螺栓，稍微移动阀位变送器，改变顶杆与液动节流阀活塞杆的初始位置，使阀位开启度表的指针指示关位，最后再将阀位变送器用螺栓固紧。

微调零点的方法是：松开阀位变送器套筒上的锁紧螺母，旋转套筒，改变套筒内的弹簧张力，使阀位开启度表的指针指示关位，最后上紧锁紧螺母。

五、气动压力变送器

1. 功用

将套管、立管中钻井液的压力值转换为低气压值，以低气压表显示高压钻井液压力。

2. 输入气压

气动压力变送器的输入气压为 0.35MPa。

3. 调节方法

此种气动压力变送器同第五章 YPQ 型气动压力变送器，调节方法详见第五章第五节。

六、液动节流管汇控制箱

1. 组成与功用

液控箱内部装有储油箱、气泵、备用手动泵、蓄能器、安全阀和空气减压阀等部件。液控箱调节妥当后，气泵可以自动补油工作。蓄能器单瓶公称容积为 10L，预充氮气压力为 0.35MPa，气泵排油量为 6.8L/min，手动泵排油量为 25mL。液动节流管汇控制箱(液控箱)如图 13-11 所示，安装在节流管汇上方的钻台上(钻台立管一侧)。液控箱中的气泵与蓄能器制备不高于 3MPa 的压力油，并利用三位四通换向阀遥控节流管汇上的液动节流阀。液控箱面板上装有 5 表 2 阀，如图 13-12 所示。

图 13-11　液动节流阀控制箱

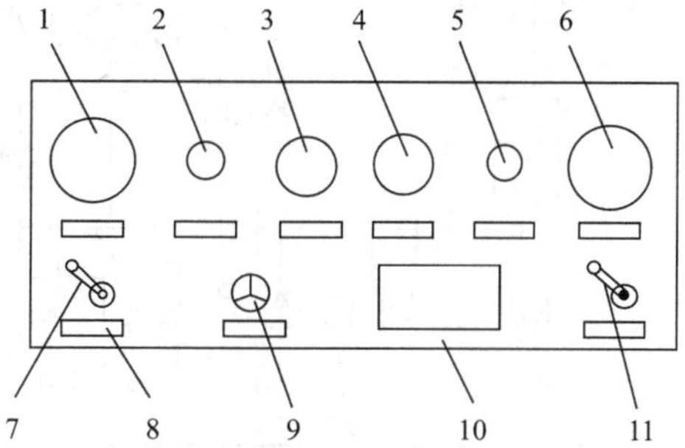

图 13-12　液动节流管汇控制箱面板

1—套压表；2—油压表；3—阀位开度表；4—阀位开度表；5—气源压力表；6—油管压力；7—换向阀Ⅰ；8—标识牌；9—调速阀；10—泵冲计数器；11—换向阀Ⅱ

操作时，司钻只需在钻台上观察立压表和套压表的压力变化以及阀位开度表的指示情况，一手操作三位四通换向手柄，一手调节调速阀手轮，即可实施压井作业。其操作特点是集中、简便，对井控作业十分有利。

气压表：显示输入液控箱的压缩空气值(0.6~1.0MPa)，气源来自钻机气控系统。

油压表：显示液控油压值(1.4~2MPa)，压力油由蓄能器提供。

阀位开启度表：显示液动节流阀的开启程度。

立压表：显示关井立管压力。

套压表：显示关井套管压力。

三位四通换向阀：改变压力油的流动方向，遥控液动节流阀开大、关小或维持开度不变，从而控制关井套压与立压的降低、升高或稳定。

调速阀：遥控液动节流阀开关动作的速度，从而控制套压与立压变化的快慢。

2. 液控箱的工作原理

当钻机气源进入控制箱后，一路进入气源压力表，一路进入空气滤清器。进入空气滤清器的气又分为两路，一路经减压阀后到二位三通先导阀和二位四通气控换向阀，由二位四通气控换向阀的控制使压缩空气轮换进入气动液压泵的左右缸，使活塞左右移动，带动柱塞泵油，高压油经溢流阀进入蓄能器储存，一旦需要，则可扳动手动三位四通换向阀使其换向，让高压油从蓄能器(或直接由油泵)出来，经调速阀到手动三位四通换向阀，经该阀进入液动节流阀的开启和关闭腔，使节流阀阀芯前后推进，以达到平衡钻井工艺的要求。进入空气滤清器的另一路，又经一空气滤清器，进入空气减压阀，减压后的空气经输气管进入立管压力变送器、套管压力变送器、阀位变送器，经变送后的压缩空气返回控制箱到立管压力表、套管压力表和阀位开度表，让操作人员在控制箱上就能知道压力及阀的开启度，以便操作节流阀实施压井作业。如图 13-13 所示。

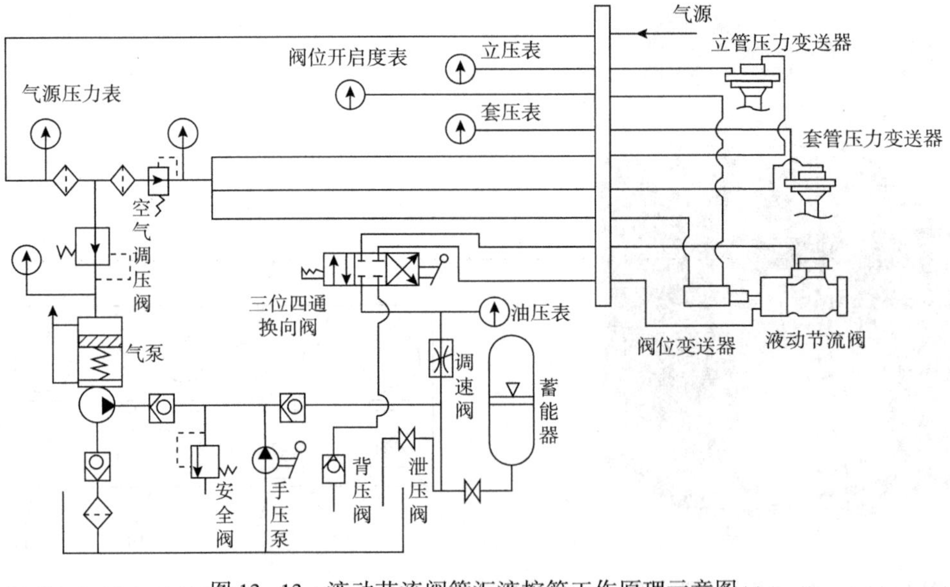

图 13-13 液动节流阀管汇液控箱工作原理示意图

气动液压泵及手动液压泵泵出的压力油，经调速阀到三位四通换向阀，并由压力表显示出油压，如三位四通换向阀手柄作左或右的扳动，液动节流阀开启或关闭，油压高于 10.5MPa 时溢流阀溢出，保证控制油压为 10.5MPa，液动节流阀的开关速度可通过调速阀来调节实现。

3. 液控箱“待命”工作时的工况

气源压力表(在面板上)显示0.65~0.80MPa。

阀位变送器供气管路上空气调压阀的输出气压表(在液控箱内)显示0.35MPa。

气动供气管路上空气调压阀的输出气压表(在液控箱内)显示0.4~0.6MPa。

油压表显示(在面板上):35MPa;液动节流阀管汇控制箱为1.4~2.0MPa;70MPa液动节流管汇控制箱为2.6~3.0MPa。

阀位开启度表(在面板上)显示3/8开启度。

换向阀手柄(在面板上)处于中位。

调速阀(在面板上)打开。

泄压阀(在液控箱内)关闭。

立压表开关旋钮(在面板上)旋闭。

立压表(在面板上)显示零压。

套压表(在面板上)显示零压。

复习思考题

一、选择题

1. 节流管汇压力等级在(　　)MPa以上时，应增设一条带手动节流阀的备用支线。

A. 14　　B. 21　　C. 35　　D. 70

2. 节流管汇上的节流阀，平时应处于(　　)工况。

A. 半开　　B. 全开　　C. 常闭　　D. 任意

3. 压井管汇试压应试到额定工作压力的(　　)

A. 100%　　B. 80%　　C. 70%　　D. 60%

4. 压井管汇的公称通径一般不得小于(　　)mm。

A. 25　　B. 50　　C. 76　　D. 102

5. 压井管汇是(　　)中必不可少的组成部分。

A. 灌浆装置　　B. 固控装置　　C. 井控装置　　D. 循环系统

6. 开启手动平板阀的动作要领是(　　)。

A. 顺旋，到位　　B. 逆旋，到位

C. 逆旋，到位，回旋　　D. 顺旋，到位，回旋

7. 节流管汇液控箱上属于一次仪表的是(　　)。

A. 立压表　　B. 套压表

C. 阀位开启度表　　D. 油压表

8. 放喷管线按规定要平直，有弯角时，其弯角要大于(　　)度。

A. 90　　B. 100　　C. 110　　D. 120

9. 四通出口至节流管汇、压井管汇之间的管线、平行闸板阀、法兰及连接螺柱或螺母等零部件组成(　　)。

A. 放喷管线　　B. 压井管线

C. 灌浆管线　　D. 防喷管线

二、判断题

1. 现场使用节流管汇承压能力必须与所用防喷器组承压能力相匹配。

2. 手动平板阀可以当节流阀使用。

3. 高压泵将钻井液经压井管汇单流阀注入井内时，钻井液从单流阀的高口进入低口输出。

4. 压井管线和节流管线应定期清洗。

5. 节流管汇液控箱上的调速阀用来控制液动节流阀的关开。

6. 节流管汇液控箱立压表下方装有立压表开关旋钮，在正常钻井作业时，该旋钮处于“关”位。

三、简答题

1. 井控管汇主要由哪些部分组成?

2. 平板阀的操作要领是什么?

3. 节流阀在使用中应注意哪些事项?

4. 液动节流阀管汇控制箱主要由哪些部分组成?

第十四章　钻具内防喷工具

钻具内防喷工具是装在钻柱管串上的专用工具，用来封闭钻井的中心通孔。在钻井中发生溢流或井喷时，钻具内防喷工具能防止钻井液沿钻柱水眼向上喷出，保证水龙带及其他装置不会因高压而憋坏。现场常用的钻具内防喷工具有方钻杆旋塞阀、钻具止回阀等，与井口防喷器组配套使用。

第一节　方钻杆旋塞阀

一、用途

方钻杆旋塞阀是安装在方钻杆上的手动控制阀，是防止钻柱内喷的有效工具之一。方钻杆旋塞阀可以分为方钻杆上部旋塞阀和下部旋塞阀。上部旋塞阀连接于水龙头下端和方钻杆之间，接头螺纹为左旋螺纹(反扣)，下部旋塞阀连接于方钻杆下端和方钻杆保护接头之间，接头螺纹为右旋螺纹(正扣)。

钻井作业时，钻井液可以无压降地自由流过方钻杆旋塞阀。当发生井喷时，用专用扳手按指示要求转动90°即可实现开关。

当关井压力过高、钻具止回阀失效或未装钻具止回阀时，可以关闭方钻杆旋塞阀，以免水龙带被憋破；上部和下部方钻杆旋塞阀一起联合使用，若上旋塞阀失效，可以提供第二个关闭阀；当需要在钻柱上装止回阀时，可以先关下旋塞阀，在下旋塞阀以上卸掉方钻杆，然后将投入式止回阀投入到钻具内接上方钻杆，开旋塞阀，利用泵将止回阀送到位。

二、结构和工作原理

方钻杆上、下旋塞阀均由本体、下球座、弹簧、操作键、球阀、开口挡圈、上球座、挡圈套、弹性挡圈即密封件、附件扳手等组成，如图14-1、图14-2所示。其密封原理是由弹簧支撑球座使球定位，并使之有一定的预紧，球与球座的密封件紧密接触，当打开时水眼畅通，关闭时球面将水眼全部封住，内部压力作用于球体上，使球与球座处于高压密封状态。

三、安装和使用注意事项

(1)油气层中钻进，采用转盘驱动时应装方钻杆上、下旋塞阀，使用顶驱时采用顶驱自带的自动和手动两个旋塞阀。

图 14-1　方钻杆上、下旋塞

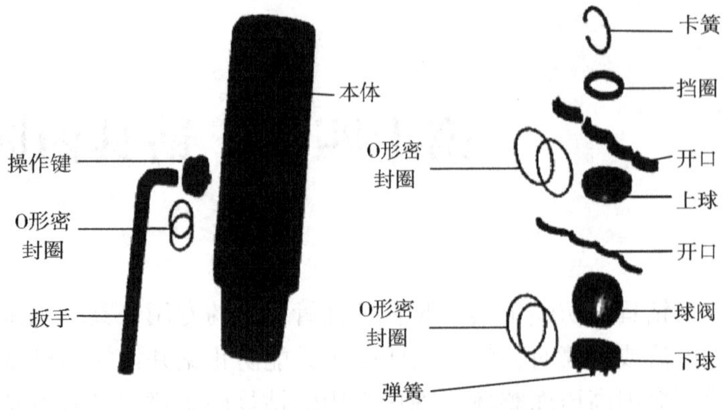

图 14-2　方钻杆旋塞阀组装图

(2)方钻杆下旋塞阀不能与其下部钻具直接连接，应通过保护接头与下部钻具连接。

(3)坚持每天开关活动各旋塞阀一次，保持旋塞阀开关灵活。

(4)方钻杆在井内发生溢流或井喷时，应就近关闭方钻杆上旋塞阀或下旋塞阀。

(5)旋塞阀扳手应放在距离井口较近的地方，并防止落井或丢失。

图 14-3　方钻杆旋塞阀全开状态

(6)方钻杆旋塞阀选用应保证其最大工作压力与井口防喷器组压力等级一致。使用前，必须仔细检查各螺纹连接部位，不得有任何损伤或连接处螺纹松动现象。

(7)方钻杆旋塞阀待命时应处于“常开”状态，旋塞球形启闭件应位于全开位置，避免处于半开状态，如图 14-3 所示。

(8)钻具止回阀失效或未装钻具止回阀时，在起下钻过程中发生管内溢流，应抢接处于打开状态的备用旋塞阀或止回阀，然后再关防喷器。

第二节　钻具止回阀

一、止回阀的作用

钻具止回阀是钻井过程中的一种很重要的内防喷工具。按密封元件分，有碟形、浮球形、箭形和投入式等。使用中安装在钻具的预定部位，只允许钻柱内的流体自上而下流动，而不允许其向上流动，从而达到防止钻具内喷的目的。它们的使用方法也不相同，有的连接在钻柱中，有的在需要时，投入钻具水眼中而起封堵井内流体的作用。

钻具止回阀的名称、代号见表 14-1。

表 14-1　止回阀的结构型式及代号

名　称	代　号
箭形止回阀	FJ
球形止回阀	FQ
碟形止回阀	FD
投入式止回阀	FT
钻具浮阀(或称浮式止回阀)	FZF

钻具止回阀的型号表示方法：

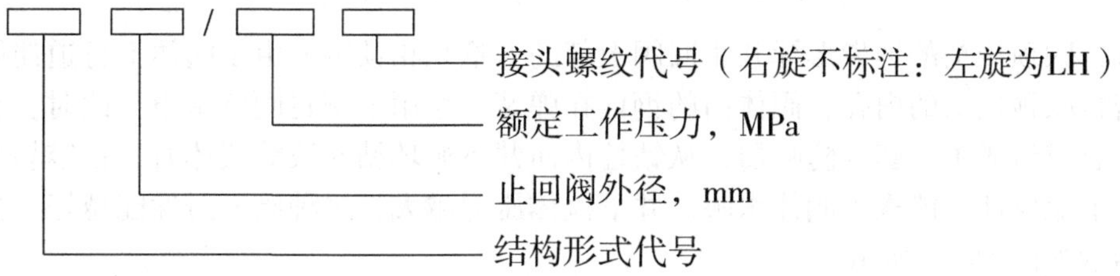

二、箭形止回阀

箭形止回阀采用箭形的阀针，呈流线型，受阻面积小。箭形止回阀维护保养方便，应注意使用完毕后，立即用清水把内部冲洗干净，拆下压帽涂上黄油。定期检查各密封元件的密封面，是否有影响密封性能的明显的冲蚀斑痕，作必要的更换。结构如图 14-4 所示。

三、球形止回阀

球形止回阀结构如图 14-5 所示。

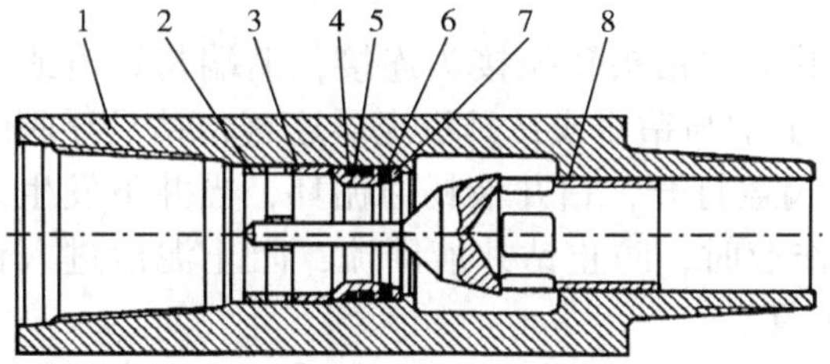

图 14-4　整体式箭形止回阀结构示意图

1—阀体；2—锁紧压帽；3—压帽；4—O 形密封圈；5—密封套；6—上密封圈；7—下密封圈；8—阀芯

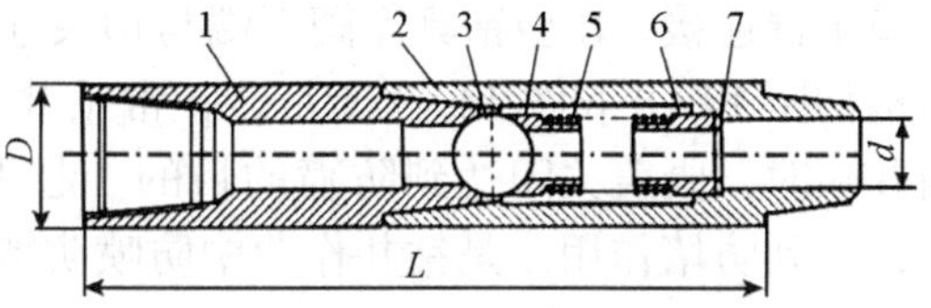

图 14-5　球形止回阀结构示意图

1—上接头；2—下接头；3—密封球；4—球座；5—弹簧；6—弹簧座；7—调节垫片

四、碟形止回阀

碟形止回阀结构如图 14-6 所示。

五、投入式止回阀

投入式止回阀的工作原理是：止回阀在联顶接头处就位后，当高压液体向上运动时，推

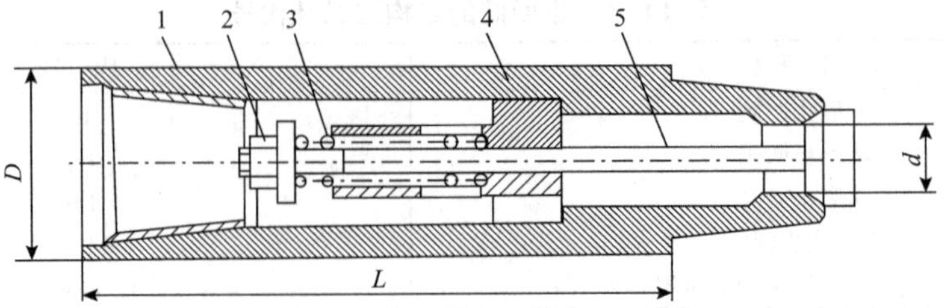

图 14-6　碟形止回阀结构示意图

1—阀体；2—调节压帽；3—弹簧；4—扶正套；5—阀瓣

阀体上行，联顶接头的锯齿形牙和止回阀上部的卡爪互相锁定，由于阀体上行迫使筒形密封圈胀大密封联顶接头的内孔，阀体内的钢球在弹簧的作用下密封阀体水眼，此时，止回阀与联顶接头总成组成了一套内防喷器，从钻柱内向井下循环钻井液等流体时，很容易开启止回阀，而井下流体却不能进入阀体水眼。井下流体压力越大，这种阀密封性能越好。投入式止回阀的结构如图 14-7 所示。

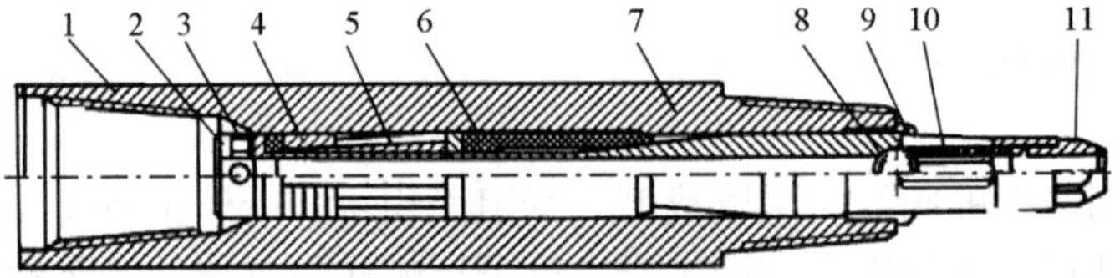

图 14-7　投入式止回阀结构示意图

1—联顶接头；2—爪盘螺母；3—锁定螺钉；4—卡瓦；5—卡瓦体；
6—筒形密封圈；7—阀体；8—钢球；9—止动环；10—弹簧；11—尖形接头

六、钻具浮阀

钻具浮阀分为 A 型和 B 型两种。A 型浮阀下端与钻头转换接头连接，上端与钻铤或钻具稳定器连接。B 型钻具浮阀下端与钻头连接，上端与钻铤或钻具稳定器连接，钻具浮阀的结构如图 14-8 和图 14-9 所示。正常钻井时，阀盖打开，钻井液畅通循环，当井下发生井涌井喷时，阀盖关闭达到防喷的目的。起下钻作业时，防止钻井液回流，阻止泥沙进入钻柱，起到防堵作用，是钻井作业中防喷防堵的工具。

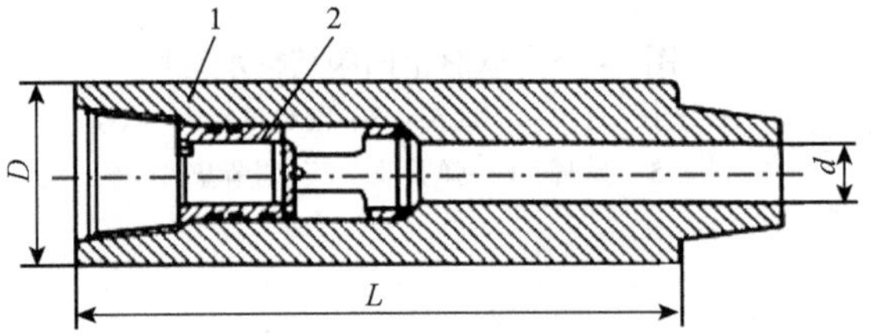

图 14-8　A 型钻具浮阀

1—阀体；2—阀芯组件

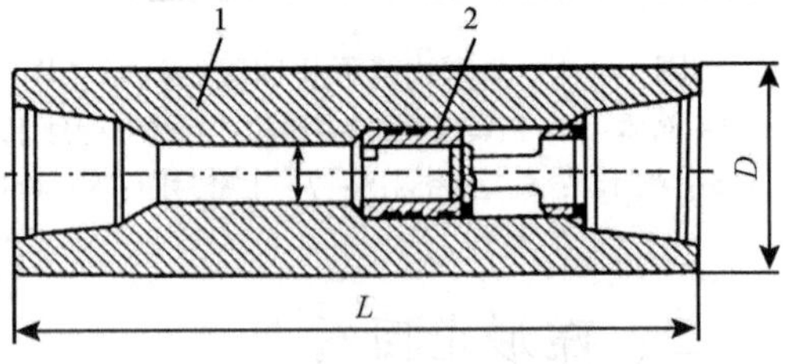

图 14-9　B 型钻具浮阀

1—阀体；2—阀芯组件

七、钻具止回阀安全使用注意事项

(1)钻具止回阀的额定工作压力应不小于井口防喷器的额定工作压力。

(2)钻台上配备与钻具尺寸相符的钻具止回阀或旋塞阀。

(3)钻台上准备一根防喷器钻杆单根(带能与钻铤连接螺纹相符合的配合接头和钻具止回阀)。

(4)为避免钻井中止回阀被堵塞，应对入井钻井液清洁过滤。

(5)经常检查阀芯，若有刺痕或损坏应更换。

(6)不应在止回阀各零件的密封面、接头螺纹表面、端面和台肩面打印或焊接任何标记。

(7)投入式止回阀的卡瓦牙在卡瓦牙座的燕尾槽内应滑动灵活、无卡阻。

(8)投入式止回阀的阀芯密封圈应远离具有腐蚀性的物品。

(9)投入式止回阀密封橡胶件表面光滑、平整，不应有气泡、夹渣、生胶分层、硫化不良等缺陷。

(10)止回阀一般推荐安装位置如下：

①常规钻进、通井等钻具组合，止回阀接在钻头与入井第一根钻铤之间。

②带井底动力钻具的钻具组合，止回阀接在井底动力钻具与入井第一根钻铤之间。

③在油气层中取芯钻进应使用非投球式取芯工具，止回阀接在取芯工具与入井的第一根钻具之间。

(11)装有止回阀(投入式除外)的钻具在下钻时还应坚持每下20~30柱钻杆向钻具内灌满一次钻井液。下钻至主要油气层顶部前应灌满钻井液，再循环一周排出钻具内的剩余压缩空气后方可继续下钻。

(12)钻具止回阀按入井特殊工具的使用管理要求建记录卡，详细记录入井使用时间等有关参数，每次使用前由技术人员、司钻检查其有无堵塞、刺漏和密封失效等情况。

(13)止回阀阀体应进行耐压试验，试验介质为清水，试验应符合表14-2的要求。耐压试验保压期间，各零部件应无渗漏，试验后无永久变形。

表14-2 耐压试验要求

<table>
<tr><th rowspan="2">止回阀额定工作压力/MPa</th><th colspan="4">试压要求</th></tr>
<tr><th>初始试验压力/MPa</th><th>初始稳压时间/min</th><th>最终试验压力/MPa</th><th>最终稳压时间/min</th></tr>
<tr><td>35</td><td>≥70</td><td rowspan="2">≥3</td><td>≥70</td><td rowspan="2">≥15</td></tr>
<tr><td>70</td><td>≥105</td><td>≥105</td></tr>
<tr><td colspan="5">初始压力试验之后将压力降为0，然后再进行最终压力试验，稳压时间应从压力已稳定在规定范围内且阀体外表面已彻底干燥后开始计算。</td></tr>
</table>

(14)组装后的每只止回阀应用清水进行密封压力试验。密封试验分为低压和高压试验，密封试验要求见表14-3。组装后的止回阀试验保压期间应无渗漏。

表14-3 密封试验要求

<table>
<tr><th rowspan="3">止回阀额定工作压力/MPa</th><th colspan="4">试压要求</th></tr>
<tr><th colspan="2">低压</th><th colspan="2">高压</th></tr>
<tr><th>试验压力/MPa</th><th>稳压时间/min</th><th>试验压力/MPa</th><th>稳压时间/min</th></tr>
<tr><td>35</td><td rowspan="2">1.4-2.1</td><td rowspan="2">≥5</td><td>≥35</td><td rowspan="2">≥15</td></tr>
<tr><td>70</td><td>≥70</td></tr>
<tr><td colspan="5">缓慢升压至试验压力，稳压时间应从压力已稳定在规定范围内，且阀体外表面已彻底干燥后开始计算。</td></tr>
</table>

第三节　钻具旁通阀

钻具旁通阀是一种备用安全阀，在钻头喷嘴被堵死无法循环的情况下，打开钻具旁通阀可恢复正常的钻井液循环。一般情况下，在钻开油气层前将钻具旁通阀接在钻柱预定位置。

一、结构

钻具旁通阀的结构如图 14-10 所示，主要由阀体、阀座滑套总成、旁通孔、钢球、销钉、O 形密封圈等组成。

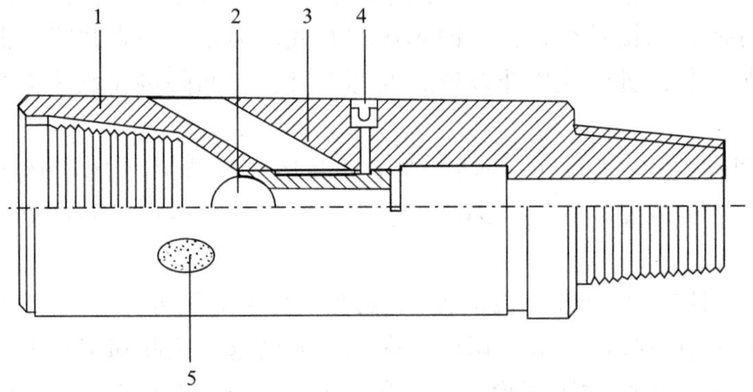

图 14-10　钻具旁通阀结构示意图

1—阀体；2—钢球；3—阀座滑套总成；4—销钉；5—旁通孔

二、工作原理

当发现钻头水眼被堵而无法解堵时，卸掉方钻杆投球后再接方钻杆，使球落至钻具旁通阀阀座处，小排量开泵。只要泵压升高到一定压力值就能剪断固定销钉，使阀座下行直到旁通阀全部打开，泵压随即下降建立新的循环通道。

三、使用注意事项

为了保证钻具旁通阀使用的可靠性，使用时应注意以下事项：

(1)要保持入井钻井液的清洁，以防钻头水眼堵塞，提前打开旁通阀。

(2)旁通阀的钢球应准备好，以便需要时能及时取用。

(3)为保证旁通阀滑套能顺利打开，一般推荐钻具旁通阀安装在钻铤与钻杆之间或距钻具止回阀 30~50m 处。水平井、大斜度井钻具旁通阀应安装在 50°~70°井段的钻具中。

(4)按入井特殊工具管理使用，要求建记录卡，详细记录入井使用时间等有关参数。每次下钻前检查有无堵塞、刺漏和密封失效等情况。

复习思考题

一、选择题

1. 钻具止回阀结构形式代号 FJ 所代表的是(　　)。

A. 箭形止回阀　　B. 球形止回阀　　C. 碟形止回阀　　D. 投入式止回阀

2. 钻具中装有止回阀下钻时，应坚持每下(　　)柱钻杆向钻具内灌满一次钻井液。

A. 20~30　　B. 30~40　　C. 40~50　　D. 50~60

3. 关于方钻杆旋塞阀说法正确的是(　　)。

A. 方钻杆上旋塞阀，接头丝扣为右旋螺纹(正扣)，使用时安装在方钻杆上端

B. 方钻杆下旋塞阀，接头丝扣为左旋螺纹(反扣)，使用时安装在方钻杆下端

C. 钻井作业时，方钻杆旋塞阀的中孔畅通并不影响钻井液的正常循环

D. 使用专用扳手将球阀转轴旋转 180°即可实现开关

4. 关于方钻杆旋塞阀的安装和使用叙述正确的是(　　)。

A. 方钻杆下旋塞阀与其下部钻具直接连接

B. 坚持每周开关活动各旋塞阀一次，保持旋塞阀开关灵活

C. 方钻杆旋塞阀选用时应保证其最大工作压力与井口防喷器组的压力等级一致

D. 钻具止回阀失效或未装钻具止回阀时，在起下钻过程中发生管内溢流，应先关防喷器，然后再抢接处于打开状态的备用旋塞阀或止回阀

5. 用清水为旋塞阀进行试压时，应稳压(　　)min 不得渗漏。

A. 15　　B. 10　　C. 5　　D. 3

二、判断题

1. 选用投入式止回阀时按钻柱结构选择相应规格的联顶接头，并根据所用钻柱的最大内径比止回阀最大外径大 1.55mm 以上选择止回阀。

2. 钻具浮阀在正常钻井情况下，钻井液冲开阀盖进行循环。当井下发生溢流或井喷时，阀盖关闭达到防喷的目的。

3. 在抢接止回阀或旋塞阀时，建议使用专用的抢接工具。

4. 方钻杆旋塞阀在连接到钻柱上之前，须处于“全关”状态。

5. 一旦发生溢流或井喷，钻具内防喷工具用来封闭钻具水眼空间，它同封闭环空的防喷器同等重要。

三、简答题

1. 怎样使用好投入式止回阀?

2. 钻具旁通阀的作用及工作原理与注意事项是什么?

第十五章　辅助井控设备

第一节　钻井液气体分离器

钻井中发生油气侵后，需要对钻井液进行液、气分离，保持钻井液的有效密度。液气分离器可从旋转防喷器出液口处接出，也可以连接于节流管汇出口。一般情况下，经过处理后的钻井液还有小气泡，经过振动筛分散，再进入撇油罐、除气器等进一步分离，恢复钻井液真实密度，以利于实施井控压井的目的。

一、液气分离器

当气侵钻井液从井底循环到井口时，气体将膨胀。混气钻井液经节流阀降压后由汇流罐切向进入柱状分离器，分离器上部的旋流体对气体和钻井液进行初步分离，初步分离的含气钻井液以薄层状流经隔离板时，气泡被暴露在表面并膨胀、破裂，含气钻井液再次得到分离。游离气体通过罐顶的气体排气管送出井场外烧掉，脱气钻井液下降到底部排入循环罐的振动筛上送回钻井液罐。如图 15-1、图 15-2 所示。

图 15-1　液气分离器

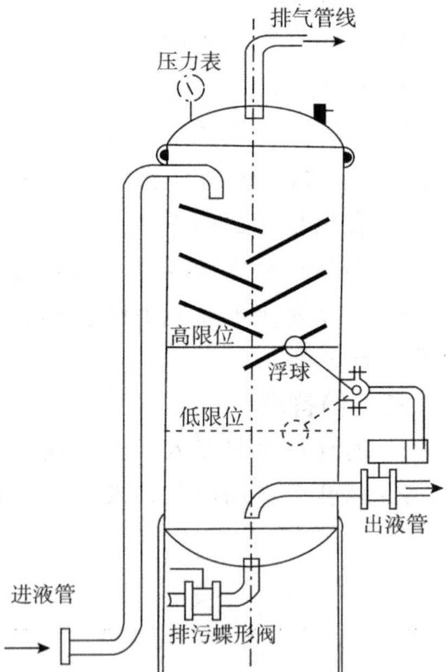

图 15-2　液气分离器工作原理示意图

二、除气器

按吸入方式可分为两大类：真空式除气器和常压式除气器，图 15-3 为真空式除气器。

除气器的选择主要是根据其处理钻井液的能力。国内外生产的各类除气器的处理量均指钻井液单位时间内通过除气器的体积，以 m^3/h 计，在正常情况下，多数在 120～150m^3/h。但由于结构上的不同，除气效率存在着差异。

1. 常压式除气器

工作时，气侵钻井液由泵上部与其同轴的螺旋式叶轮进入离心泵，然后沿着立管被泵送到喷射罐。在罐上的蝶形阀和立管上端之间极薄的圆形隔板上形成高速薄层，并以很大的冲击力甩向罐的内壁产生涡流，促使钻井液中的气泡浮到钻井液表面而破裂，经钻井液槽排向大气。与此同时，一部分气泡自螺旋式叶轮外沿着泵轴和泵支架逸出。其除气效果比真空式除气设备好，处理量取决于下底距液面的距离(沉没度)和钻井液的密度。其结构及原理如图 15-4 所示。

图 15-3　真空式除气器

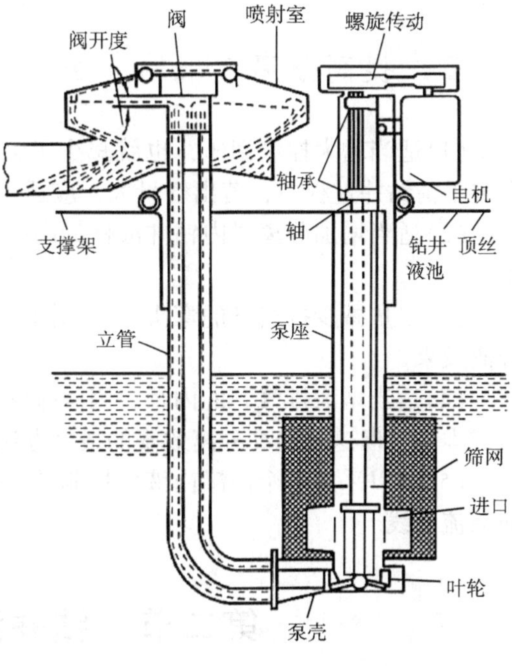

图 15-4　常压式除气器结构原理图

2. 真空式除气器

用真空泵吸入钻井液，经薄膜紊流后分离出气体，由真空泵抽走。由三通阀控制真空罐体内的液面，当罐体内液面上升时，三通阀关闭真空泵与罐体之间的通路，使罐体与大气相通，气体进入罐内，真空度下降，减少钻井液进入量，增加排出量；当液面下降至一定高度时，三通阀关闭大气通路，真空泵与罐体接通，提高罐的真空度。如此反复作用，调节罐体内液面，保证罐体内的真空度，达到除去钻井液中气体的目的，如图 15-5 所示。

3. 除气器安装位置

除气器安装在振动筛之后、沙泵入口之前的循环罐上，下部沉没于钻井液中。停用时筒体有一部分浸泡在钻井液内，应经常启动以消除沉沙。

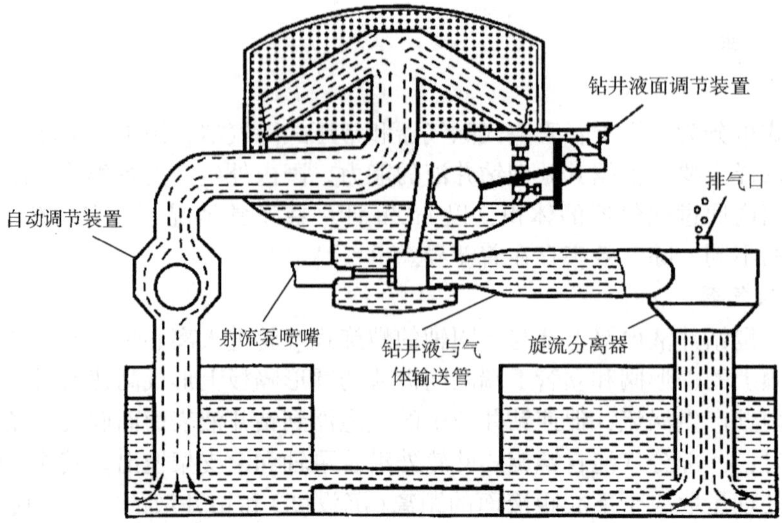

图 15-5　罐式真空除气器

三、提高分离效果的方法

(1)适当增大控制回压，也就减少了天然气进入井筒的流量，从而改善分离器的工况。在欠平衡钻井过程中，若出气量大，应适当提高钻井液密度或减少地面充气量。

(2)适当增加分离罐内钻井液柱的高度或加长 U 型管的有效高度，能使分离器更有效地工作。

(3)尽量减少排气管的弯头，采取圆滑过渡的弯头，以减少排气摩擦阻力，提高分离器分离效果。

(4)适当增大排气管的内径，因为排气摩擦阻力与排气管内径的五次方成反比，虽然制造成本高，但这是提高分离效率的最好办法。

(5)可以采用一个由罐内液面控制的外部排放阀或由内部液面控制的浮球阀来开关钻井液回流管线。

第二节　钻井液罐液面监测装置

液面监测报警仪是用来监测钻井液循环池液面在钻井过程中的变化，并以此判断井筒是否发生溢流或漏失，是井队尽早发现溢流显示的重要装置。液面监测报警仪的种类很多，以下简述两种。

简易液面报警仪见图 15-6。使用时，将液面报警仪固定在钻井液罐上，装上气喇叭、气门，接通电源。当钻井液液面变化时，通过浮子使得压板上下移动，压开气门、接通气喇叭起到报警作用。通过调节压板与气门顶针间的距离，就可在所需钻井液增减量范围内自动报警。此装置既可监测单罐钻井液体积，又可监测多罐钻井液体积。如果控制多罐钻井液体积，则要求多罐间下部连通。图 15-7 为此种装置的机械式液面标尺。

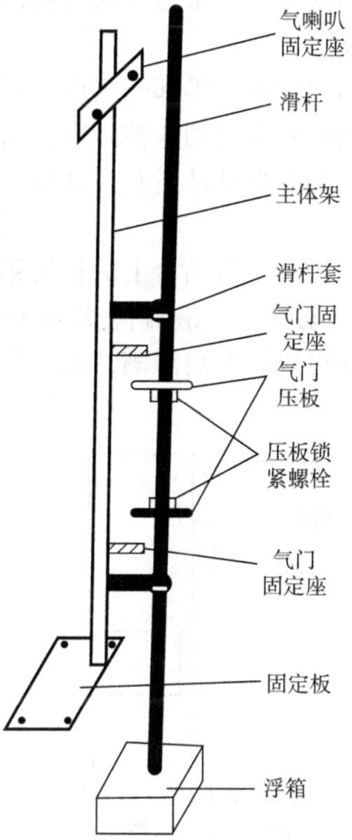

图 15-6 简易液面报警仪示意图

图 15-7 机械式液面标尺

另一种装置是利用超声波传感器测量泥浆罐液面高度，用电子显示屏直观显示各泥浆罐液面高度的泥浆罐液面监控系统。

工作原理是：传感器安装在泥浆罐上部，与泥浆液面有一定高度，并不接触泥浆。传感器由探头发射一系列超声波脉冲，超声波脉冲遇到液面后返回，被传感器接收。传感器中的滤波装置可从来自声波、电波噪声及转动搅拌器桨叶噪声的各种假回波中分辨出从液面上返回的真回波，脉冲波从发射到液面、再返回到传感器所用的时间转换成可显示的距离，并转变为电流输出，转换成电信号后，传输给控制器。控制器经过运算，以实际高度值显示在电子显示屏上，并对液面过高或过低进行报警提示。

第三节 起钻灌钻井液装置

起钻作业时，随着钻柱的起出，井筒内钻井液液面不断下降，钻井液对井底的静液压力将逐渐降低，加上钻柱提升的抽汲作用，起钻时易发生溢流与井喷。据统计，井喷事故有17% ~30%是在起钻作业时发生的。为了预防井喷，起钻时必须按时往井筒灌注钻井液。

起钻灌钻井液最简单的方法是人工操作钻井泵，或利用专用高架罐灌注。然而这两种方法都不能严格控制灌注量，溢流与井漏现象也不易早期发现，存在事故隐患。起钻灌注钻井液较好的方法是采用自动灌注钻井液装置。

起钻自动灌钻井液装置基本上有两大类：一类是重力灌注式的；另一类是自动灌注式的。重力灌注是配置一个刻有计量钻井液标度的灌注小罐（$2\sim3m^3$），当井筒液面下降后，灌注小罐中的钻井液借助其出口与井筒出口管的高度差，利用钻井液的重力注入井筒以保持液面的一定高度。灌注小罐的钻井液注完后，可及时泵送补充。

自动灌钻井液装置一般由液流传感器、电控柜、显示箱和灌注系统等部分组成。其工作原理是：安装在高架渡槽上的传感器把井筒液流信号转化为电讯号输送到电控柜中，由电子控制系统指挥灌注系统，按预调时间定时向井内灌注钻井液，并能自动计量和自动停灌、预报井涌和井漏。装置的组成与井场安装情况如图 15-8 所示。

该装置调节妥当后可以定时自动往井筒灌浆，当溢流或井涌发生时钻台上的报警箱可以发出声响与灯光报警信号。液流传感器装设在返回钻井液的高架管上。液流传感器的结构、原理与钻井参数仪表中返回钻井液流量仪的一次仪表相同，它可以将井筒灌满情况、溢流情况以及井漏情况用电讯号传输到钻台上的自灌装置报警箱。

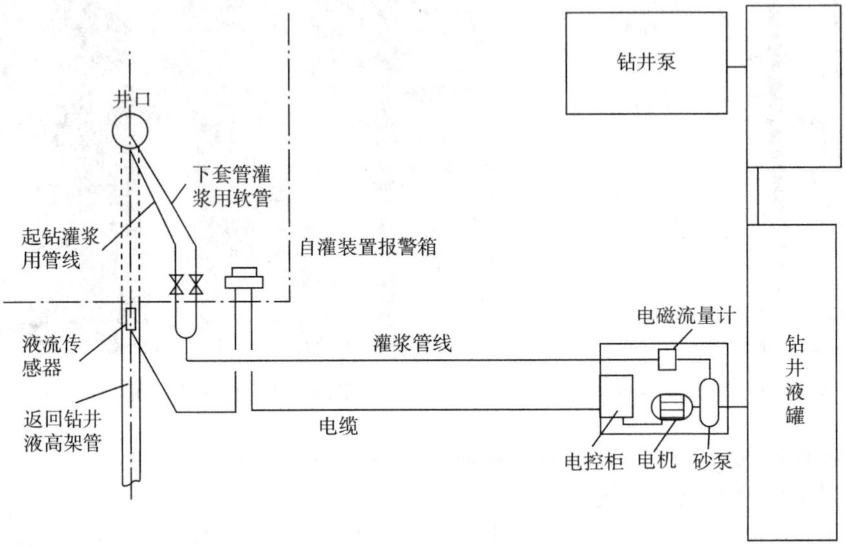

图 15-8　自动灌浆装置示意图

自灌装置报警箱装设在钻台上，报警箱面板上装有显示电源、灌注、井涌、井漏 4 个不同颜色的指示灯以及音响报警器，向操作人员显示灌浆情况与报警。

灌注间隔定时在 4~48min 范围内选择，调定时间继电器。井涌定时在 10s~2min 范围内选择，通常按 30s 调定时间继电器。井漏定时在 1~12min 范围内选择，调定时间继电器。音响定时在 10s~2min 范围内选择，通常按 20s 调定时间继电器。电笛报警持续 20s，即停止鸣声。电控柜调节妥当后，全套设备自动投入工作。

第四节　不压井起下钻装置简介

不压井起下钻作业，是在带压环境中使用特殊设备起下管柱的一种作业方法，目前国外已经广泛使用于欠平衡钻井、侧钻、小井眼钻井、完井、射孔、试油、测试、酸化、压裂和修井作业中。美国和加拿大 90% 以上的油气井采用不压井作业，每年不压井作业达 4000 ~ 5000 井次。陆上油田大都进入后期采油，通过分层注水来提高油层压力的方法进行采油，以提高油井产量。现在比较先进的做法就是利用带压作业装置，不放喷、不压井完成起下管柱的作业。

目前国内外欠平衡钻井中不压井作业有两种技术：

一是强行起下钻装置和电缆防喷装置。在钻井时，井口安装强行起下钻装置，在安全压差内实现带压情况下的起下钻、取心施工；在完成时安装电缆密封防喷装置，实现带压情况下的测井作业。

二是井下套管阀(Downhole Deployment Valve，缩写 DDV)和电缆防喷装置。在技术套管的一定深度上安装井下套管阀，钻井时通过地面控制装置操作，实现带压情况下的起下钻、取心，在完井测井时安装电缆密封防喷装置，实现带压情况下的测井作业。下面简要介绍一下强行起下钻井口装置。

一、组成

不压井起下钻装置结构如图 15-9 所示，这种装置主要有固定支架部分、液缸总成、限位卡瓦组和液压控制部分。

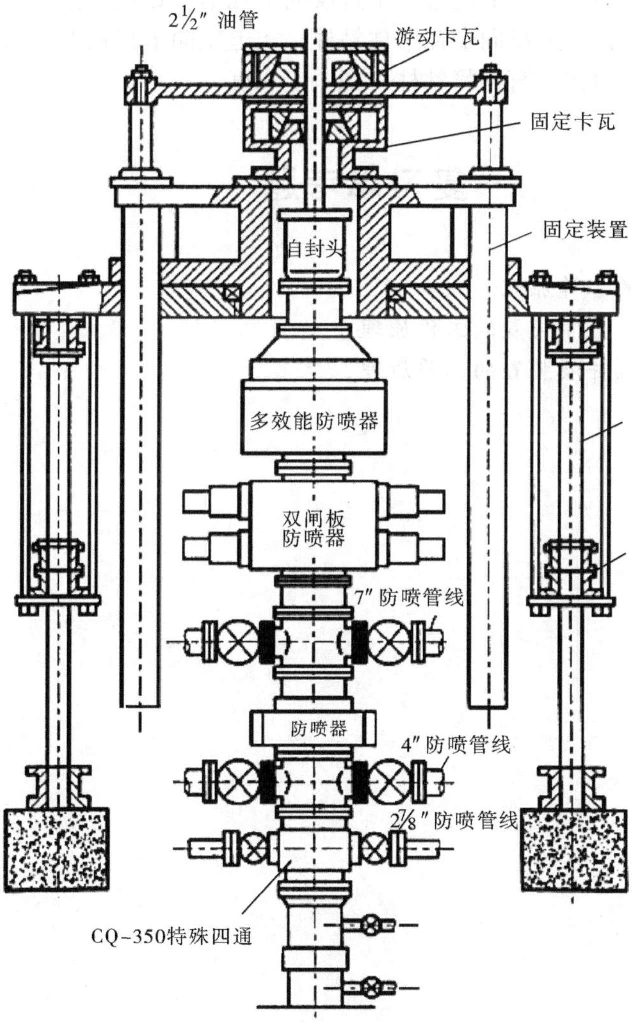

图 15-9　不压井起下钻装置结构示意图

(1)固定支架：固定支架固定在钻台上，下道卡瓦固定在支架上。

(2)液缸总成：安装在支架上，液缸总成可以放置在钻台上，也可以放置在钻台下。通过液缸的伸缩，强行起下钻具或套管。

(3)限位卡瓦组：限位卡瓦分上、下两组，一组为下向卡瓦，分上、下两道，固定在液缸上，起钻时使用；另一组为反向卡瓦，也分为上、下两道，下钻时使用。

二、工作原理

在欠平衡钻井过程中，不压井起下钻时井口带压操作，当井内钻具很轻时，为防止井内钻具喷出，要利用强行起下钻装置起出或下入一定数量的钻具，能够克服因井内压力产生的上顶力。

起钻时：上道下向卡瓦卡住钻柱，液缸从最低位置缓慢伸出到达最低位置后，上道正向卡瓦重新卡住钻柱，下道正向卡瓦松开，液缸再次缓慢伸出达到最高位置，重复以上动作，直到起完钻柱。

下钻时：液缸缓慢伸出达到最低位置，下道反向卡瓦卡住钻柱，上道反向卡瓦松开，液缸缓慢收回到达最低位置，下道反向卡瓦卡住钻柱，上道反向卡瓦松开，液缸再次缓慢伸出到达最高位置，重复以上动作，直到将钻柱下到一定深度。

复习思考题

1. 简述气液分离器的工作原理。
2. 简述钻井液罐液面监测装置的工作原理。
3. 简述起钻自动罐钻井液装置的工作原理。

第十六章　设备安装、试压及日常检查

第一节　井控设备的布置及安装

一、井控设备的布置

钻井施工过程中，在充分兼顾对操作者、环境、安全影响的条件下，对井控设备进行科学的、规范的布置，是钻井生产的重要要求之一。井控装置的布置要求是：

(1)面对井架大门，节流放喷管汇位于井口钻井四通的右翼；压井管汇位于井口钻井四通的左翼；远程控制台位于井架大门的左前方(井场安全通道内侧附近)，距井口25m以外的空旷地带。

(2)井口防喷器组合的液控油管线接口面向井架后大门(机房)。来自远程台的液控油管线从左侧并排铺设。

(3)井口闸板防喷器旁侧法兰面向井架前大门。

(4)当压井管汇与钻井泵连接时，其连接管汇的走向应从井架后方绕过。

这种布局可以使高压输油管路与高压钻井液管路相互隔开，避免相互交叉，而且也便于在井口进行更换防喷器闸板的操作。

二、井控设备的安装要求

1. 井口装置的安装要求

井口装置包括套管头、液压防喷器组、防喷器控制系统、四通、转换法兰、双法兰短节、转换短节等。

(1)防喷器组的安装要求

①根据套管头的尺寸确定表层套管的出地高。

②套管头安装后应确保四通连接好，四通阀两侧孔应对着井架大门两侧。

③转换法兰在安装时应注意上、下螺栓孔的方向，确保四通安装后方向正确。

④闸板防喷器、环形防喷器在安装时油路方向应背对着井架大门方向。

⑤对闸板防喷器应根据所使用的钻具尺寸，装配相应规格的半封闸板，并在司钻台和远程台上挂牌标明所装闸板的尺寸，以防井喷时关错。

⑥所有密封垫环槽、螺纹都必须清洗干净，涂润滑脂。对R或RX型垫环可以重复使用。对BX型垫环由于受刚性连接的限制，只能使用一次。对角拧紧螺栓，保持法兰平正，使所有的螺栓受力一致。

⑦防喷器顶盖安装防溢管时用螺栓连接，不用的螺纹孔用螺钉堵住。防溢管法兰与顶盖

的密封用密封垫环或专用橡胶圈。

⑧防喷器安装完毕后，必须校正井口、转盘、天车中心，其偏差不大于 10mm。同时，防喷器组必须用 ϕ16mm 钢丝绳和反正螺丝在井架底座对角线上绷紧，如图 16-1 所示。

⑨防喷器必须装齐所有闸板手动操作杆，靠手轮端应支撑牢固，其中心与锁紧轴之间的夹角最大不超过 30°，并须挂牌表明手轮的开关方向和到底的圈数。

⑩应根据不同油气井的实际情况，或采用单四通或采用双四通配置。但无论哪种配置，均要求下四通旁侧出口要位于地面之上，并保证各次开钻四通旁侧口高度始终不变。

图 16-1　防喷器的固定

(2)防喷器控制系统安装要求

①应安装在井架大门左前方，距井口距离不少于 25m 的专用活动房内，距放喷管线或压井管线应有 1m 以上的距离，并在周围留有宽度不少于 2m 的人行通道，周围 10m 以内不得堆放易燃、易爆、易腐蚀物品。

②安装管排架前必须用压缩空气将所有管线吹扫干净。检查所有由壬的密封圈，按规定"对号入座"。管排架与防喷管线的距离应不少于 1m，车辆跨域处应装有过桥盖板，不允许在管排架上堆放杂物和以其作为电焊接地线或在其上进行割焊作业。如图 16-2 所示。

③气源应与司钻控制台气源分开连接，并配有气源排水分离器。

④气管的安装应顺管排架安放在其侧面的专门位置上，或从空中架设。多余的管线盘放在远程台附近的管排架上，严禁强行弯曲和压折。电源应从配电板总开关处直接引出，并用单独开关控制。图 16-3 为蓄能器附近的气管线的布置。

⑤蓄能器完好，压力达到规定值，并始终处于工作状况。

2. 井控管汇安装要求

井控管汇包括节流管汇、压井管汇、防喷管线与放喷管线。

(1)节流管汇和压井管汇上所有管线、闸阀、法兰等配件的额定工作压力，必须与全井最高压力等级防喷器的额定工作压力相匹配。

(2)钻井液回收管线、防喷管线和放喷管线应使用经内部探伤的合格管材，含硫化氢油气井的防喷管线和放喷管线采用抗硫专用管材。节流压井管汇以内的防喷管线采用螺纹与标准法兰连接，不得焊接。

图 16-2　管线的过桥盖板

图 16-3　气管线的安装及布置

(3)钻井液回收管线应接至钻井液罐并固定牢靠，拐弯处必须使用角度大于 120°的铸(锻)钢弯头，其内径不得小于 76mm。

(4)井控管汇所配置平板阀的压力与通径应与管汇相匹配。

(5)防喷器四通两翼应各装两个闸阀，紧靠四通的闸阀应处于常开状态。防喷管线控制闸阀(手动或液动)必须接出井架底座以外。对于寒冷地区，在冬季应对防喷管线采取防冻措施。

(6)放喷管线至少应有两条，其内径不小于 76mm。管线连接不允许现场焊接。

(7)布局要考虑当地季风风向、居民区、退路、油罐区、电力线及各种设施。

(8)两条管线走向一致时，应保持大于 0.3m 的距离，并分别固定。管线尽量平直引出，如因地形限制需要转弯时，转弯处使用铸(锻)钢弯头，其转弯夹角应大于 120°，如图 16-4 所示。

(9)管线出口接至距井口 75m 以上的安全地带，距各种设施不小于 50m。管线每隔 10~15m、转弯处、山口处用水泥基墩加地脚螺栓或地锚或预制基墩固定牢靠，悬空处要支撑牢固；若跨越 10m 宽以上的河头、水塘，应架设金属过桥支撑。

(10)水泥墩基坑(长×宽×高)尺寸为 0.8m×0.8m×1.0m。遇地表松软时，基坑体积应大于 1.2m^3。预埋地脚螺栓直径不小于 20mm，长度大于 0.5m。如图 16-5 所示。

图 16-4　管线转弯夹角大于 120°

图 16-5　管线用水泥基墩加地脚螺栓固定

第二节　井控设备的试压

一、井控装置试压的目的

试压的目的是对全套设备的法兰连接部位、焊接部位、密封部位进行一次全面的耐压和密封检测，以确保各连接处能承受预定的压力。

二、试压介质

试压介质除控制系统用液压油外，一般采用清水；在高寒地区的冬季，为加快试压进程和防止防喷器内冻结，对设备进行试压可用乙二醇等作为试压介质。

三、试压设备

现场试压设备一般用试压泵或水泥车泵进行试压。因防喷器是封闭来自下方的压力，因此试压时试压介质必须通入试压处的下方，同时为了不使试压压力作用于套管及裸眼上，需要在套管头处安装试压堵头以隔断压力下传。常用堵头有悬挂式堵头和皮碗式堵头。

悬挂式堵头使用时用钻杆或试压管将此堵头下放在套管头内，对半封闸板防喷器试压。退出钻杆将堵头仍留于套管头内，可对全封闸板防喷器试压。使用时应注意：堵头尺寸一定要与套管头实际尺寸相同，否则封不严，如图 16-6 所示。

皮碗式堵头用于在套管内任何处造成密封，而不适于用在套管头内，通常放置在套管四通对着卡瓦的位置。由于用皮碗式堵头试压时，产生的轴向载荷由钻杆或试压管承受，因此用其对半封闸板防喷器进行试验。如图 16-7 所示。

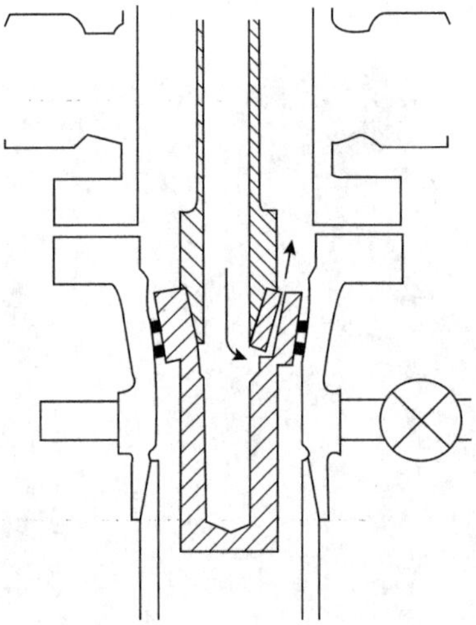

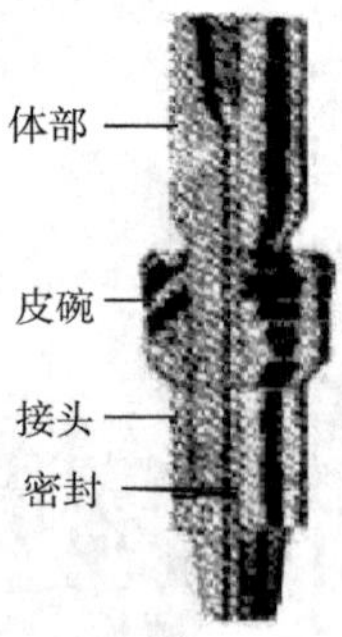

图 16-6　悬挂式堵头工作示意图

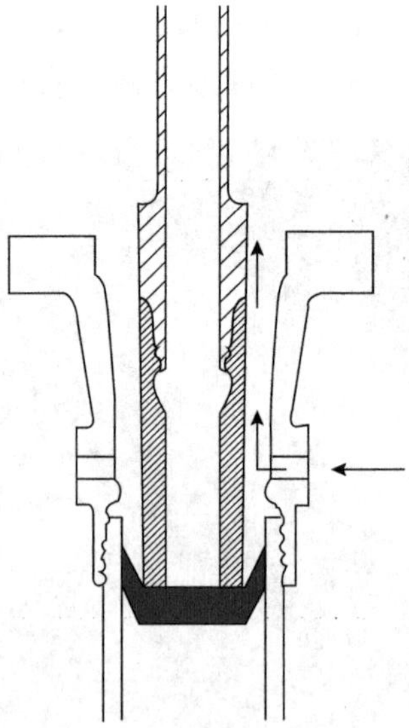

图 16-7　皮碗式堵头工作示意图

井控设备在现场的试压一般采用皮碗式堵头，具体做法为：

①用钻杆将堵头下入井下第一根套管内。

②用高压泵从压井管汇向井口灌注清水，顺次关闭所试对象。

③利用高压泵憋压，若稳压3min后，系统压降不超过0.7~1MPa，则试压符合要求。

本试验堵头只适用于环形和半封闸板防喷器的试压检查；对于全封闸板防喷器的试压检查，则使用套管头堵头、支撑式堵头等无孔试验堵头(用钻杆送入井内，坐在套管头上，退出钻杆，按上述方法试压)。

四、试压指标

1. 闸板防喷器进行试压时各阀门的状态及试压指标

闸板试压时各阀门状态：压井管汇上诸闸阀保持常态；节流管汇上四通至五通间的平板阀打开，节流阀关闭，节流阀上游的平板阀打开，下游的平板阀关闭；放喷阀关闭。目的是检查节流阀上游管路的耐压和密封能力。

闸板防喷器进行高压试验时，试验技术指标为：试验井口压力规定为额定工作压力的100%，液控油压不大于10.5MPa，稳压时间不少于10min，压降不大于0.7MPa。

闸板防喷器进行低压试验时，试验技术指标为：试验井口压力规定为1.4~2.1MPa，液控油压不大于10.5MPa，稳压时间不少于10min，压降不大于0.05MPa。

2. 环形防喷器进行试压时各阀门状态及试压指标

环形防喷器试压时各阀门状态：压井管汇上诸闸阀保持常态；节流管汇上四通至五通间的平板阀关闭。

环形防喷器试压进行高压试验时，试验技术指标为：

(1)公称通径不大于230mm(9in)的环形防喷器封闭89mm(3½in)钻杆，公称通径不小于280mm(11in)的环形防喷器封闭127mm(5in)钻杆。

(2)试验井口压力规定为环形防喷器最大工作压力的70%，液控油压不大于10.5MPa，稳压时间不少于10min，压降不大于1MPa。

3. 节流管汇进行试压时各阀门状态及试压技术指标

节流管汇、节流阀下游管路试压时，放喷阀关闭，汇流管至钻井液气体分离器的平板阀关闭，其余诸阀全部打开。试验压力为管汇最大工作压力的50%，稳压时间不少于10min，压降不大于0.7MPa。

防喷管线密封试验压力不低于最大工作压力；放喷管线密封试验压力不低于10MPa；且稳压时间不少于10min，允许压降不大于0.7MPa。

4. 其他试压指标

控制系统应用21MPa油压做可靠性试验，稳压时间也应不少于10min。在3min时间内，换向阀处于“中位”时，压降应不大于0.35MPa，换向阀处于“开位或关位”时，压降应不大于0.7MPa。

司钻控制台应做气密性试验，当气源压力为0.8MPa并切断气源后，各操作阀件处于“中位”时，气源压降应不大于0.05MPa，换向阀处于“开位或关位”时，气源压降应不大于0.02MPa。

第三节　井控设备的日常检查

井控日常检查是钻井过程中的重要组成部分，在开钻前或施工过程中，对井控设施及所需材料等进行日常检查，对检查情况进行详细的记录并由主管领导签字验收。

一、井控设备配套情况检查

首先依据钻井工程设计对井控设备配套进行检查。对液控系统应检查控制系统的型号是否能够满足作业过程中对井的控制要求，检查环形防喷器、蓄能器及管汇的压力情况，油箱的容量、液面、蓄能器的预充压力是否符合要求。检查防喷器组的情况，包括自封头、环形防喷器、半封闸板防喷器、全封闸板防喷器的规格，开关位置，测试压力(低/高)，关闭所需的油量，关闭所需的时间。防喷器配套装置，包括液控阀、放喷阀、压井管线单向阀、压井管线阀、节流管汇、放喷管汇、压井管线、旋塞阀、管柱内防喷器以及循环头等，应检查其规格、压力测试情况。

二、主要设备及配套装置检测情况检查

防喷器设备及配套装置在整体安装后，要对检测情况进行检查。检查内容包括：

(1)放喷管汇是否进行过压力测试。

(2)放喷管汇的各阀是否进行过单独试压。

(3)各阀的开关是否灵活。

(4)是否打开放喷阀对调节阀体进行过测试。

(5)对防喷器液压控制管线进行详细的检查，是否有漏失。

(6)所有备用管线及阀是否无堵塞，并进行了试压。

(7)没用的操作阀是否关闭或断开。

(8)是否安装了手动锁紧杆和手轮。

(9)所有的操作阀是否加以标记。

检查蓄能器中是否储存足够的压力和液量。通常蓄能器的容量应大于关闭防喷器组中全部防喷器所需液量的1.5倍。检查启动蓄能器的电泵或气泵是否工作正常，是否对蓄能器的充压时间做了记录，并按厂家提供的数据检查防喷器的关闭时间、蓄能器的充压时间。

三、套管压力测试情况检查

在井下作业中，对套管压力测试情况检查的内容包括：测试时井内修井液的密度是否满足井控设计的要求，测试时施加的压力是否达到了标准要求，测试的套管长度是否符合井控设计要求，井中最弱套管承压强度是否能满足井下作业的要求，稳压时间是否符合标准等。

四、井控及辅助设备工作状况检查

对井控及其辅助设备的工作状况检查项目包括：

(1)除气器的型号及最后一次试压时是否正常。

(2)钻井液—气体分离器工作情况是否正常。

(3)防喷器的远控管汇安装情况是否正常并作了标记。

(4)司钻控制管汇是否正确安装并对各功能阀位做了正确标记。

(5)蓄能器是否安装正确。

(6)压力表是否在所需的工作范围内工作。

(7)循环罐液面仪的安装是否正确，工作是否正常。

(8)在立管和节流管汇上的抗震压力表是否良好。

(9)溢流报警器和刻度记录功能是否准确。

(10)环空的容积是否作了准确的记录。

(11)灌浆罐的液面是否准确。

(12)起下管柱是否使用灌浆罐。

(13)起下管柱的排替量。

(14)气体检测仪设置是否准确。

(15)H_2S 检测仪设置是否准确。

(16)温度记录表是否准确，等等。

五、井场的重浆及加重材料储备情况检查

在井下作业发生井涌关井后，需要进行压井作业，要求井场必须储备足量的重浆或加重材料，因此需对这些材料的储备情况进行详细的检查。检查的项目包括：

(1)井场上储备的重浆类型、密度及储量。

(2)储备的水泥量及其类型。

(3)储备的加重剂量及其类型。

日常检查结束后，须由司钻、井队长和甲方监督分别签字验收，对查出的问题要及时调整。

复习思考题

一、选择题

1. 当在油气层中钻进的时候，(　　)须对远程点火装置进行一次点火试验，以检查点火器的状态。

A. 每班　　B. 每周　　C. 每十天　　D. 每月

2. 防喷器压力等级的选用原则上应与相应井段中的(　　)相匹配。

A. 最低地层压力　　B. 最高地层压力

C. 最高地层破裂压力　　D. 最低地层破裂压力

3. 防喷器远程控制台安装在面对井架大门左侧、距井口不少于(　)m 的专用活动房内。

A. 10　　B. 15　　C. 20　　D. 25

4. 在井上安装好后，井口装置做(　　)MPa 的低压试压。

A. 0.7~1　　B. 1.4~2.1　　C. 2.4~3.1　　D. 5~10.5

5. 现场环形防喷器封闭钻杆试验压力为额定工作压力的(　　)。

A. 30%　　B. 50%　　C. 70%　　D. 100%

6. 在(　　)应换装与套管尺寸相同的防喷器闸板并试压。

A. 下套管前　　B. 下套管后　　C. 固井前　　D. 起钻前

7. 检查并排放控制系统气管线中存水时间的要求是(　　)。

A. 一天　　B. 七天　　C. 十五天　　D. 三十天

8. H_2S 浓度为(　　)ppm 时，人吸上一口就会立即死亡。

A. 50　　B. 150　　C. 200　　D. 2000

9. H_2S 浓度为(　　)ppm 可嗅到臭鸡蛋味，一般对人体不产生危害。

A. 0.13~4.6　　B. 4.6~10　　C. 10~20　　D. 20~50

二、简答题

1. 井口防喷器组的安装要求是什么？

2. 环形防喷器、闸板防喷器和节流管汇的试压指标是什么？

附录1　钻井井控技术规程
（SY/T 6426—2005）

1. 范围

本标准规定了钻井井控技术的管理、实施及培训原则。

本标准适用于陆地油气田勘探、开发钻井作业中的油气井压力控制技术。

2. 规范性引用文件

下列文件中的条款通过本标准的引用而成为本标准的条款。凡是注日期的引用文件，其随后所有的修改单（不包括勘误的内容）或修订版均不适用于本标准，然而，鼓励根据本标准达成协议的各方研究是否可使用这些文件的最新版本。凡是不注日期的引用文件，其最新版本适用于本标准。

SY/T 5087 含硫化氢油气井安全钻井推荐作法

SY/T 5127 井口装置和采油树规范

SY 5225 石油与天然气钻井、开发、储运防火防爆安全生产管理规定

SY/T 5430 地层破裂压力测定套管鞋试漏法

SY 5742 石油天然气钻井井控安全技术考核管理规则

SY/T 5858 石油工业动火作业安全规程

SY 5876 石油钻井队安全生产检查规定

SY/T 5964 钻井井控装置组合配套、安装调试与维护

SY/T 6203 油气井井喷着火抢险作法

3. 钻井井控设计

3.1　油气井井口距高压线及其他永久性设施应不小于75m；距民宅应不小于100m；距铁路、高速公路应不小于200m；距学校、医院和大型油库等人口密集性、高危性场所应不小于500m。含硫油气井应急撤离措施参见SY/T 5087有关规定。

3.2　对井场周围一定范围内的居民住宅、学校、厂矿（包括开采地下资源的矿业单位）、国防设施、高压电线和水资源情况以及风向变化等进行勘察和调查，并在地质设计中标注说明。特别需标注清楚诸如煤矿等采掘矿井坑道的分布、走向、长度和离地表深度。

3.3　根据物探资料及本构造邻近井和邻构造的钻探情况，提供本井全井段地层孔隙压力和地层破裂压力剖面（裂缝性碳酸盐岩地层可不作地层破裂压力曲线，但应提供邻近已钻井地层承压检验资料）、浅气层资料、油气水显示和复杂情况。

3.4　根据地质提供的资料，钻井液密度设计以各裸眼井段中的最高地层孔隙压力当量钻井液密度值为基准，另加一个安全附加值：

(1)油井、水井为0.05~0.10g/cm^{3}或控制井底压差1.5~3.5MPa；

(2)气井为0.07~0.15g/cm^{3}或控制井底压差3.0~5.0MPa。

具体选择钻井液密度安全附加值时，应根据实际情况考虑下列影响因素：

(1)地层孔隙压力预测精度；

(2)油层、气层、水层的埋藏深度；

(3)地层油气中硫化氢的含量；

(4)地应力和地层破裂压力；

(5)井控装置配套情况。

3.5　根据地层孔隙压力梯度、地层破裂压力梯度、岩性剖面及保护油气层的需要，设计合理的井身结构和套管程序，并满足如下要求：

(1)探井、超深井、复杂井的井身结构应充分估计不可预测因素，留有一层备用套管。

(2)在地下矿产采掘区钻井，井筒与采掘坑道、矿井通道之间的距离应不少于100m，套管下深应封住开采层并超过开采段100m。

(3)套管下深要考虑下部钻井最高钻井液密度和溢流关井时的井口安全关井余量。

(4)含硫化氢、二氧化碳等有害气体和高压气井的油层套管、有害气体含量较高的复杂井技术套管，其材质和螺纹应符合相应的技术要求。

3.6　每层套管固井开钻后，按SY/T 5430要求测定套管鞋下第一个3~5m厚的易漏层的破裂压力。

3.7　井控装置配套

(1)防喷器压力等级应与裸眼井段中最高地层压力相匹配，并根据不同的井下情况选用各次开钻防喷器的尺寸系列和组合形式：

①选用压力等级为14 MPa时，其防喷器组合有五种形式供选择，见附录1-A中附图1-A-1至附图1-A-5。

②选用压力等级为21MPa和35MPa时，其防喷器组合有三种形式供选择，见附录1-A中附图1-A-6至附图1-A-8。

③选用压力等级为70MPa和105MPa时，其防喷器组合有四种形式供选择，见附录1-A中附图1-A-9至附图1-A-12。

(2)节流管汇的压力等级和组合形式应与全井防喷器最高压力等级相匹配：

①压力等级为14MPa时，节流管汇见附图1-A-13；

②压力等级为21MPa时，节流管汇见附图1-A-14；

③压力等级为35MPa和70MPa时，节流管汇见附图1-A-15；

④压力等级为105MPa时，节流管汇见附图1-A-16。

(3)压井管汇的压力等级和连接形式应与全井防喷器最高压力等级相匹配，其基本形式见附录1-A中附图1-A-17至附图1-A-18。

(4)绘制各次井钻井口装置及井控管汇安装示意图，并提出相应的安装、试压要求。

(5)有抗硫要求的井口装置及井控管汇应符合SY/T 5087中的相应规定。

3.8　钻具内防喷工具、井控监测仪器、仪表、钻具旁通阀及钻井液处理装置和灌注装置，应根据各油气田的具体情况配齐，以满足井控技术的要求。

3.9 根据地层流体中硫化氢和二氧化碳含量及完井后最大关井压力值，并考虑能满足进一步采取增产措施和后期注水、修井作业的需要，按 SY/T 5127 选用完井井口装置的型号、压力等级和尺寸系列。

3.10 钻井工程设计书中应明确钻开油气层前加重钻井液和加重材料的储备量，以及油气井压力控制的主要技术措施。

3.11 在可能含硫化氢地区钻井，应对其层位、埋藏深度及含量进行预测，并在设计中明确应采取的相应安全和技术措施。

3.12 欠平衡钻井应在地层情况等条件具备的井中进行。欠平衡钻井施工设计书中应制定确保作业安全、防止井喷、井喷失控或着火以及防硫化氢等有害气体伤害的安全措施。

3.13 对探井、预探井、资料井应采用地层压力随钻检(监)测技术；绘制本井预测地层压力梯度曲线、设计钻井液密度曲线、d_c 指数随钻监测地层压力梯度曲线和实际钻井液密度曲线，根据监测和实钻结果，及时调整钻井液密度。

3.14 在已开发调整区钻井，油气田开发部门要及时查清注水、注气(汽)井分布及注水、注气(汽)情况，提供分层动态压力数据。钻开油气层之前应采取相应的停注、泄压和停抽等措施，直到相应层位套管固井候凝完为止。

4. 井控装置的安装、试压、使用和管理

4.1 井控装置的安装

对于井控装置的安装标准，经油田有关部门进行安全评估后，在确保钻井安全的情况下，对本标准的相关条款可作适当调整。

4.1.1 钻井井口装置

钻井井口装置包括防喷器、防喷器控制系统、四通及套管头等。

4.1.1.1 防喷器安装、校正和固定应符合 SY/T 5964 中的相应规定。

4.1.1.2 具有手动锁紧机构的闸板防喷器应装齐手动操作杆，靠手轮端应支撑牢固，其中心与锁紧轴之间的夹角不大于 30°。挂牌标明开、关方向和到底的圈数。

4.1.1.3 防喷器远程控制台安装要求：

(1)应安装在面对井架大门左侧、距井口不少于 25m 的专用活动房内，距放喷管线或压井管线应有 lm 以上距离，并在周围留有宽度不少于 2m 的人行通道，周围 10m 内不得堆放易燃、易爆、易腐蚀物品。

(2)管排架与防喷管线及放喷管线的距离应不少于 1m，车辆跨越处应装过桥盖板；不允许在管排架上堆放杂物和以其作为电焊接地线或在其上进行焊割作业。

(3)总气源应与司钻控制台气源分开连接，并配置气源排水分离器，严禁强行弯曲和压折气管束。

(4)电源应从配电板总开关处直接引出，并用单独的开关控制。

(5)蓄能器完好，压力达到规定值，并始终处于工作压力状态。

4.1.1.4 四通的配置及安装应符合 SY/T 5964 中的相应规定。

4.1.1.5 套管头的安装应符合 SY/T 5964 中的相应规定。

4.1.2 井控管汇

井控管汇包括节流管汇、压井管汇、防喷管线和放喷管线。

4.1.2.1　钻井液回收管线、防喷管线和放喷管线应使用经探伤合格的管材。防喷管线应采用螺纹与标准法兰连接，不允许现场焊接。

4.1.2.2　钻井液回收管线出口应接至钻井液罐并固定牢靠，转弯处应使用角度大于120°的铸(锻)钢弯头，其通径不小于76mm。

4.1.2.3　放喷管线安装要求：

(1)放喷管线至少应有两条，其通径不小于76mm。

(2)放喷管线不允许在现场焊接。

(3)布局要考虑当地季节风向、居民区、道路、油罐区、电力线及各种设施等情况。

(4)两条管线走向一致时，应保持大于0.3m的距离，并分别固定。

(5)管线尽量平直引出，如因地形限制需要转弯，转弯处应使用角度大于1200的铸(锻)钢弯头。

(6)管线出口应接至距井口75m以上的安全地带，距各种设施不小于50m。

(7)管线每隔10~15m、转弯处、出口处用水泥基墩加地脚螺栓或地锚或预制基墩固定牢靠，悬空处要支撑牢固；若跨越10m宽以上的河沟、水塘等障碍，应架设金属过桥支撑。

(8)水泥基墩的预埋地脚螺栓直径不小于20mm，长度大于0.5m。

4.1.2.4　井控管汇所配置的平板阀应符合SY/T 5127中的相应规定。

4.1.2.5　防喷器四通两翼应各装两个闸阀，紧靠四通的闸阀应处于常开状态。

4.1.3　钻具内防喷工具

钻具内防喷工具包括上部和下部方钻杆旋塞阀、钻具止回阀和防喷钻杆。

4.1.3.1　钻具内防喷工具的额定工作压力应不小于井口防喷器额定工作压力。

4.1.3.2　应使用方钻杆旋塞阀，并定期活动；钻台上配备与钻具尺寸相符的钻具止回阀或旋塞阀。

4.1.3.3　钻台上准备一根防喷钻杆单根(带与钻铤连接螺纹相符合的配合接头和钻具止回阀)。

4.1.4　井控监测仪器及钻井液净化、加重和灌注装置

4.1.4.1　应配备钻井液循环池液面监测与报警装置。

4.1.4.2　按设计要求配齐钻井液净化装置，探井、气井及气油比高的油井还应配备钻井液气体分离器和除气器，并将液气分离器排气管线(按设计通径)接出井口50m以上。

4.2　井控装置的试压

4.2.1　试压值

4.2.1.1　防喷器组应在井控车间按井场连接形式组装试压，环形防喷器(封闭钻杆，不试空井)、闸板防喷器和节流管汇、压井管汇、防喷管线试额定工作压力。

4.2.1.2　在井上安装好后，试验压力在不超过套管抗内压强度80%的前提下，环形防喷器封闭钻杆试验压力为额定工作压力的70%；闸板防喷器、方钻杆旋塞阀和压井管汇、防喷管线试验压力为额定工作压力；节流管汇按零部件额定工作压力分别试压；放喷管线试验压力不低于10MPa。

4.2.1.3　钻开油气层前及更换井控装置部件后，应采用堵塞器或试压塞按照4.2.1.2中的有关条件及要求试压。

4.2.1.4　防喷器控制系统用21MPa的油压作一次可靠性试压。

4.2.2　试压规则

4.2.2.1 除防喷器控制系统采用规定压力油试压外，其余井控装置试压介质均为清水。

4.2.2.2 试压稳压时间不少于10min，允许压降不大于0.7MPa，密封部位无渗漏为合格。

4.3 井控装置的使用

4.3.1 环形防喷器不得长时间关井，非特殊情况不允许用来封闭空井。

4.3.2 在套压不超过7MPa情况下，用环形防喷器进行不压井起下钻作业时，应使用18°斜坡接头的钻具，起下钻速度不得大于0.2m/s。

4.3.3 具有手动锁紧机构的闸板防喷器关井后，应手动锁紧闸板。打开闸板前，应先手动解锁，锁紧和解锁都应先到底，然后回转1/4~1/2圈。

4.3.4 环形防喷器或闸板防喷器关闭后，在关井套压不超过14MPa情况下，允许以不大于0.2m/s的速度上下活动钻具，但不准转动钻具或过钻具接头。

4.3.5 当井内有钻具时，不允许关闭全封闸板防喷器。

4.3.6 严禁用打开防喷器的方式来泄井内压力。

4.3.7 检修装有铰链侧门的闸板防喷器或更换其闸板时，两侧门不能同时打开。

4.3.8 钻开油气层后，定期对闸板防喷器开、关活动及环形防喷器试关井(在有钻具的条件下)。

4.3.9 井场应备有一套与在用闸板同规格的闸板和相应的密封件及其拆装工具和试压工具。

4.3.10 防喷器及其控制系统的维护保养按SY/T 5964中的相应规定执行。

4.3.11 有二次密封的闸板防喷器和平行闸板阀，只能在密封失效至严重漏失的紧急情况下才能使用，且止漏即可，待紧急情况解除后，立即清洗更换二次密封件。

4.3.12 平行闸板阀开、关到底后，应回转1/4~1/2圈。其开、关应一次完成，不允许半开半闭和做节流阀用。

4.3.13 压井管汇不能用作日常灌注钻井液用；防喷管线、节流管汇和压井管汇应采取防堵、防漏、防冻措施；最大允许关井套压值在节流管汇处以明显的标示牌标示。

4.3.14 井控管汇上所有闸阀都应挂牌编号并标明其开、关状态。

4.3.15 采油(气)井口装置等井控装置应经检验、试压合格后方能上井安装；采油(气)井口装置在井上组装后还应整体试压，合格后方可投入使用。

4.4 井控装置的管理

4.4.1 各油气田应有专门机构负责井控装置的管理、维修和定期现场检查工作，并规定其职责范围和管理制度。

4.4.2 钻井队在用井控装置的管理、操作应落实专人负责，并明确岗位责任。

4.4.3 应设置专用配件库房和橡胶件空调库房，库房温度应满足配件及橡胶件储藏要求。

4.4.4 各油气田应制定欠平衡钻井特殊井控作业设备的管理、使用和维修制度。

5. 钻开油气层前的准备和检查验收

5.1 应加强地层对比，及时提出可靠的地质预报，在进入油气层前50~100m，应按照下步钻井的设计最高钻井液密度值，对裸眼地层进行承压能力检验。

5.2 调整井应指定专人按要求检查邻近注水、注气(汽)井停注、泄压情况。

5.3 日费井由钻井监督、大包井由钻井队技术人员向钻井现场所有工作人员进行工程、地质、钻井液、井控装置和井控措施等方面的技术交底，并提出具体要求。

5.4 以班组为单位，落实井控责任制。作业班每月应进行不少于一次不同工况的防喷演习，其关井操作程序见附录B和附录C。钻进作业和空井状态应在3min内控制住井口，起下钻作业状态应在5min内控制住井口，并将演习情况记录于“防喷演习记录表”中，参见附录1-D。此外，在各次开钻前、特殊作业(取心、测试、完井作业等)前，都应进行防喷演习，达到合格要求。

5.5 钻井队应组织全队职工进行防火演习，含硫地区钻井还应进行防硫化氢演习，并检查落实各方面安全预防工作，直至合格为止。

5.6 强化钻井队干部在生产作业区24h轮流值班制度，负责检查、监督各岗位严格执行井控岗位责任制，发现问题立即督促整改。要求：

(1)值班干部应在进入油气层前100m开始挂牌值班，并认真填写值班干部交接班记录。

(2)井控装置试压，防喷演习，处理溢流、井喷及井下复杂等情况，值班干部应在现场组织指挥。

5.7 应建立“坐岗”制度，定专人、定点观察溢流显示和循环池液面变化，定时将观察情况记录于“坐岗记录表”中，参见附录1-E。

5.8 应检查所有井控装置、电路和气路的安装是否符合规定，功能是否正常，发现问题及时整改。

5.9 应按设计要求储备足够的加重钻井液和加重材料，并对储备加重钻井液定期循环处理。

5.10 钻井队应通过全面自检，确认准备工作就绪后，向上级主管部门(钻井公司和油气田分公司所属二级单位相关部门)汇报自检情况，并申请检查验收。

5.11 检查验收组应由钻井公司和油气田分公司所属二级单位相关部门有关人员组成，按标准进行检查验收工作。

5.12 检查验收情况记录于“钻开油气层检查验收证书”中，参见附录1-F；如存在井控隐患应当场下达“井控停钻通知书”，参见附录1-G，钻井队按“井控停钻通知书”限期整改。检查合格并经检查人员在检查验收书上签字，由双方二级单位主管生产技术的领导或其委托人签发“钻开油气层批准书”后，方可钻开油气层，参见附录1-H。

6. 油气层钻井过程中的井控作业

6.1 钻井队应严格按工程设计选择钻井液类型和密度值。钻井中要进行以监测地层压力为主的随钻监测，绘出全井地层压力梯度曲线。当发现设计与实际不相符合时，应按审批程序及时申报，经批准后才能修改。但若遇紧急情况，钻井队可先处理，再及时上报。

6.2 发生卡钻需泡油、混油或因其他原因需适当调整钻井液密度时，井筒液柱压力不应小于裸眼段中的最高地层压力。

6.3 每只钻头入井开始钻进前以及每日白班开始钻进前，都要以1/3~1/2正常流量测一次低泵速循环压力，并作好泵冲数、流量、循环压力记录。当钻井液性能或钻具组合发生较大变化时应补测。

6.4 下列情况需进行短程起下钻检查油气侵和溢流：

(1)钻开油气层后第一次起钻前；

(2)溢流压井后起钻前；

(3)钻开油气层井漏堵漏后或尚未完全堵住起钻前；

(4)钻进中曾发生严重油气侵但未溢流起钻前；

(5)钻头在井底连续长时间工作后中途需刮井壁时；

(6)需长时间停止循环进行其他作业(电测、下套管、下油管、中途测试等)起钻前。

6.5 短程起下钻的两种基本做法：

(1)一般情况下试起10~15柱钻具，再下入井底循环一周，若钻井液无油气侵，则可正式起钻；否则，应循环排除受侵污钻井液并适当调整钻井液密度后再起钻。

(2)特殊情况时(需长时间停止循环或井下复杂时)，将钻具起至套管鞋内或安全井段，停泵检查一个起下钻周期或需停泵工作时间，再下回井底循环一周观察。

6.6 起、下钻中防止溢流、井喷的技术措施

(1)保持钻井液有良好的造壁性和流变性。

(2)起钻前充分循环井内钻井液，使其性能均匀，进出口密度差不超过0.02g/cm^3。

(3)起钻中严格按规定及时向井内灌满钻井液，并作好记录、校核、及时发现异常情况。

(4)钻头在油气层中和油气层顶部以上300m井段内起钻速度不得超过0.5m/s。

(5)在疏松地层，特别是造浆性强的地层，遇阻划眼时应保持足够的流量，防止钻头泥包。

(6)起钻完应及时下钻，严禁在空井情况下进行设备检修。

6.7 发现气侵应及时排除，气侵钻井液未经排气不得重新注入井内。

6.8 若需对气侵钻井液加重，应在对气侵钻井液排完气后停止钻进的情况下进行，严禁边钻进边加重。

6.9 加强溢流预兆及溢流显示的观察，做到及时发现溢流。“坐岗”观察溢流显示的人员应在进入油气层前100m开始“坐岗”，“坐岗”人员上岗前应经钻井队技术人员技术培训。“坐岗”人员发现溢流、井漏及油气显示等异常情况，应立即报告司钻。要求：

(1)钻进中注意观察钻时、放空、井漏、气测异常和钻井液出口流量、流势、气泡、气味、油花等情况，及时测量钻井液密度和黏度、氯根含量、循环池液面等变化，并作好记录。

(2)起下钻中注意观察、记录、核对起出(下入)钻具体积和灌入(流出)钻井液体积；观察悬重变化以及防钻头水眼堵塞后突然打开引起的井喷。

6.10 钻进中发生井漏应将钻具提离井底，方钻杆提出转盘，以便关井观察。采取定时、定量反灌钻井液措施保持井内液柱压力与地层压力平衡防止发生溢流，其后采取相应措施处理井漏。

6.11 电测、固井、中途测试应做好如下井控防喷工作：

(1)电测前井内情况应正常、稳定；若电测时间长，应考虑中途通井循环再电测。

(2)下套管前，应换装与套管尺寸相同的防喷器闸板；固井全过程(起钻、下套管、固井)应保证井内压力平衡，尤其防止注水泥候凝期间因水泥失重造成井内压力平衡的破坏，甚至井喷。

(3)中途测试和先期完成井，在进行作业以前观察一个作业期时间；起、下钻杆或油管应在井口装置符合安装、试压要求的前提下进行。

7. 溢流的处理和压井作业

7.1 溢流应在本油田规定数量内发现并报警。

7.2 发现溢流显示应立即按关井操作规定程序迅速关井，见附录 B 和附录 C；关井后应及时求得关

井立管压力、关井套压和溢流量。

7.3 起下钻中发生溢流，应尽快抢接钻具止回阀或旋塞。只要条件允许，控制溢流量在允许范围内，尽可能多下一些钻具，然后关井。

7.4 电测时发生溢流应尽快起出井内电缆。若溢流量将超过规定值，则立即砍断电缆按空井溢流处理，不允许用关闭环形防喷器的方法继续起电缆。

7.5 任何情况下关井，其最大允许关井套压不得超过井口装置额定工作压力、套管抗内压强度的80%和薄弱地层破裂压力所允许关井套压三者中的最小值；在允许关井套压内严禁放喷。

7.6 关井后应根据关井立管压力和套压的不同情况，分别采取如下的相应处理措施：

(1)关井立管压力为 0 时，溢流发生是因抽汲、井壁扩散气、钻屑气等使钻井液静液柱压力降低所致，其处理方法如下：

①当关井套压也为 0 时，保持原钻进时的流量、泵压，以原钻井液敞开井口循环，排除侵污钻井液即可。

②当关井套压不为 0 时，应在控制回压维持原钻进流量和泵压条件下排除溢流，恢复井内压力平衡；再用短程起下钻检验，决定是否调整钻井液密度，然后恢复正常作业。

(2)关井立管压力不为 0 时，可采用工程师法、司钻法、边循环边加重法等常规压井方法压井。

①所有常规压井方法应遵循在压井作业中始终控制井底压力略大于地层压力的原则。

②根据计算的压井参数和本井的具体条件(溢流类型、钻井液和加重剂的储备情况、加重能力、井壁稳定性、井口装置的额定工作压力等)，结合常规压井方法的优缺点选择其压井方法。

7.7 天然气溢流不允许长时间关井而不作处理。在等候加重材料或在加重过程中，视情况间隔一段时间向井内灌注加重钻井液，同时用节流管汇控制回压，保持井底压力略大于地层压力排放井口附近含气钻井液。若等候时间长，则应及时实施司钻法第一步排除溢流，防止井口压力过高。

7.8 空井溢流关井后，应根据溢流的严重程度，采用强行下钻分段压井法、置换法、压回法等方法进行处理。

7.9 压井施工前应进行技术交底、设备安全检查、人员操作岗位落实等工作。施工中安排专人详细记录立管压力、套压、钻井液泵入量、钻井液性能等压井参数，对照压井作业单进行压井。压井结束后，认真整理压井作业单。

8. 防火、防爆、防硫化氢安全措施

8.1 防火、防爆措施

8.1.1 发电房、锅炉房和储油罐的摆放按 SY 5225 中的相应规定执行。

8.1.2　井场电器设备、照明器具及输电线路的安装应符合 SY 5225 中的相应规定。

8.1.3　柴油机排气管应无破漏和积炭，并有冷却灭火装置；出口与井口应相距 75 m 以上，不朝向油罐。在苇田、草原等特殊区域内施工应加装防火帽。

8.1.4　钻台上下、机泵房周围禁止堆放杂物及易燃、易爆物，钻台、机泵房下无积油。

8.1.5　消防器材的配备执行 SY 5876 中的规定。

8.1.6　井场内严禁烟火。钻开油气层后应避免在井场使用电焊、气焊。若需动火，应执行 SY/T 5858 中的安全规定。

8.2　防硫化氢措施

8.2.1　在井架上、井场盛行风入口处等地应设置风向标，一旦发生紧急情况，作业人员可向上风方向疏散。

8.2.2　钻台上下、振动筛、循环罐等气体易聚积的场所，应安装防爆排风扇以驱散工作场所弥漫的有害、可燃气体。

8.2.3　含硫地区的钻井队应按 SY/T 5087 的规定配备硫化氢监测仪器和防护器具，并做到人人会使用、会维护、会检查。

8.2.4　钻井队技术人员负责防硫化氢安全教育，队长负责监督检查。

8.2.5　含硫地区钻井液的 pH 值要求控制在 9.5 以上。加强对钻井液中硫化氢浓度的测量，充分发挥除硫剂和除气器的功能，保持钻井液中硫化氢浓度含量在50mg/m^3以下。

8.2.6　当在空气中硫化氢含量超过安全临界浓度的污染区进行必要的作业时，应按 SY/T 5087 中的相应要求做好人员安全防护工作。

8.2.7　钻井队在现场条件不能实施井控作业而决定放喷点火时，应按 SY/T 5087 中的相应要求进行。

8.2.8　一旦发生井喷事故，应及时上报上一级主管部门，并有消防车、救护车、医护人员和技术安全人员在井场值班。

8.2.9　控制住井喷后，应对井场各岗位和可能积聚硫化氢的地方进行浓度检测。待硫化氢浓度降至安全临界浓度时，人员方能进入。

9. 井喷失控的处理

9.1　严防着火。井喷失控后应立即停机、停车、停炉，关闭井架、钻台、机泵房等处全部照明灯和电器设备，必要时打开专用探照灯；熄灭火源，组织警戒；将氧气瓶、油罐等易燃易爆物品撤离危险区；迅速做好储水、供水工作，并尽快由注水管线向井口注水防火或用消防水枪向油气喷流和井口周围设备大量喷水降温，保护井口装置，防止着火或事故继续恶化。

9.2　应设置观察点，定时取样，测定井场各处天然气、硫化氢和二氧化碳含量，划分安全范围。

9.3　应迅速成立有领导干部参加的现场抢险指挥组，根据失控状况制订抢险方案，统一指挥、组织和协调抢险工作。

9.4　抢险中每个步骤实施前，均应按 SY/T 6203 中的要求进行技术交底和模拟演习。

9.5　井口装置和井控管汇完好条件下井喷失控的处理：

(1)检查防喷器及井控管汇的密封和固定情况，确定井口装置的最高承压值。

(2)检查方钻杆上、下旋塞阀的密封情况。

(3)井内有钻具时，要采取防止钻具上顶的措施。

(4)按规定和指令动用机动设备、发电机及电焊、气焊；对油罐、氧气瓶、乙炔发生器等易燃易爆物采取安全保护措施。

(5)迅速组织力量配制压井液压井，压井液密度根据邻近井地质、测试等资料和油、气、水喷出总量以及放喷压力等来确定；其准备量应为井筒容积的2~3倍。

(6)当具备压井条件时，采取相应的特殊压井方法进行压井作业。

(7)对具备投产条件的井，经批准可坐钻杆挂以原钻具完钻。

9.6 井口装置损坏或其他原因造成复杂情况条件下井喷失控或着火的处理：

(1)失控井都应清除抢险通道及井口装置周围可能使其歪斜、倒塌、妨碍处理工作进行的障碍物(转盘、转盘大梁、防溢管、钻具、垮塌的井架等)，充分暴露和保护井口装置；着火井应在灭火前按照先易后难、先外后内、先上后下、逐段切割的原则，采取氧炔焰切割和水力喷砂切割带火清障；清理工作要根据地理条件、风向，在消防水枪喷射水幕的保护下进行；未着火井要严防着火，清障时要大量喷水和使用铜制工具。

(2)采用密集水流法、突然改变喷流方向法、空中爆炸法、液固快速灭火剂综合灭火法以及打救援井等方法扑灭不同程度的油气井大火；密集水流法是其余几种灭火方法须同时采用的基本方法。

9.7 新井口装置按下述原则设计：

(1)在油气敞喷情况下便于安装，其内径不小于原井口装置的通径，密封垫环要固定。

(2)原井口装置不能利用的应拆除。

(3)大通径放喷以尽可能降低回压。

(4)优先考虑安全控制井喷的同时，兼顾控制后进行井口倒换、不压井起下管柱、压井、处理井下事故等作业。

9.8 原井口装置拆除和新井口装置安装作业时，应尽可能远距离操作，尽量减少井口周围作业人数，缩短作业时间，消除着火的可能。

9.9 井喷失控的井场内处理施工应尽量不在夜间和雷雨天进行，以免发生抢险人员人身事故，以及因操作失误而使处理工作复杂化；施工同时，不应在现场进行干扰施工的其他作业。

9.10 按SY/T 6203中的要求做好人身安全防护。

10. 井控技术培训、考核

10.1 “井控操作证”制度

从事钻井生产、技术和安全管理的各级人员应持“井控操作证”上岗。

10.2 执行“井控操作证”制度的人员

(1)管理局(勘探局)和油气田分公司：主管钻井工作的局领导、分公司领导、相关部门处级领导和技术人员。

(2)钻井公司：经理、主管钻井生产和技术的副经理、正副总工程师及负责现场生产和安全工作的技术人员。

(3)钻井队：钻井监督、正副队长、指导员、钻井工程师(技术员)、安全员、钻井技师、大班司钻、正副司钻和井架工。

(4)欠平衡钻井、固井、综合录井、钻井液、取心、定向井等专业服务公司(队)的技术人员及主要操作人员；井控车间技术人员和现场服务人员；现场地质技术人员、地质监督、测井监督和地质设计人员；从事钻井工程设计的技术人员。

10.3 井控培训单位资格

应符合 SY 5742 的要求。

10.4 井控技术培训内容

(1) 井控工艺

①地层压力的检测和预报。

②溢流、井喷发生原因和溢流的及时发现。

③关井程序和常用压井方法的原理及参数计算。

④压井施工和复杂井控问题的处理。

⑤硫化氢的防护和欠平衡钻井技术。

(2)井控装置

①结构及工作原理。

②安装及调试要求。

③维护保养和故障排除。

(3)有关井控规定和标准

10.5 井控技术培训要求

各油气田井控培训中心应针对钻井队工人、技术人员和钻井监督，井控车间技术人员和现场服务人员，地质设计人员、现场地质技术人员、地质监督、测井监督及相关人员，油气田主管钻井生产的领导和钻井管理人员等进行不同内容的井控培训。其重点为：

(1)对钻井队工人的培训，要以能及时发现溢流、正确实施关井操作程序、及时关井、会对井控装置进行安装、使用、日常维护和保养为重点。

(2)对钻井队技术人员以及欠平衡钻井、固井、综合录井、钻井液、取心、定向井等专业服务公司(队)的技术人员的培训，要以正确判断溢流、正确关井、计算压井参数、掌握压井程序、实施压井作业、正确判断井控装置故障及具有实施井喷及井喷失控处理能力为重点。

(3)对井控车间技术人员和现场服务人员的培训，要以懂井控装置的结构、工作原理，会安装、调试，能正确判断和排除故障为重点。

(4)对钻井公司正副经理、正副总工程师和其他指挥人员、监督、负责钻井现场生产的领导干部、技术人员以及从事钻井工程设计的技术人员的培训，要以井控工作的全面监督管理、复杂情况下的二次控制及组织处理井喷失控事故为重点。

10.6 培训学时

应符合 SY 5742 中的相应要求。

10.7 考核方式

按 SY 5742 中的相应规定执行。

11. 井控工作分级责任制

11.1 应成立各级井控领导小组，确定其第一责任人和成员。

11.2 应成立井控监督小组，在井控领导小组指导下工作。

11.3 应制定各级井控工作内容和相应管理制度，并明确其职责。

附录 1-A　井口装置组合图(规范性附录)

附图 1-A-1 至附图 1-A-5 为 14MPa 压力等级防喷器组合形式；附图 1-A-6 至附图 1-A-8为 21MPa 和 35MPa 等级防喷器组合形式；附图 1-A-9 至附图 1-A-12 为 70MPa 和 105MPa 压力等级防喷器组合形式。

附图 1-A-13 为 14MPa 压力等级节流管汇；附图 1-A-14 为 21MPa 压力等级节流管汇；附图 1-A-15 为 35MPa 和 70MPa 压力等级节流管汇；附图 1-A-16 为 105MPa 压力等级节流管汇。

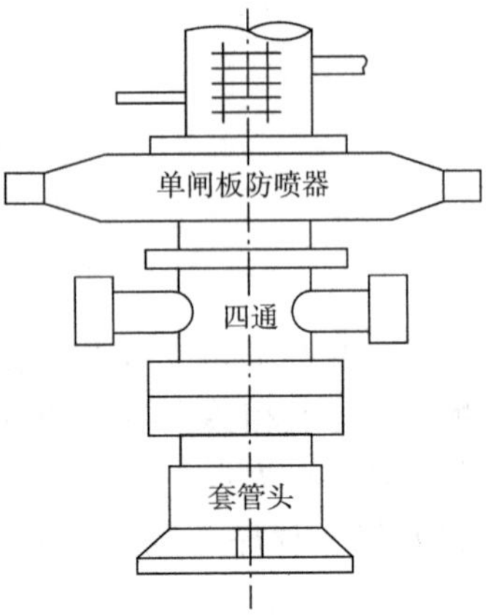

附图 1-A-1

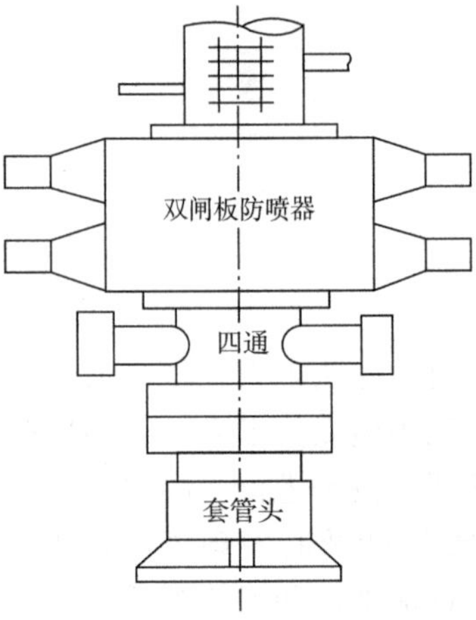

附图 1-A-2

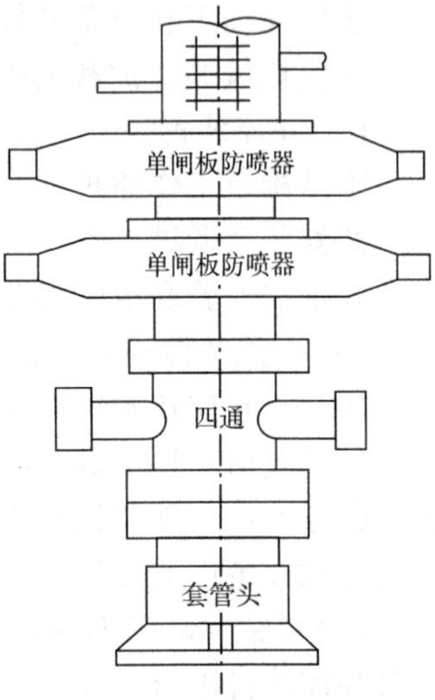

附图 1-A-3

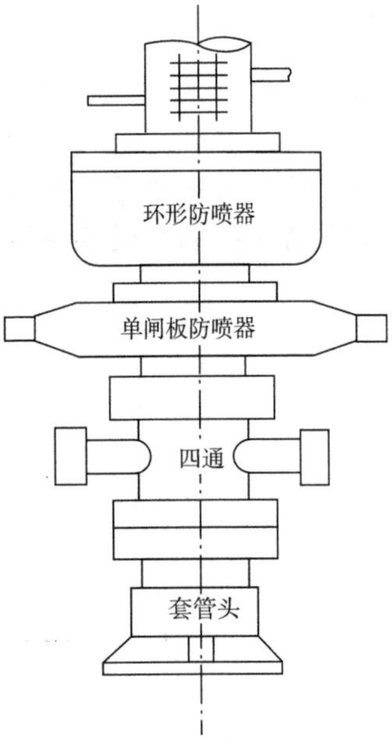

附图 1-A-4

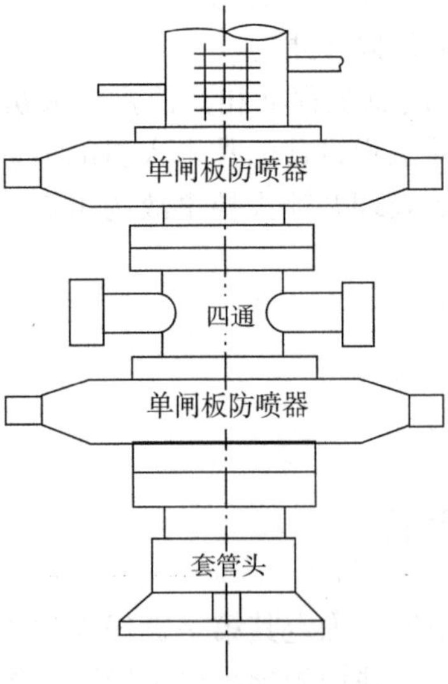

附图 1-A-5

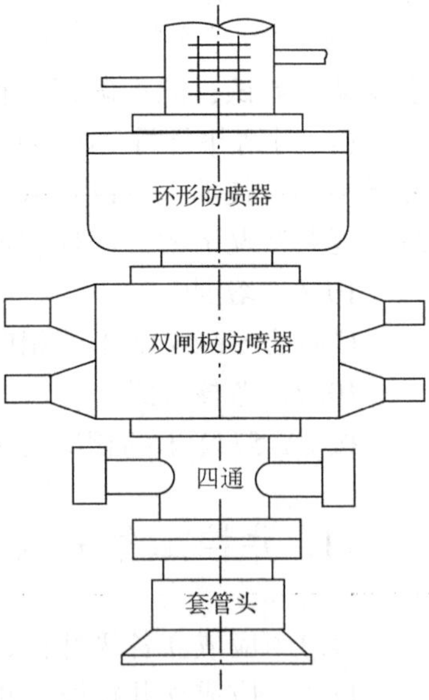

附图 1-A-6

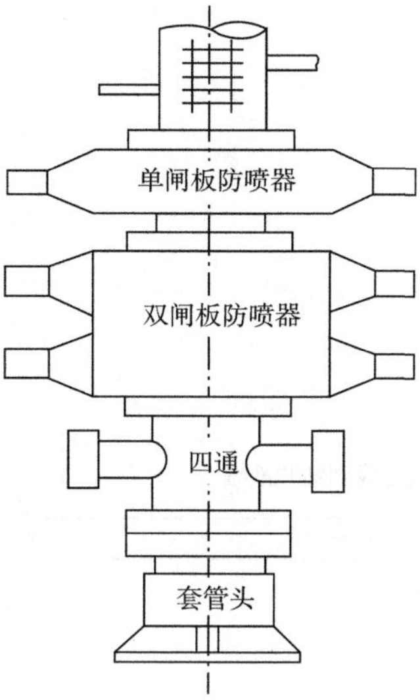

附图 1－A－7

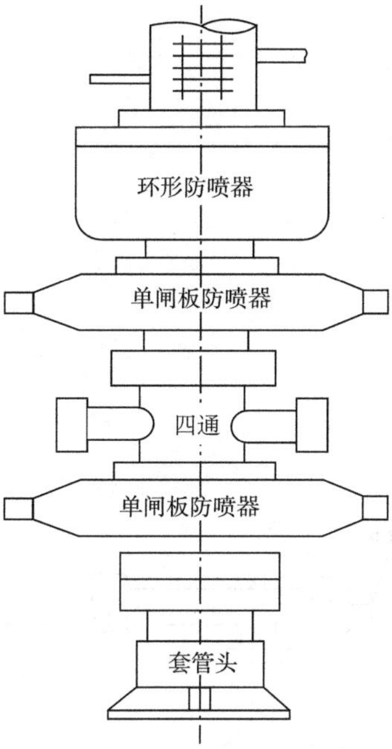

附图 1－A－8

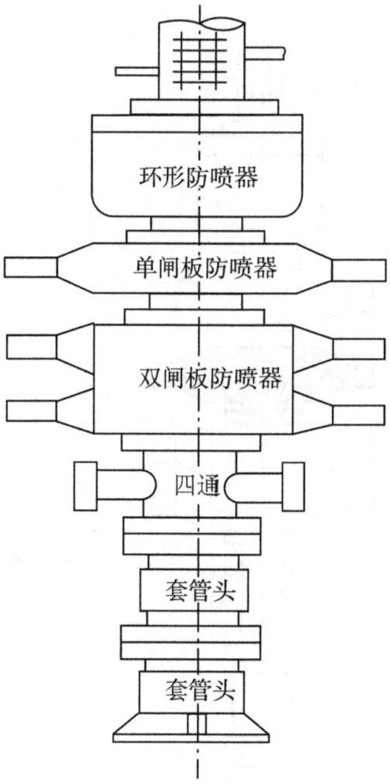

附图 1－A－9

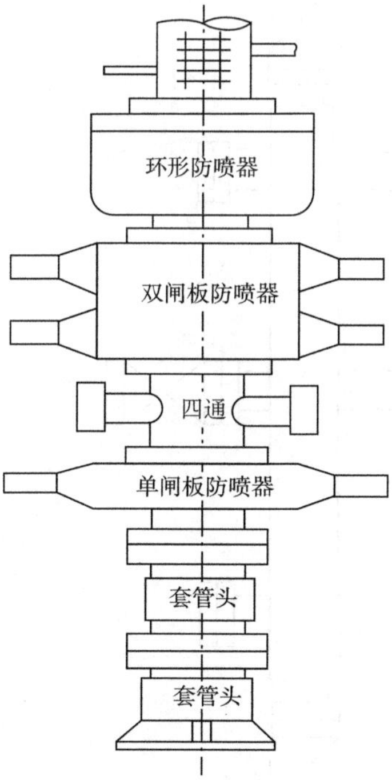

附图 1－A－10

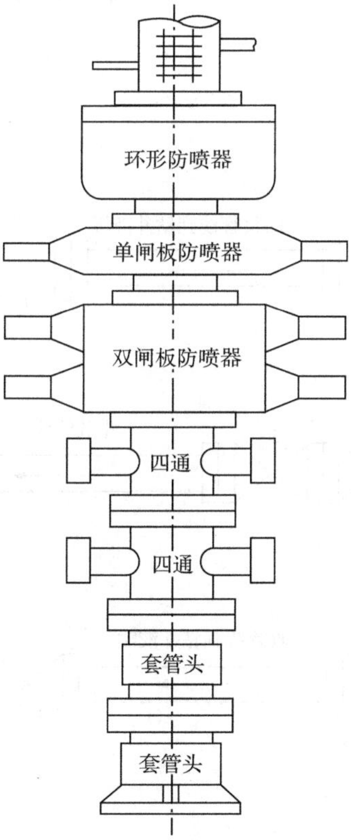

附图 1－A－11

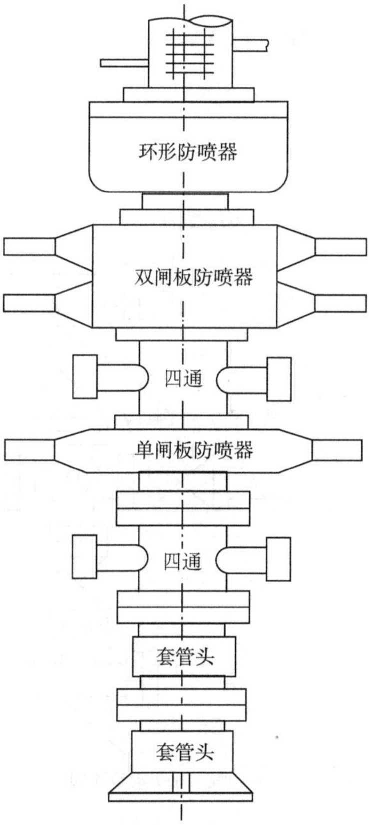

附图 1－A－12

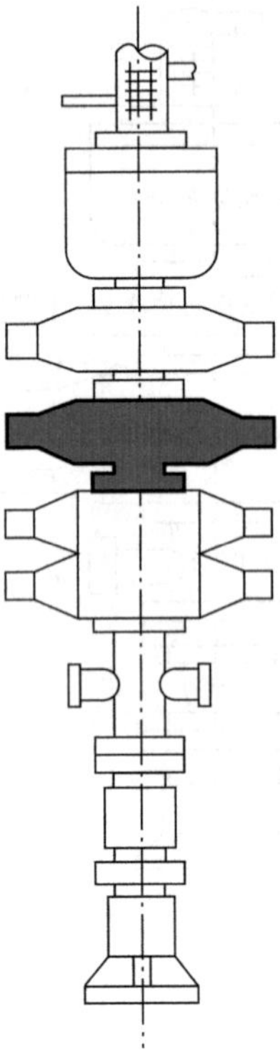

附图 1-A-13

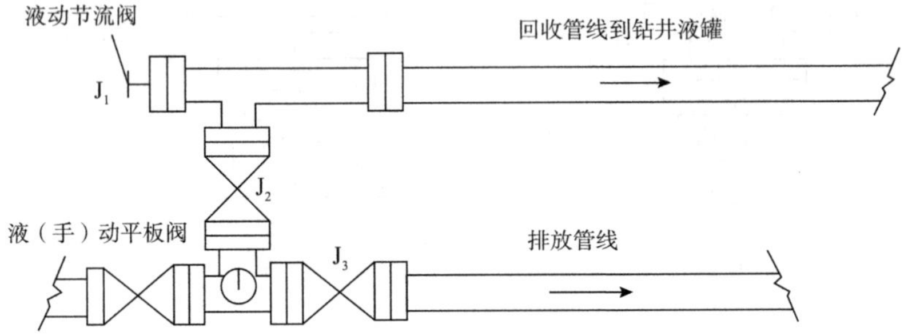

附图 1-A-14

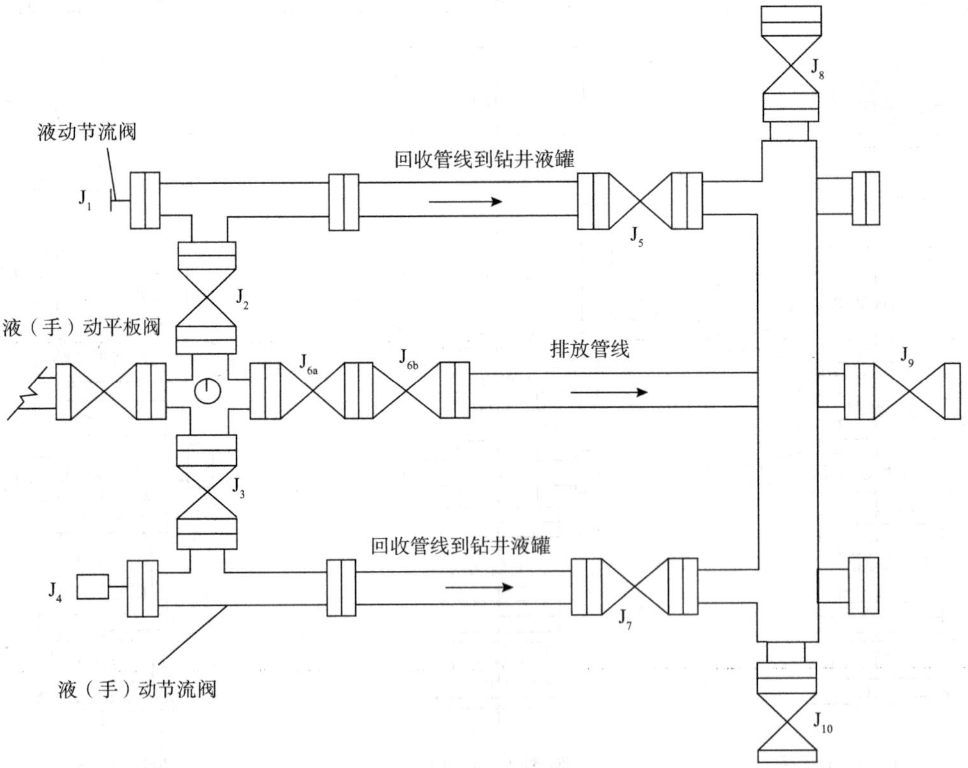

附图 1-A-15

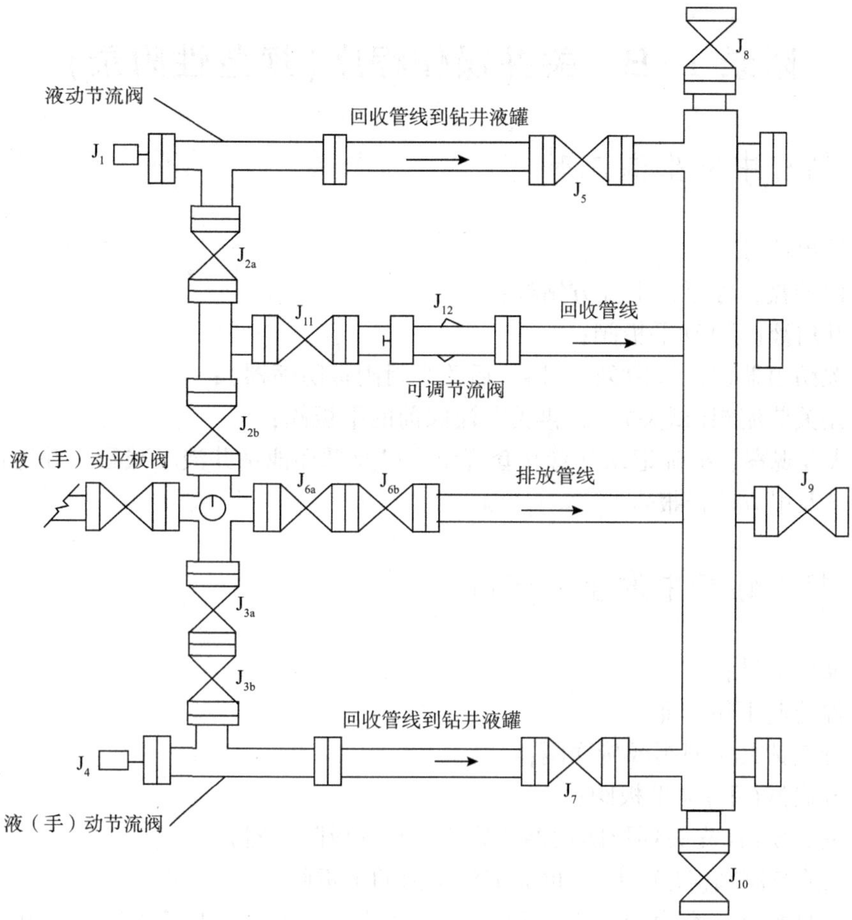

附图 1-A-16

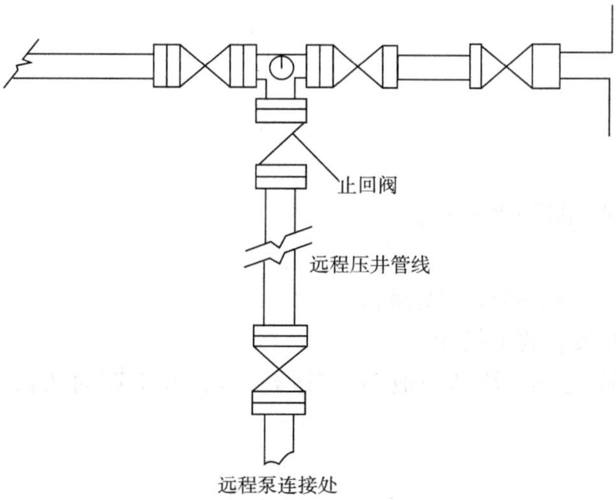

附图 1-A-17

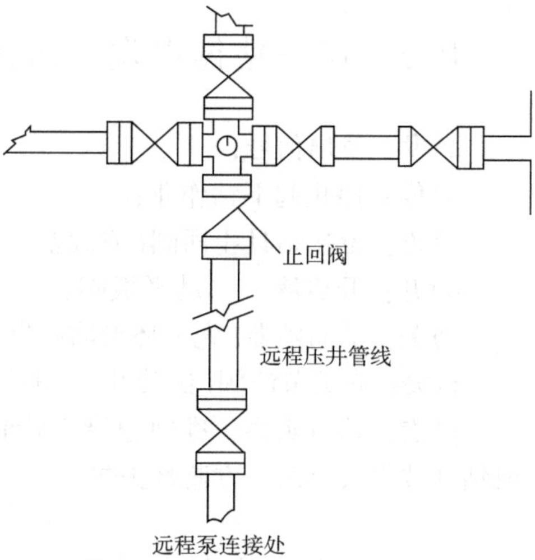

附图 1-A-18

附录1-B 关井操作程序(规范性附录)

B.1 钻进中发生溢流时

a)发：发出信号；
b)停：停转盘，停泵，上提方钻杆；
c)开：开启液(手)动平板阀；
d)关：关防喷器(先关环形防喷器，后关半封闸板防喷器)；
e)关：先关节流阀(试关井)，再关节流阀前的平板阀；
f)看：认真观察、准确记录立管和套管压力以及循环他钻井液增减量，并迅速向队长或钻井技术人员及甲方监督报告。

B.2 起下钻杆中发生溢流时

a)发：发出信号；
b)停：停止起下钻作业；
c)抢：抢接钻具止回阀或旋塞阀；
d)开：开启液(手)动平板阀；
e)关：关防喷器(先关环形防喷器，后关半封闸板防喷器)；
f)关：先关节流阀(试关井)，再关节流阀前的平板阀；
g)看：认真观察、准确记录立管和套管压力以及循环池钻井液增减量，并迅速向队长或钻井技术人员及甲方监督报告。

B.3 起下钻铤中发生溢流时

a)发：发出信号；
b)停：停止起下钻作业；
c)抢：抢接钻具止回阀(或旋塞阀或防喷单根)及钻杆；
d)开：开启液(手)动平板阀；
e)关：关防喷器(先关环形防喷器，后关半封闸板防喷器)；
f)关：先关节流阀(试关井)，再关节流阀前的平板阀；
g)看：认真观察、准确记录立管和套管压力以及循环池钻井液增减量，并迅速向队长或钻井技术人员及甲方监督报告。

B.4 空井发生溢流时

a)发：发出信号；
b)开：开启液(手)动平板阀；

c)关：关防喷器(先关环形防喷器，后关全封闸板防喷器)；

d)关：先关节流阀(试关井)，再关节流阀前的平板阀；

e)看：认真观察、准确记录套管压力以及循环池钻井液增减量，并迅速向队长或钻井技术人员及甲方监督报告。

注：空井发生溢流时，若井内情况允许，可在发出信号后抢下几柱钻杆，然后实施关井。

附录1-C　顶驱钻机关井操作程序(规范性附录)

C.1　钻进中发生溢流时

a)发：发出信号；

b)停：上提钻具，停顶驱，停泵；

c)开：开启液(手)动平板阀；

d)关：关防喷器(先关环形防喷器，后关半封闸板防喷器)；

e)关：先关节流阀(试关井)，再关节流阀前的平板阀；

f)看：认真观察、准确记录立管和套管压力以及循环他钻井液增减量，并迅速向队长或钻井技术人员及甲方监督报告。

C.2　起下钻杆中发生溢流时

a)发：发出信号；

b)停：停止起下钻作业；

c)抢：抢接钻具止回阀或旋塞阀；

d)开：开启液(手)动平板阀；

e)关：关防喷器(先关环形防喷器，后关半封闸板防喷器)；

f)关：先关节流阀(试关井)，再关节流阀前的平板阀；

g)看：认真观察、准确记录立管和套管压力以及循环池钻井液增减量，并迅速向队长或钻井技术人员及甲方监督报告。

C.3　起下钻铤中发生溢流时

a)发：发出信号；

b)停：停止起下钻作业；

c)抢：抢接钻具止回阀(或旋塞阀或防喷单根)及钻杆；

d)开：开启液(手)动平板阀；

e)关：关防喷器(先关环形防喷器，后关半封闸板防喷器)；

f)关：先关节流阀(试关井)，再关节流阀前的平板阀；

g)看：认真观察、准确记录立管和套管压力以及循环池钻井液增减量，并迅速向队长或钻井技术人员及甲方监督报告。

C.4　空井发生溢流时

a)发：发出信号；

b)开：开启液(手)动平板阀；

c)关：关防喷器(先关环形防喷器，后关全封闸板防喷器)；

d)关：先关节流阀(试关井)，再关节流阀前的平板阀；

e)看：认真观察、准确记录套管压力以及循环池钻井液增减量，并迅速向队长或钻井技术人员及甲方监督报告。

注：空井发生溢流时，若井内情况允许，可在发出信号后抢下几柱钻杆，然后实施关井。

附录 1-D　防喷演习记录表格式(资料性附录)

防喷演习记录表格式见附表 1-D-1。

附表 1-D-1　防喷演习记录表

公司			钻井公司			井队	
井号		日期		对长		技术员	
生产班	次数	日期	内容		人数	完成时间	讲评人
一班							
二班							
三班							
四班							
演习情况总评							

附录 1-E　坐岗记录表格式(资料性附录)

坐岗记录表格式见附表 1-E-1。

附表 1-E-1　坐岗记录表

公司			钻井公司				井队		井号		值班干部	
时间	工况	井深/m	×号罐/m^3	×号罐/m^3	×号罐/m^3	累计变化量/m^3	钻井液出口处气泡、气味、流量(溢流、井漏)描述及原因分析					观察员

续表

公司			钻井公司				井队		井号		值班干部	
时间	工况	井深/m	×号罐/m^3	×号罐/m^3	×号罐/m^3	累计变化量/m^3	钻井液出口处气泡、气味、流量(溢流、井漏)描述及原因分析					观察员

注：适时汇总并校正采集工、钻井液工观察记录。

附录 1-F　钻开油气层检查验收证书格式(资料性附录)

钻开油气层检查验收证书内容见附表 1-F-1 至附表 1-F-11。

附表 1-F-1　本井基本情况

井号		井别		设计层位		设计井深/m	
钻达层位				钻达井深/m		钻井液密度/(g/cm^3)	
设计及实钻井身结构		一次开钻					
		二次开钻					
		三次开钻					
		四次开钻					
邻近注水、注气井情况							
井号	井距	注水(注)气层段		注水(注)气		建议停注、泄压时间	

附表 1-F-2　分段设计及实钻钻井液密度

地层层位					
井深/m					
设计压力梯度/(MPa/m)					
设计钻井液密度/(g/cm^3)					
实钻钻井液密度/(g/cm^3)					
油气水漏显示情况					

附表 1-F-3　井控工艺及管理

序号	检查内容	验收标准	问题
1	井控设计	贴于值班室，落实、执行	
2	钻井液储备	密度和体积达到设计要求	
	加重材料储备	数量达到设计要求	
3	上部裸眼承压检验	按要求进行	
4	低泵速试验	按要求进行	
5	技术措施	已进行交底	
	井控操作岗位	落实	
	干部值班制	落实	
6	设备、工具管理	制度健全、切实执行	
7	关井操作程序		
	溢流预兆		
	防火、防毒措施		

附表 1-F-4　井控井口装置

序号	检查内容	验收标准	问题
1	防喷器组合及压力配套	压力等级、尺寸系列、组合方式达到设计要求	
2	整体及连接固定	四角用 $\phi16$mm 钢丝绳拉紧固死，连接螺栓齐全紧固	
3	环形防喷器	封钻具试额定工作压力的 70%（但不超过套管抗内压强度的 80%）	
	闸板防喷器	试额定工作压力（但不超过套管抗内压强度的 80%）	
4	套管头	密封可靠，试额定工作压力	
	底法兰	与套管连接正确，试额定工作压力	
5	闸板手动锁紧杆	齐全、支撑可靠	
6	所有封隔油气层的套管与上层套管间的放气闸阀及管线	带压力表，放气管线引出井场外	
7	防溢管	与钻井液出口管连接可靠	

附表 1-F-5 井控控制系统

序号	检查内容	验收标准	问题
1	离井口距离及方位	安装在面对井架大门左侧，距井口不少于 25m 的专用活动房内，并在周围保持 2m 以上的行人通道	
	环境	周围 10m 内不得堆放易燃易爆物品	
2	供电、供气	专线供给	
3	液控管线	安装正确，并有可靠的保护装置	
	油、气管线密封	不渗、不漏	
4	系统试压	按规定试压合格	
5	动力系统	电动及电动泵运转正常，无泄漏	
6	自动控制开关	压力继电器、继电器的自动和手动调压范围正确	
7	充氮压力	7.0MPa±0.7MPa	
	表压	气源、蓄能器、管汇及环形等表压力调至规定值	
8	阀件	手柄位置正确并挂牌，开、关灵活，密封可靠	
9	油箱油量及质量	规定油限内，合格压力油	
10	司钻控制台	安放位置、手柄位置、表压等正确	

附表 1-F-6 井控管汇

序号	检查内容	验收标准	问题
1	井控管汇	安装数量、连接形式、管汇及闸阀按规定试压合格	
2	管线固定及形式	每隔 10~15m 用水泥基墩加地脚螺栓或地锚或预制基墩固定，转弯夹角不小于 120°，弯头用铸(锻)件	
3	防喷管线	出口距井口的距离不小于 75m，其通径不小于 76mm。此条规定是一般性、通行性的技术条件，对特殊情况，应进行安全风险评估，并采取或增加相应的安全保障措施，然后调整技术条件	
	回收管线	接至钻井液罐，爬坡架安装处支撑牢靠	
	节流管汇	至井口间的管线通径不小于 76mm	
	压井管汇	至井口间的部件通径不小于 50mm	
4	压力表	齐全、灵敏、量程满足要求，安装压力表截止阀	
5	闸阀	挂牌编号并注明开、关状态	

附表 1-F-7　其余井控装置

序号	检查内容	验收标准	问题
1	旋塞阀	转动灵活、密封可靠，配有与钻铤相连的短节	
	钻具止回阀	密封可靠，适合在用钻具并配有抢接工具	
	钻具旁通阀	灵活好用，备有接头，适合在用钻具	
	转换接头	适合在用各类钻铤与钻杆	
2	除气器	位置合适，固定牢靠，运转正常，排气管线通径符合设计要求，并接出井口 50m 以上	
	钻井液气体分离器		
3	二筛三除	运转正常，净化率高	
4	加重装置	运转正常	
	搅拌器	数量齐全，运转正常	
5	循环池液面报警器	齐全、灵敏、可靠	
6	起钻灌钻井液装置	运转正常、可靠	

附表 1-F-8　安全器材及装置

序号	检查内容	验收标准	问题
1	井喷报警装置	工作可靠	
2	通信设备	运转正常	
3	发电房	距井口 30m 以上	
	锅炉房	距井口 50m 以上	
	柴油机排气管	出口距井口 15m 以上，不正对油罐、不破不漏，并有冷却灭火装置	
4	动力、照明线路	符合安全用电标准安装要求	
	电路	符合电器防火、防爆标准要求	
	探照灯	齐备并配有单独电路	
5	各类大小灭火器	齐全、完好、能正常使用，标签填写完整	
	消防专用工具	数量齐全、完好	
6	风向标及排风扇	齐备，安装位置正确	
	硫化氢监测仪	工作性能可靠	
	空气呼吸器、防毒面具及药品	齐备，有效，能正确使用	
7	井场排污	有排污管道，钻台上下及机泵房周围无油污	

附表 1–F–9　其他动力设备

序号	检查内容	验收标准	问题
1	钻机系统	符合钻机八大件安装、使用管理要求	
2	游动系统	符合钻机八大件安装、使用管理要求	
3	柴油机及传动系统	符合钻机八大件安装、使用管理要求	
4	钻井泵	符合钻机八大件安装、使用管理要求	
5	压风机	符合钻机八大件安装、使用管理要求	
6	发电机组	符合钻机八大件安装、使用管理要求	
7	供水系统	符合钻机八大件安装、使用管理要求	

附表 1–F–10　培训及演习

序号	检查内容	验收标准	问题
1	井控培训	规定持证人员应持有效证件上岗	
	井控教育	包括井控知识、井控规定的学习，至少有一次	
2	防火、防毒演习	合格	
	防喷演习	各班组每月不少于一次不同工况下的防喷演习，完成时间达到规定要求	
	记录和讲评	有记录	

附表 1–F–11　培训及演习

序号	整改问题	要求
1		
2		
3		
4		
5		
6		
7		
8		
9		
10		

附录1-G　井控停钻通知书格式(资料性附录)

井控停钻通知书

__________井队：

你队所钻________井，经钻开油气层检查验收，仍存在以下问题(见下表)。为确保井控安全，现令其停钻整改，期限________时完成。

停钻待整改问题

序号	整改问题	要求
1		
2		
3		
4		
5		
6		
7		
8		
9		
10		

检查验收组组长签名：

检查验收组副组长签名：

附录 1-H　钻开油气层批准书格式(资料性附录)

钻开油气层批准书

____________井队：

你队所钻_________井，经钻开油气层检查验收，符合井控技术要求，准予钻开油气层，特此通知。

已整改完成问题

序号	问题	整改	
1		日期	上报人
2			
3			
4			
5			
6			
7			
8			
9			
10			

检查验收组组长签名：

检查验收组副组长签名：

附录2　含硫化氢油气井安全钻井推荐作法(SY/T 5087—2005)

1. 范围

本标准规定了含硫油气井钻井作业中从钻井设计、设备安装、井场布置、硫化氢监测、人员和设备防护、应急管理等方面的安全要求。

本标准适用于油气勘探开发中含硫油气井的钻井作业。

2. 规范性引用文件

下列文件中的条款通过本标准的引用而成为本标准的条款。凡是注日期的引用文件，其随后的修改单(不包括勘误的内容)或修订版均不适用于本标准，然而，鼓励根据本标准达成协议的各方研究是否可使用这些文件的最新版本。凡是不注日期的引用文件，其最新版本适用于本标准。

SY/T 0599　天然气地面设施抗硫化物应力开裂金属材料要求

SY/T 5323—2004　节流和压井系统(API Spec 16C：1993. IDT)

SY/T 5466　钻前工程及井场布置技术要求

SY/T 5858　石油企业工业动火安全规程

SY/T 5964　钻井井控装置组合配套、安装调试与维护

SY/T 6194　石油天然气工业　油气井套管或油管用钢管

SY/T 6277　含硫油气田硫化氢监测与人身安全防护规定

SY/T 6426　钻井井控技术规程

《海洋石油作业硫化氢防护安全要求》(1989)原中华人民共和国能源部海洋石油作业安全办公室

API Spec 5D　钻杆规范

API Spec 6A　井口和阀门规范

API Spec 16A　钻通设备规范

API RP 53　钻井的防喷设备系统

3. 术语和定义

下列术语和定义适用于本标准

3.1　阈限值 threshold limit value (TLV)

几乎所有工作人员长期暴露都不会产生不利影响的某种有毒物质在空气中的最大浓度。

硫化氢的阈限值为 15mg/m^3(10ppm)；二氧化硫的阈限值为 5.4 mg/m^3(2ppm)。

3.2　安全临界浓度 safety critical concentration

工作人员在露天安全工作可接受的硫化氢最高浓度[参考《海洋石油作业硫化氢防护安全要求》(1989)1.3 条中硫化氢的安全临界浓度为 30mg/m^3(20ppm)]。

3.3　危险临界浓度 dangerous threshold limit value

达到此浓度时，对生命和健康会产生不可逆转的或延迟性的影响[参考《海洋石油作业硫化氢防护安全要求》(1989)中硫化氢的危险临界浓度为 150mg/m^3(100ppm)]。

3.4　氢脆 hydrogen embitterment

化学腐蚀产生的氢原子，在结合成氢分子时体积增大，致使低强度钢和软钢发生氢鼓泡、高强度钢产生裂纹，使钢材变脆。

3.5　硫化物应力腐蚀开裂 sulfide stress corrosion cracking

钢材在足够大的外加拉力或残余张力下，与氢脆裂纹同时作用发生的破裂。

3.6　硫化氢分压 hydrogen sulfide factional pressure

在相同温度下，一定体积天然气中所含硫化氢单独占有该体积时所具有的压力。

3.7　含硫化氢天然气 nature gas with hydrogen sulfide

指天然气的总压等于或大于 0.4MPa(60psi)，而且该气体中硫化氢分压等于或高于 0.0003MPa；或 H_2S 含量大于 75mg/m^3(50ppm)的天然气。

4. 人员防护

4.1　培训

4.1.1　基本培训

基本培训包括但不限于以下内容：

(1)课堂培训：

①硫化氢及二氧化硫的危害性、特征和特性；

②对暴露于硫化氢及二氧化硫中的受害者的救援技术和急救方法；

③正确使用和保养防硫化氢、二氧化硫的呼吸设备，包括理论培训和实践操作演练；

④限制空间和封闭设施的进入程序。

(2)现场培训：

①硫化氢及二氧化硫的来源和暴露征兆；

②硫化氢、二氧化硫监测仪器的使用、校验和维护及监测系统警示信号的辨认；

③工作场所中预防硫化氢和二氧化硫实际的操作和维护程序；

④施工场所和作业的应急预案，特别是紧急集合区的位置、危险区域、风向判断及逃生路线选择。

4.1.2　现场监督人员的附加培训

委派到现场负责监督责任的人员都应增加下列项目的培训：

(1)应急预案中监督的职责；

(2)硫化氢对设备的影响；

(3)钻遇硫化氢之前对钻井液的处理。

4.1.3　来访者和其他非定期派遣人员的培训

4.1.3.1 在进入危险区之前，应向来访者和其他非定期派遣的人员简要介绍有关出口路线、紧急集合区位置、适用的警报信号和在紧急情况下的响应方法和个人防护设备的使用。

4.1.3.2 只有在受过培训的人员随同下，才允许这些人员进入危险区。

4.1.3.3 在紧急情况下，应立即撤离这些人员。

4.1.4 培训时间

含硫油气井作业相关人员应进行专门的硫化氢防护培训，首次培训时间不少于15h，每两年复训一次，复训不少于6h。

4.1.5 资质和证书

4.1.5.1 应由有资质的培训机构对人员进行防硫化氢技术培训。

4.1.5.2 受训人员的培训时间、培训内容、考核结果应有记录。记录最少保留2年。

4.1.5.3 参加井控培训的人员也应参加防硫化氢培训并取得合格证书，合格证书的有效期为2年。

4.2 硫化氢监测

4.2.1 硫化氢监测的要求

含硫油气井钻井过程中的硫化氢监测应符合SY/T 6277—2004中的相关规定。

4.2.2 监测仪器和设备

4.2.2.1 应按照制造厂商的说明对监测仪器和设备进行安装、维护、校验和修理。

4.2.2.2 在可能含硫地区进行钻井作业时，现场应有监测仪器。

4.2.2.3 当硫化氢的浓度可能超过在用的监测仪的量程时，应在现场准备一个量程达1500mg/m^3(1000ppm)的监测仪器。

4.2.2.4 二氧化硫在大气中的含量超过5.4mg/m^3(2ppm)时(例如在产生硫化氢的燃烧或其他操作期间)，应在现场配备便携式二氧化硫检测仪或带有检测管的比色指示监测器。

4.2.2.5 应指定专人保管和维护监测设备。

4.2.3 固定式硫化氢监测系统

用于油气井钻井作业的固定式硫化氢监测系统，应能同时发出声光报警，并能确保整个作业区域的人员都能看见和听到。

4.2.4 监测传感器的位置

监测传感器至少应在下述位置安装：

(1)方井；

(2)钻井液出口管口、接收罐和振动筛；

(3)钻井液循环罐；

(4)司钻或操作员位置；

(5)井场工作室；

(6)未列入进入限制空间计划的所有其他硫化氢可能聚集的区域。

4.2.5 便携式硫化氢监测仪

作业现场应至少配备便携式硫化氢监测仪5台。

4.2.6 警报的设置

4.2.6.1 当空气中硫化氢含量超过阈限值时[15mg/m^3(10ppm)]，监测仪应能自动报警。

4.2.6.2　第一级报警值应设置在阈限值[硫化氢含量 15mg/m^3(10ppm)]，达到此浓度时启动报警，提示现场作业人员硫化氢的浓度超过阈限值，应采取 8.2.2.1 的措施。

4.2.6.3　第二级报警值应设置在安全临界浓度[硫化氢含量 30mg/m^3(20ppm)]，达到此浓度时，现场作业人员应佩戴正压式空气呼吸器，并采取 8.2.2.2 的措施。

4.2.6.4　第三级报警值应设置在危险临界浓度[硫化氢含量 150mg/m^3(100ppm)]，报警信号应与二级报警信号有明显区别，警示立即组织现场人员撤离，并采取 8.2.2.3 的措施。

4.2.7　监测设备的检查、校验和检定

4.2.7.1　在极端湿度、温度、灰尘和其他有害环境的作业条件下，检查、校验和测试的周期应缩短。

4.2.7.2　监测设备应由有资质的机构定期进行检定。

4.2.7.3　检查、校验和测试应做好记录，并妥善保存，保存期至少 1 年。

4.2.7.4　设备警报的功能测试至少每天一次。

4.2.8　钻进油气层的检测

钻入油气层时，应依据现场情况加密对钻井液中硫化氢的测定。

4.2.9　预探井的检测

在新构造上钻预探井时，应采取相应的硫化氢监测和预防措施。

4.3　呼吸保护设备

4.3.1　基本要求

4.3.1.1　当环境空气中硫化氢浓度超过 30mg/m^3(20ppm)时，应佩带正压式空气呼吸器，正压式空气呼吸器的有效供气时间应大于 30min。

4.3.1.2　使用者应接受关于正压式呼吸器的限制和正确使用正压式空气呼吸器方法的指导和培训。

4.3.1.3　含硫油气井钻井作业应配备正压式空气呼吸器。正压式空气呼吸器应放在作业人员能迅速取用的方便位置。陆上钻井队当班生产班组应每人配备一套，另配备一定数量作为公用。海上钻井作业人员应保证 100%配备。

4.3.1.4　正压式空气呼吸器每次使用后都应进行清洁和消毒。需要修理的正压式空气呼吸器，应作好明显标记并将其从设备仓库中移出，直至磨损或损坏的部件已经被及时修理和替换为止。

4.3.1.5　含硫油气井钻井作业之前，应确认作业人员的身体状况良好并熟悉正压式空气呼吸器的使用方法。

4.3.1.6　钻井作业中，应对硫化氢作业区的硫化氢浓度和作业人员状况进行持续监测。

4.3.2　存放、检查和维护

4.3.2.1　正压式空气呼吸器应存放在人员能迅速取用的安全位置，并应根据应急预案的要求配备额外的正压式呼吸器。

4.3.2.2　应对正压式空气呼吸器加以维护并存放在清洁、卫生的地方，以避免损坏和污染。

4.3.2.3　对所有正压式空气呼吸器应每月至少检查 1 次，并且在每次使用前后都应进行检查，以保证其维持正常的状态。月度检查记录(包括检查日期和发现的问题)应至少保留 12 个月。

4.3.3　面罩的限制

在工作区域硫化氢、二氧化硫浓度超过安全临界浓度的地方，应使用满足4.3.1要求的正压式空气呼吸器。在使用之前宜进行面罩与脸部的密接测试，测试应使用尺寸、类型、样式或构成适合用于该人员的正压式空气呼吸器来进行。

4.3.4　适应性要求

对执行含硫油气井有关作业任务需使用正压式空气呼吸器的人员，应进行定期检查和演练，以使其生理和心理适应这些设备的使用。

4.3.5　空气供应

正压式空气呼吸器空气的质量应满足下述要求：

(1)氧气含量19.5%~23.5%；

(2)空气中凝析烃的体积分数等于或小于5×10^{-6}(5ppm)；

(3)一氧化碳的质量浓度小于或等于12.5mg/m^3(10ppm)；

(4)二氧化碳的质量浓度小于或等于1960mg/m^3(1000ppm)；

(5)没有明显的异味。

4.3.6　呼吸空气压缩机

所有使用的呼吸空气压缩机应满足下述要求：

(1)避免污染的空气进入空气供应系统。当毒性或易燃气体可能污染进气口的情况发生时，应对压缩机的进口空气进行监测。

(2)减少水分含量，以使压缩空气在一个大气压下的露点低于周围温度5~6℃。

(3)依照制造商的维护说明定期更新吸附层和过滤器。压缩机上应保留有资质人员签字的检查标签。

(4)对于不是使用机油润滑的压缩机，应保证在呼吸空气中的一氧化碳值不超过12.5mg/m^3(10ppm)。

(5)对于机油润滑的压缩机，应使用一种高温或一氧化碳警报，或两者皆备，以监测一氧化碳浓度。如果只使用高温警报，则应加强入口空气的监测，以防止在呼吸空气中的一氧化碳浓度超过12.5mg/m^3(10ppm)。

5. 井场及钻井设备的布置

5.1　井场的布置应符合SY/T 5958的要求。

5.2　钻前工程前，应从气象资料中了解当地季节的主要风向。

5.3　井场内的引擎、发电机、压缩机等容易产生引火源的设施及人员集中区域宜部署在井口、节流管汇、天然气火炬装置或放喷管线、液气分离器、钻井液罐、备用池和除气器等容易排出或聚集天然气的装置的上风方向。

5.4　对可能遇有硫化氢的作业井场应有明显、清晰的警示标志，并遵守以下要求：

(1)井处于受控状态，但存在对生命健康的潜在或可能的危险[硫化氢浓度小于15mg/m^3(10ppm)，应挂绿牌；

(2)对生命健康有影响[硫化氢浓度15mg/m^3(10ppm)~30mg/m^3(20ppm)，应挂黄牌；

(3)对生命健康有威胁[硫化氢浓度大于或可能大于30mg/m^3(20ppm)，应挂红牌。

5.5　在确定井位任一侧的临时安全区的位置时，应考虑季节风向。当风向不变时，两边的临时安全区都能使用。当风向发生90°变化时，则应有一个临时安全区可以使用。当井口周围环境硫化氢浓度超过安全临界浓度时，未参加应急作业人员应撤离至安全区内。

5.6 测井车等辅助设备和机动车辆应尽量远离井口，宜在25m以外。未参加应急作业的车辆应撤离到警戒线以外。

5.7 井场值班室、工程室、钻井液室、气防器材室等应设置在井场主要风向的上风方向。

5.8 应将风向标设置在井场及周围的点上，一个风向标应挂在被正在工地上的人员以及任何临时安全区的人员都能容易地看得见的地方。安装风向标的可能的位置是：绷绳、工作现场周围的立柱、临时安全区、道路入口处、井架上、气防器材室等。风向标应挂在有光照的地方。

5.9 在钻台上、井架底座周围、振动筛、液体罐和其他硫化氢可能聚集的地方应使用防爆通风设备(如鼓风机或风扇)，以驱散工作场所弥散的硫化氢。

5.10 钻入含硫油气层前，应将机泵房、循环系统及二层台等处设置的防风护套和其他类似的围布拆除。寒冷地区在冬季施工时，对保温设施可采取相应的通风措施，以保证工作场所空气流通。

5.11 应确保通讯系统24h畅通。

6. 井用材料及设备

6.1 对材料的考虑

钻井设备的制造材料应具备抗硫应力开裂的性能。

6.2 材料的选择

6.2.1 采用NACE MRO175的条款作为最低的标准。设备用户可自由选择更严格的规范。

6.2.2 材料应有材质合格证及用户抽检结果报告等适用性文件。

6.2.3 非金属密封件，应能承受指定的压力、温度和硫化氢环境，同时应考虑化学元素或其他钻井液条件的影响。

6.3 钻井液

下述措施将帮助金属抗硫化物应力腐蚀开裂：

(1)在使用除硫剂时，应密切监测钻井液中除硫剂的残留量；

(2)维持钻井液的pH为9.5~11，以避免发生能将硫化氢从钻井液中释放出来的可逆反应。

6.4 防喷设备的选择

6.4.1 用于硫化氢环境的防喷设备的检查及测试程序应按照API RP 53的相关条款执行。

6.4.2 环形和闸板型防喷器及相关设备的产品采购规范，以及对防喷设备的操作特性测试应按API Spec 16A的相关条款执行。

6.4.3 选择、安装和测试适用于硫化氢环境服务的节流管汇总成应按API RP 53及SY/T 5323—2004的有关条款执行。

6.4.4 在高含硫、高压地层和区域探井的钻井作业中，在防喷器上应安装剪切闸板。

6.4.5 在钻具中应加装回压阀等内防喷工具，但在井漏等特殊情况下，可以不安装内防喷工具。

6.5 井口设备

用于硫化氢环境的井口设备按 API Spec 6A 的要求执行。

6.6 管材

6.6.1 管材应使用符合 SY/T 0599、SY/T 6194 和 API Spec 5D 规定的材料及经测试证明适合用于硫化氢环境的材料。

6.6.2 应选用规格化并经回火的较低强度的管材(例如 J55 或 L-80 油管，E 级和 X 级的钻杆)及规格化并经回火的方钻杆用于含硫油气井。

6.6.3 对于高于 646.25MPa(95000psi)屈服强度的管材，应淬火和回火。

6.6.4 在没有使用特种钻井液的情况下，高强度的管材(例如 P110 油管 S135 钻杆)不应用于含硫化氢的环境。

6.7 井控装置的安装

6.7.1 钻井设计中有关井控装置的设计、安装、固定和试压应符合 SY/T 5964 的规定。

6.7.2 钻井井口和套管的连接及放喷管线的高压区在现场不允许焊接。

6.7.3 放喷管线应至少装两条，其夹角为 90°~180°，管线转弯处的弯头夹角不应小于 120°，并接出距井口不少于 100m；若风向改变时，至少有一条能安全使用，以便必要时连接其他设备(如压裂车、水泥车等)作压井用。

6.7.4 井控装置、管材和井下工具及其配件在储放时应注明钢级，严格分类保管并带有产品合格证和说明书；运输过程中需采取措施避免损伤。

6.7.5 防喷器大修时，若进行了焊接、补焊、堆焊等工艺，则应在其后做大于 620°的高温回火处理。

7. 地质及钻井工程设计的特殊要求

7.1 地质设计的特殊要求

7.1.1 应对拟定探井周围 3km、生产井井位 2km 范围内的居民住宅、学校、公路、铁路和厂矿等进行勘测，并在设计书中标明其位置。

7.1.2 在煤矿、金属和非金属矿等非油气矿藏开采区钻井，还应标明地下矿井、坑道的层位、分布、深度和走向及地面井位与矿井、坑道的关系。

7.1.3 在含硫地区的钻井设计中，应注明含硫地层及其深度和预计硫化氢含量。

7.1.4 在江河干堤附近钻井应标明干堤、河道位置，同时应符合国家安全、环保规定。

7.2 钻井工程设计的特殊要求

7.2.1 若预计硫化氢分压大于 0.3kPa 时，应使用抗硫套管、油管等其他管材和工具。

7.2.2 对含硫油气层上部的非油气矿藏开采层应下套管封住，套管鞋深度应大于开采层底部深度 100m 以上。目的层为含硫油气层以上地层压力梯度与之相差较大的地层也应下套管封隔。在井下温度高于 93℃以深的井段，套管可不考虑其抗硫性能。

7.2.3 高压含硫地区可采用厚壁钻杆。

7.2.4 钻开高含硫地层的设计钻井液密度，其安全附加密度在规定的范围内(油井 0.05~0.10g/cm^3、气井 0.07~0.15g/cm^3)时应取上限值；或附加井底压力在规定的范围内

(油井 1.5~3.5MPa、气井 3 ~5MPa)时应取上限值。

7.2.5　应储备井筒容积 0.5~2 倍的大于在用钻井液密度 0.1g/cm^3 以上钻井液。

7.2.6　应储备满足需要的钻井液加重材料。

7.2.7　应储备足量的除硫剂。

7.2.8　在钻开含硫地层前 50m，应将钻井液的 pH 值调整到 9.5 以上直至完井。若采用铝制钻时，pH 值控制在 9.5~10.5 之间。

7.2.9　不允许在含硫油气地层进行欠平衡钻井。

8. 应急管理

8.1　基本要求

8.1.1　在含硫油气井的钻井作业前，与钻井相关各级单位应制定各级防硫化氢的应急预案。钻井各方人员都应掌握应急预案的相关内容。应急预案应考虑硫化氢和二氧化硫浓度可能产生危害的严重程度和影响区域；还应考虑硫化氢和二氧化硫的扩散特性。

8.1.2　应急预案的内容应包括但不限于：

(1)应急组织机构。

(2)应急岗位职责。

(3)现场监测制度。

(4)应急程序：

①报告程序；

②人员撤离程序；

③点火程序。

(5)培训与演习。

8.2　应急预案编制内容

8.2.1　机构及职责

应急预案中应包括钻井各相关方的组织机构和负责人，并应明确应急现场总负责人及各方人员在应急中的职责。

8.2.2　应急响应

8.2.2.1　当硫化氢浓度达到 15mg/m^3(10ppm)的阈限值时启动应急程序，现场应：

(1)立即安排专人观察风向、风速，以便确定受侵害的危险区；

(2)切断危险区内不防爆电器的电源；

(3)安排专人佩戴正压式空气呼吸器到危险区检查泄露点；

(4)非作业人员撤入安全区。

8.2.2.2　当硫化氢浓度达到 30mg/m^3(20ppm)的安全临界浓度时，按应急程序应：

(1)戴上正压式空气呼吸器；

(2)向上级(第一责任人及授权人)报告；

(3)指派专人在主要下风口 100m 以远进行硫化氢监测；

(4)实施井控程序，控制硫化氢泄露源；

(5)撤离现场的非应急人员；

(6)清点现场人员；

(7)切断作业现场可能的着火源；

(8)通知救援机构。

8.2.2.3　当井喷失控，井口主要下风口100m以远测得硫化氢浓度达到75mg/m³(50ppm)时，按应急程序应：

(1)由现场总负责人或其指定人员向当地政府报告，协助当地政府作好周围居民的疏散工作；

(2)关停生产设施；

(3)设立警戒区，任何人未经许可不得入内；

(4)请求援助。

8.2.2.4　当井喷失控，井场硫化氢浓度达到150mg/m³(100ppm)的危险临界浓度时，现场作业人员应按预案立即撤离井场。现场总负责人应按应急预案的通讯表通知(或安排通知)其他有关机构和相关人员(包括政府有关负责人)。由生产经营单位按相关规定向上级主管部门报告。

8.2.2.5　在采取控制和消除措施后，继续监测危险区大气中的硫化氢及二氧化硫浓度，以确定在什么时候方能重新安全进入。

8.3　油气井点火程序

8.3.1　含硫油气井井喷或井喷失控事故发生后，应防止着火和爆炸，按SY/T 6426执行。

8.3.2　发生井喷后应采取措施控制井喷，若井口压力有可能超过允许关井压力，需点火放喷时，井场应先点火后放喷。

8.3.3　井喷失控后，在人员的生命受到巨大威胁、人员撤离无望、失控井无希望得到控制的情况下，作为最后手段应按抢险作业程序对油气井井口实施点火。

8.3.4　油气井点火程序的相关内容应在应急预案中明确。油气井点火决策人宜由生产经营单位代表或其授权的现场总负责人来担任，并列入应急预案中。

8.3.5　井场应配备固定式点火装置，并备用手动点火器具。点火人员应配戴防护器具，并在上风方向，离火口距离不少于10m处点火。

8.3.6　点火后应对下风方向尤其是井场生活区、周围居民区、医院、学校等人员聚集场所的二氧化硫的浓度进行监测。

8.4　应急联络

考虑到与相关方应急联系和报告的需要，应准备和保存一份应急通讯表。根据应急通讯表的内容制成联络框图，并作为应急预案的一部分：

(1)应急救援服务机构；

(2)政府机构和联系部门；

(3)其他相关单位与承包商。

8.5　培训和演习

模拟应急程序的训练和演习是作业人员执行或演示他们的任务的重要手段。在这样的演练中，要包括动用设备和测试通讯设备，而模拟伤员要被送往有医治模拟伤情设施的医院。这些演练应通知政府有关部门(最好能让他们参加)。

8.6　应急预案的更新

对应急预案应定期复核，随时对条款或覆盖范围的改变进行更新。特别应观察和考虑的变化是居住或住宅区、仓库、公园、商店、学校或公路，以及油气井作业的变化和租用设施的变化。

9. 井场安全

9.1 计划

9.1.1 应制定一套与本标准的要求相一致的作业计划。

9.1.2 在开始作业前，生产经营单位、承包公司、钻井公司、服务公司和其他与工作有关的代表应讨论有关油气井的数据和将要执行的作业的有关事项，并以合同形式明确各方的安全责任。

9.1.3 在安装设备之前，生产经营单位或用合同形式委托的单位及代表应提供硫化氢应急预案，并与钻井和服务公司代表一起审查该预案。

9.1.4 生产经营单位还应审查钻井和服务公司的“应急预案”，以保证在硫化氢紧急情况下的响应协调。

9.2 日常检查

在每天开始工作之前，应由指定的井场监督实行日常检查。应包括但不限于下述检查项目：

(1)已经或可能出现硫化氢的工作场地；

(2)风向标；

(3)硫化氢监测设备及警报(功能试验)；

(4)人员保护呼吸设备的安置；

(5)消防设备的布置；

(6)急救药箱和氧气瓶。

9.3 钻井液储存

9.3.1 从储存的钻井液中逸出的硫化氢气体对人员是有害的，特别是在封闭的空间里。当可能曾经暴露在硫化氢环境中的钻井液储存在钻井液罐、起下钻灌浆罐、钻井液储备罐或其他罐中时，应极其小心。

9.3.2 储存的钻井液与某些材料(残余的或添加的)之间的化学反应也会产生硫化氢。当人员进入任何容纳有或曾经容纳过储存的钻井液的封闭的或通风不畅的地点时，应采取合适的安全预防措施。被污染的钻井液应以安全的方式进行处理。

9.4 特别预防措施

9.4.1 在钻井作业期间，比如放喷、拆卸井口设备和起下管柱、循环钻井液等，应采取特别预防措施，以避免残存其中的硫化氢释放出来造成危害。

9.4.2 为避免无风和微风情况下硫化氢的积聚，可以使用防爆通风设备将有毒气体吹往期望的方向。

9.4.3 应特别注意低洼的工作区域，比如井口方井，由于较重的硫化氢或二氧化硫在这些地点的沉积，可能会达到有害的浓度。

9.4.4 当人员在达到硫化氢危险临界浓度[150mg/m^3(100ppm)]的大气环境中执行任务时，应有接受过救护技术培训的值班救护人员，同时应备有必要的救护设备，包括适用的呼吸器具。

9.5　安全工作许可证

硫化氢作业之前要制定相应的作业程序，签署作业许可单，明确安全措施。安全措施应包括作业人员需要的防护设备、正确的隔离设备、正确的设备和管线的通风等。

9.6　受限制空间的进入

对进出已知或潜在硫化氢危险的封闭设施应特别注意。在通常情况下，这些封闭设施不通风。进入受限制空间时应有一个受限制空间进入许可证。许可证至少应注明：

(1)标明作业场地、许可证签发日期和使用期限；

(2)保证安全作业的特殊检测要求和其他条件；

(3)进行持续监测，以确定硫化氢、氧和可燃气体浓度不会导致起火和伤害作业人员的身体健康；

(4)生产经营单位其他特殊规定。

9.7　硫化氢和二氧化硫防护演习

9.7.1　除了对人员进行硫化氢及二氧化硫培训外，还应定期举行应急演习。这些应急演习应包括应急程序所必需的步骤。

9.7.2　人员培训和应急演习的记录文件应保存至少一年。

9.8　硫化氢着火源

为了将可能的着火源减至最低，应考虑下列事项：

(1)强制执行“不准吸烟”的规定；

(2)在危险区使用的任何电器设施等均应满足防爆要求；

(3)禁止装备有催化转化器的车辆在十分接近井口的地方作业，除非采取了措施保证该地安全而没有产生火花的可能；没有参与应急作业的车辆应在远离井口的警戒线以外；

(4)在离井口30m以内的所有内燃机的排气管上，应安装火花捕捉器或等同的设备；

(5)将明焰烘箱、明火、焊接作业或其他可能的火源(电动工具、无线电通讯等)限制在指定的区域；

(6)其他防止火源措施。

10. 钻井作业中的特殊要求

10.1　严格执行钻井液密度设计，未经修改设计的申报、审批程序，不得修改设计钻井液密度，但不包括下列情况：

(1)发现地层压力异常时；

(2)发现溢流、井涌、井漏时。

若出现上述异常情况，应关井求压，及时调整钻井液密度或压井，同时向有关部门汇报。

10.2　利用钻井液除气器和除硫剂，控制钻井液中硫化氢的含量在$50mg/m^3$(33.3ppm)以下，并随时对钻井液的pH值进行监测。

10.3　在油气层中进行起钻前，应先进行短程起下钻。

10.4　钻头在油气层中和油气层顶部以上300m长的井段内的起钻速度应控制在0.5m/s以内。

10.5　钢材，尤其是钻杆，其使用拉应力需控制在钢材屈服强度的60%以下。

10.6　井场内严禁烟火；若需动火，按 SY/T 5858 执行。

11. 特殊作业

11.1　取芯作业

11.1.1　在从已知或怀疑含有硫化氢的地层中起出岩芯之前应提高警惕。在岩芯筒到达地面以前至少 10 个立柱，或在达到安全临界浓度时，应立即戴上保护性正压式空气呼吸器。

11.1.2　当岩芯筒已经打开或当岩芯已移走后，应使用移动式硫化氢监测设备来检查岩芯筒。在确定大气中硫化氢浓度低于安全临界浓度之前，人员应继续使用保护性正压式空气呼吸器。

11.1.3　在搬运和运输含有硫化氢的岩芯样品时，应提高警惕。岩样盒应采用抗硫化氢的材料制作，并附上标签。

11.2　油气井测试作业

11.2.1　在油气井测试期间人员的安全防护，应按本标准第 4 章执行。

11.2.2　只有经硫化氢培训合格的人员才能参与作业。

11.2.3　实施作业的主要人员数量应保持最低。作业过程中，应使用硫化氢监测设备来监测大气情况，正压式空气呼吸器应放在主要工作人员能迅速而方便取得的地方。

11.2.4　在开始作业前，应召开钻井及相关工作人员参加的特殊安全会议，并特别强调使用正压式空气呼吸器、急救程序及应急反应程序。

11.2.5　应在保证人员安全的条件下，排放和(或)燃烧所有产生的气体。对来自储存的测试液中的气体，也应安全地排放。

11.2.6　在处理已知或怀疑有硫化氢地层的液体样品过程中，人员应保持警惕。处理和运输含硫化氢的样品时，应采取预防措施。样品容器应使用抗硫化氢的材料制成，并附上标签。

11.3　弃井作业

用水泥将产生或可能产生危险浓度硫化氢的整个地层封死，并按有关规定和程序实施弃井作业。

12. 海上作业

12.1　海上含硫油气井作业，应执行《海洋石油作业硫化氢防护安全要求》和本标准其他章节中的要求。

12.2　海上含硫油气井作业时，应在前述应急预案的基础上增加以下项目：

(1)培训：所有人员都应熟悉应急逃生路线的位置和逃生设备的应用；

(2)所有人员撤到上风位；

(3)海上设施的医护人员和安全监督应熟练使用氧气复苏设备；

(4)平台应对可燃气体和硫化氢的浓度加以监测，确保直升机安全起降；在可能情况下应使船舶和直升机从上风方向接近现场。

12.3　当钻井、油气井服务、生产和建造作业中有两种或两种以上的作业需要同步进行时，必须强调这些作业之间的协调。应指派一个人担任同步作业的负责人，协调应急事项。

附录3　石油与天然气井井控管理规定

中国石油化工集团公司2011年10月10日发布。

1. 基本要求

1.1　认真贯彻落实“安全第一，预防为主”的方针和“以人为本”的理念，不断强化油气勘探开发过程井控管理，严防井喷失控、H_2S等有毒有害气体泄漏事故，保障人民生命财产安全，保护环境，维护社会稳定，有利于发现、保护和利用油气资源。

1.2　井控管理是系统工程，涉及井位选址、地质与工程设计、设备配套、安装维修、生产组织、技术管理、现场管理等工作，需要计划、财务、设计、地质、生产、工程、装备、监督、培训、安全等部门相互配合，共同做好井控工作。

1.3　本规定所称“井控”是指油气勘探开发全过程油气井、注水(气)井的控制与管理，包括钻井、测井、录井、测试、注水(气)、井下作业、正常生产井管理和报废井弃置处理等各生产环节。

1.4　本规定所称“三高”是指具有高产、高压、高含H_2S特征的井。其中“高产”是指天然气无阻流量达$100\times10^4m^3/d$及以上；“高压”是指地层压力达70MPa及以上；“高含H_2S”是指地层气体介质H_2S含量达1000ppm及以上。

1.5　本规定适用于中国石化国内陆上石油与天然气勘探开发井控管理；海上油气勘探开发井控管理应根据海上井控管理特殊要求，在本规定基础上修订完善执行；陆上CO_2气体、非常规天然气等勘探开发井控参照本规定执行。

1.6　各油田企业应根据本规定，结合本地区油、气和水井的特点，制定具体实施细则。

2. 井控管理基本制度

2.1　井控分级管理制度。总部及油田企业(单位)成立井控工作领导小组，全面负责井控工作。

2.1.1　总部成立井控工作领导小组，股份公司总裁担任组长，分管油田企业的副总经理和高级副总裁担任副组长，成员由石油工程管理部、油田勘探开发事业部、安全环保局、物资装备部、生产经营管理部、发展计划部、集团(股份)财务部和人事部等部门负责人组成。

2.1.2　总部井控工作领导小组综合管理与监督办公室设在安全环保局，负责井控日常综合协调管理和监督工作。

2.1.3　油田企业应成立由行政正职为组长，上市和存续分管领导为副组长，安全、工程、地质、生产、设备、计划、财务、人事、教育培训、设计和监督等部门负责人参加的井控工作领导小组，并根据企业实际在相关部门成立领导小组监督管理办公室，或在安全部门、业务部门分设井控监督和管理办公室，明确规定各自监督和管理职责。

2.1.4　钻井、测井、录井、井下作业与试油(气)等专业化公司和油气生产单位，以及设计、监督、井控设备检验维修等单位应成立由行政正职为组长，相关职能部门参加的井控工作领导小组，负责本单位井控工作。

2.1.5　各钻井、测井、录井、井下作业、采油(气)等基层队伍，应成立以队长为组长的井控工作领导小组。交叉作业或联合作业现场，应成立以主要作业单位为组长，业主与相关单位参加的现场井控领导小组。

2.2　井控工作责任制度。井控工作按照“谁主管，谁负责”的原则，各级井控工作领导小组及成员部门均负有井控工作责任。

2.2.1　总部井控工作领导小组及成员部门职责

2.2.1.1　井控工作领导小组职责

(1)组织贯彻落实国家安全生产法规和行业井控安全标准，健全井控监督管理机构并落实专职人员。

(2)负责审定企业井控标准和管理制度。

(3)每年组织1次井控专项检查，及时发现并研究解决井控工作中的重大问题。

(4)定期召开井控工作领导小组会议，听取井控技术管理、综合管理及监督部门工作汇报；组织召开年度井控工作会议，全面总结部署井控工作。

(5)审批勘探开发项目，保证井控本质安全。

(6)审批井控隐患治理项目及资金。

(7)发生井控突发事件时，按照规定程序启动应急预案并组织抢险。

2.2.1.2　安全环保局职责

(1)安全环保局为总部井控工作领导小组综合管理与监督办公室，负责井控日常综合协调管理和监督工作。

(2)贯彻落实行业和企业井控安全标准、制度，组织制(修)订企业井控安全标准、制度。

(3)督促协调各部门做好井控相关工作，并监督检查企业的井控法规、标准和制度执行情况。

(4)编制中国石化井控隐患治理计划并监督实施。

(5)负责筹备并组织井控安全专项检查。

(6)及时汇报井控综合管理和监督工作，筹备井控工作领导小组例会和年度工作会议并负责贯彻落实会议精神。

(7)参与井控应急抢险与指挥，组织井喷事故调查。

(8)完成总部井控工作领导小组交办的其他工作。

2.2.1.3　石油工程管理部职责

(1)石油工程管理部为集团公司井控技术管理责任部门，具体负责施工作业井控技术管理工作。

(2)贯彻落实行业和企业井控技术标准，组织制(修)订钻井、井下、测井、录井等企业井控技术标准。

(3)负责井控培训机构资质管理和井控技术培训工作。

(4)负责钻井、试油(气)、井下、测井、录井和专业试压队伍，以及井控设备检验维修机构资质管理，确保专业队伍井控能力达到要求。

(5)负责油田勘探开发工程技术服务市场管理，严格市场准入制度，落实承包商井控责任。

(6)组织制定重大井控技术方案与设计论证，并组织重大井控隐患治理项目的实施。

(7)负责井控装备管理，确保装备本质安全。

(8)参与井控应急抢险指挥和井喷事故调查处理。

(9)定期向总部井控工作领导小组汇报施工作业井控技术管理工作。

(10)参与井控安全专项检查。

2.2.1.4　油田勘探开发事业部职责

(1)油田勘探开发事业部为股份公司井控技术管理责任部门，具体负责油气勘探开发油气水井井控技术管理工作。

(2)贯彻落实行业和企业井控技术标准、制度，组织制(修)订油气勘探开发井控技术标准。

(3)负责股份公司井控培训工作。

(4)组织制定勘探、开发部署方案和重点开发油气井井控设计与技术方案论证，组织重大井控隐患治理项目实施。

(5)负责油气井井控设备管理，确保井控技术装备本质安全可靠。

(6)负责工程监督人员资质及现场管理。

(7)参与井控应急抢险指挥和井喷事故调查处理。

(8)定期向总部井控工作领导小组汇报勘探开发过程油气水井井控技术工作。

(9)参与井控安全专项检查。

2.2.1.5　其他部门职责

生产经营管理部、物资装备部、发展计划部、集团(股份)财务部和人事部均为总部井控工作领导小组成员部门，配合主管部门开展井控工作。生产经营管理部重点做好井控应急协调工作，物资装备部重点做好井控设备配套工作，发展计划部和集团(股份)财务部重点做好井控工作和隐患治理资金投入，人事部重点做好井控管理机构定岗定编工作。

2.2.2　油田企业(单位)是井控安全管理责任主体，对本企业(单位)井控安全负全责。油田企业及其所属油气生产单位、专业化公司、设计监督机构和井控设备检验维修单位应按照“谁主管，谁负责”的原则，结合井控管理实际，明确企业(单位)及部门井控工作职责。

2.2.3　总部、油田企业、油气生产单位或专业化公司等各级井控监督、管理部门均应设置井控专职岗位，确保井控责任制的落实。

2.3　井控工作检查制度。各级井控工作领导小组应定期组织开展井控检查工作。其中，总部每年1次，油田企业每半年1次，专业化公司及油气生产单位每季度1次，基层单位每月度1次。

2.4　井控工作例会制度。各级井控工作领导小组应定期召开井控工作例会，认真总结、部署井控工作，及时研究解决井控管理和监督方面存在的问题。其中，总部每年1次，油田企业每半年1次，各专业化公司及油气生产单位每季度1次，基层单位每月1次。

2.5　井控持证上岗制度。各级主管领导、管理人员和相关岗位操作人员应接受井控技术和 H_2S 防护技术培训，并取得“井控培训合格证”和“H_2S 防护技术培训证书”。

2.5.1 “井控培训合格证”持证岗位

2.5.1.1 油田企业领导及管理人员：行政正职，主管勘探、开发和安全的企业领导；勘探、钻井、开发、生产、安全、设计、监督部门领导以及参与井控管理的人员。

2.5.1.2 钻井、井下、测井、测试、录井公司和采油(气)厂领导及管理人员：经理(厂长)，主管生产、技术和安全工作的副经理(副厂长)，正副总工程师；工程技术、生产管理和安全管理部门领导以及参与井控管理的人员。

2.5.1.3 施工队伍

(1)钻井队(平台)：平台经理、正副队长、指导员、钻井工程师(技术员)、安全员、钻井技师、大班司钻、泥浆工程师、司机长、正副司钻、井架工。

(2)试油(气)与井下作业队(平台)：平台经理、正副队长、作业工程师(技术员)、安全员、作业技师、大班司钻、正副司钻和井架工。

(3)测井队与录井队：正副队长、现场施工人员。

(4)采油(气)队：正副队长、技术人员、安全员。

2.5.1.4 其他人员

(1)钻井、试油(气)、井下作业等工程、地质与施工设计人员，现场监督人员。

(2)井控专业检验维修机构技术人员和现场服务人员。

(3)从事欠平衡钻井、测试、泥浆、取心、定向井等专业服务的技术人员及主要操作人员。

2.5.2 “H_2S防护技术培训证书”持证岗位

2.5.2.1 机关人员：在含H_2S区域从事钻井、测井、试油(气)、井下作业、录井作业和油气开发的相关领导及管理人员。

2.5.2.2 现场人员：在含H_2S区域从事钻井、测井、试油(气)、井下作业、录井作业和油气开发的现场操作及管理人员。

2.5.3 上述培训及复审应在总部认证的相应培训机构进行。

2.6 井控设计管理制度

2.6.1 从事钻井、试油(气)和井下作业工程设计单位应持有相应级别设计资质；从事“三高”井工程设计应持有乙级以上设计资质。

2.6.2 设计人员应具有相应资格，承担“三高”井工程设计人员应拥有相关专业3年以上现场工作经验和高级工程师以上任职资格。

2.6.3 油气井工程设计和施工设计均应设立《井控专篇》。《井控专篇》以井控安全和防H_2S等有毒有害气体伤害为主要内容。

2.6.4 所有设计均应按程序审批，未经审批不准施工；“三高”油气井由企业分管领导审批。如因未预见因素需变更设计时，应由原设计单位按程序进行，并出具设计变更单通知施工单位。组织工程设计与地质设计审查时，应有安全部门人员参与审查《井控专篇》。

2.7 甲方监督管理制度

2.7.1 所有钻井、试油(气)和井下作业应由甲方派出现场监督人员。“三高”油气井、预探井和其他重点井应实行驻井监督工作制；一般开发井可实行“一般工序巡视监督，关键工序现场监督”工作制。

2.7.2 现场监督人员除履行工程质量监督职责外，应同时负责监督井控和HSE工作。

2.7.3 对钻井、试油(气)和井下作业监督人员实行资质管理；“三高”井和预探井的监督人员应持有总部颁发的监督证书。监督人员资质管理由油田勘探开发事业部负责。

2.8 井控和 H_2S 防护演习制度。基层队伍应根据施工需要，经常开展井控和 H_2S 防护演习。演习按照程序进行，并通知现场服务的其他专业人员参加。演习应做好记录，包括班组、时间、工况、经过、讲评、组织人和参加人等。

2.8.1 钻井井控演习分为正常钻井、起下钻杆、起下钻铤和空井 4 种工况。常规井演习应做到每班每月每种工况不少于 1 次，钻开油气层前需另行组织 1 次；高含 H_2S 井演习应包含 H_2S 防护内容，钻开含 H_2S 油气层 100 米前应按预案程序组织 1 次 H_2S 防护全员井控演习。

2.8.2 试油(气)与井下作业分为射孔、起下管柱、诱喷求产、拆换井口、空井等 5 种工况组织井控演习。常规井演习应做到每井(每月)每种工况不少于 1 次；含 H_2S 井在射开油气层前应按预案程序和步骤组织 H_2S 防护全员井控演习。

2.8.3 采油(气)队每季度至少组织 1 次井控演习，含 H_2S 井每季度至少组织 1 次防 H_2S 伤害应急演习。

2.8.4 含 H_2S 油气井钻至油气层前 100 米，应将可能钻遇 H_2S 层位的时间、危害、安全事项、撤离程序等告知 1.5 公里范围内的人员和当地政府主管部门及村组负责人。

2.9 井控设备管理制度

2.9.1 油田企业应明确井控设备管理机构，制定设备管理、检查维修和定期检验制度，并建立设备档案。

2.9.2 所有井控装备及配件购置，必须是中国石化供应商生产的合格产品。

2.9.3 实行井控设备定期报废制度。防喷器报废年限为 13 年，控制装置报废年限为 15 年，管汇及阀组报废年限为 13 年。延期使用须经第三方专业检验合格，且延期年限不超过 3 年。用于“三高”油气井的井控设备，累计使用时间不宜超过 7 年，超过 7 年应加密检测并监控使用。

2.10 专业检验维修机构管理制度

2.10.1 井控设备专业检验维修机构应以检验维修点为基本单位取得独立资质，未取得资质者不得从事相应级别井控检验维修工作。

2.10.2 专业检验维修机构应建立完善的检验维修质量保证体系，检验维修应严格执行 SY/T 6160《防喷器的检查与修理》等相关标准、制度。

2.10.3 防喷器组检验维修后，应按井场连接形式组装后进行低压和额定工作压力试压；用于“三高”气井的防喷器组应进行等压气密检验。

2.10.4 专业检验维修机构应按照逐台、逐项的原则，建立防喷器、控制系统、阀组、管汇等使用维修档案。

2.11 井控装置现场安装、调试与维护制度

2.11.1 基层队应按设计安装使用井口设备、井控装备和气防器具，并认真做好日常检验维护和记录填写。

2.11.2 钻井、试油(气)、井下作业和采油(气)使用的井口设施、井控装置，现场安装完毕或更换部件后均应进行密封试压；“三高”气井的井口设施、井控装置宜做等压气密检验。

2.11.3 钻井与试油(气)防喷器除日常维护保养外，应定期进行检查。定期检查分 3 月期检查、1 年期检查和 3 年期检查，检查方式和检查项点应执行 SY/T 6160《防喷器的检查

和维修》。对浅井、中深井、深井、超深井防喷器的具体检查频次，油田企业可根据实际自行确定。

2.11.4　井下作业防喷器使用期满6个月应进行检测；使用期满仍须继续使用的，应经现场试压检验合格，待施工结束时再送回车间进行检测。

2.11.5　各类H_2S检测仪、可燃气体检测仪、大功率声响报警器等气防器具，现场安装后应进行可靠性检测，声光报警、数值显示等达到标准后，方可投入使用。

2.12　开钻(开工)检查验收制度

2.12.1　钻井、试油(气)与井下作业各次开钻(开工)前，均应进行开钻(开工)检查验收。

2.12.2　检查验收可根据具体情况，分别采取业主单位检查验收，委托施工单位检查验收或甲乙双方联合检查验收方式。检查验收合格后下达“开钻(开工)批准书”同意开钻(开工)；检查验收不合格不得开钻(开工)。

2.12.3　承钻“三高”气井，最后一次钻开主要油气层前的开钻检查验收，应经施工企业自行组织检查验收合格后，再由甲方组织正式开钻检查验收。开钻检查验收应由企业副总师以上领导带队，工程、生产、设备、安全、环保等部门人员参加。

2.13　钻(射)开油气层审批(确认)制度

2.13.1　钻井施工钻开油气层审批制度

2.13.1.1　钻开第1套油气层100米前，施工企业在自检合格的基础上向业主企业提出钻开油气层申请，经检查验收合格并获批准后方可钻开油气层；获准1个月未钻开，须重新组织检查验收。“三高”气井若包括多个差异较大的主要油气层，则每钻开1层须检查验收1次。

2.13.1.2　业主企业检查验收由主管部门牵头，工程、安全、环保、消防等部门参加，根据有关标准和制度进行。检查验收合格后，下达“钻开油气层批准书”同意钻开油气层；检查验收不合格，则应下达隐患整改通知书责令限期整改。

2.13.1.3　“三高”气井钻开主要气层检查验收，由油田企业副总师以上领导带队，工程、设备、安全、环保等管理部门人员参加。

2.13.2　射孔作业射开油气层确认制度。下入射孔枪前，施工主体单位应向业主单位提出射开油气层申请，经现场监督人员确认同意后，方可射开油气层。

2.14　干部值班带班制度。钻井施工、试油(气)和井下作业均应实行干部24小时值班制度。开发井从钻开产层前100米，探井从安装防喷器到完井期间，均应有干部带班作业；“三高”区域进行试油(气)作业，应有干部带班作业。

2.15　坐岗观察制度。开发井从钻开油气层前100米，探井从安装防喷器到完井，均应安排专人24小时坐岗观察溢流，坐岗由钻井人员、泥浆人员和地质录井人员负责。试油(气)和井下作业施工应安排专人观察井口，发生溢流应按程序处置并上报。

2.16　井喷应急管理制度

2.16.1　钻井施工、试油(气)施工、井下作业和油气生产井应按照“一井(站)一案”原则编制工程和安全综合应急预案。安全应急预案应包括防井喷失控、防H_2S泄漏和防油气火灾爆炸3个子预案。

2.16.2　钻井施工、试油(气)施工、井下作业防井喷失控和防H_2S泄漏应急预案，除满足规定编制要素外，还应明确规定双方应急责权、点火条件和弃井点火决策等。

2.16.3　钻井队、试油(气)队和井下作业队分别是钻井施工、试油(气)施工和井下作业的应急责任主体，所有配合施工作业和后勤服务的队伍，其应急预案均应服从责任主体单位的应急预案，并服从应急指挥。

2.16.4　安全应急预案按照分级管理的原则，分别报当地政府和上级安全部门审查备案。

2.17　井喷事故管理制度

2.17.1　根据事故严重程度，井喷事故分为Ⅰ级、Ⅱ级、Ⅲ级和Ⅳ级。

2.17.1.1　Ⅰ级井喷事故：发生井喷失控造成 H_2S 等有毒有害气体溢散，或窜出地表、窜入地下矿产采掘坑道、伴有油气爆炸着火、危及现场及周边居民生命财产安全。

2.17.1.2　Ⅱ级井喷事故：发生井喷失控，或虽未失控但导致 H_2S 等有毒有害气体喷出，对人员存在伤害可能，或对江河湖泊和环境造成较大污染。

2.17.1.3　Ⅲ级井喷事故：发生井喷事故，24 小时内仍未建立井筒压力平衡，且短时间难以处理。

2.17.1.4　Ⅳ级井喷事故：发生一般性井喷，24 小时内重新建立了井筒压力平衡。

2.17.2　发生井喷、井喷失控或 H_2S 泄漏事故，事故单位应立即上报并启动预案。Ⅰ级和Ⅱ级井喷事故应在 2 小时内报至总部应急指挥中心办公室和办公厅总值班室，并同时报地方政府相关部门；Ⅲ级井喷事故应及时上报总部进行应急预警。

2.17.3　发生井喷事故或 H_2S 泄漏事故，均应按照“四不放过”原则调查处理。其中，Ⅰ级井喷事故和Ⅱ级井喷事故由总部直接调查处理；Ⅲ级井喷事故原则上由油田企业调查处理；Ⅳ级事故原则上由专业化公司或油气生产单位调查处理。

3. 钻井井控管理要求

3.1　井位选址基本要求

3.1.1　井位选址应综合考虑周边人口和永久性设施、水源分布、地理地质特点、季风方向等，确保安全距离满足标准和应急需要。矿区选址应考虑矿井坑道分布、走向、长度和深度等。

3.1.2　井场道路应能满足标准要求，不得有乡村道路穿越井场，含 H_2S 油气井场应实行封闭管理。

3.1.3　油气井井口间距不应小于 3 米；高含 H_2S 油气井井口间距应大于所用钻机钻台长度，且最低不少于 8 米。

3.2　表层套管下深应能满足井控装置安装和封固浅水层、疏松层、砾石层需要，且坐入稳固岩层应不小于 10 米；山区“三高”气井表层套管下深不应少于 700 米；固井水泥应返至地面。

3.3　钻井井控基本要求

3.3.1　钻井施工应安装井控设备。防喷器压力等级应与裸眼井段最高地层压力相匹配，尺寸系列和组合形式应视井下情况按标准选用；压井和节流管汇压力等级和组合形式应与防喷器最高压力等级相匹配。当井下地层压力高于现有最高额定工作压力级别井控装置时，井控装置可按最大关井井口压力选用。

3.3.2　区域探井、高压及含硫油气井钻井施工，从技术套管固井后至完井，均应安装剪切闸板。

3.3.3 钻井队应按标准及设计配备便携式气体监测仪、正压式空气呼吸器、充气机、报警装置、备用气瓶等，并按标准安装固定式检测报警系统。

3.3.4 每次开钻及钻开主要油气层前，应向施工人员进行地质、工程和应急预案等井控措施交底，明确职责和分工。

3.3.5 新区第1口探井和高风险井应进行安全风险评估，落实评估建议及评审意见，降低井控风险。

3.3.6 “三高”油气井应确保3种有效点火方式，其中包括1套电子式自动点火装置。

3.4 钻开油气层应具备的条件

3.4.1 管理基本条件。加强随钻地层对比，及时提出可靠的地质预报；进入油气层前50~100米，按照设计下部井段最高泥浆密度值，对裸眼地层进行承压能力检验，确保井筒条件满足井控要求；开发井应安排专人检查邻近注水(气、汽)井停注和泄压情况。

3.4.2 应急基本条件。高含H_2S油气井钻开产层前，应组织井口500米内居民进行应急疏散演练，并撤离放喷口100米内居民。

3.4.3 井控基本条件。钻台应备好与防喷器闸板尺寸一致且能有效使用的防喷单根；“三高”油气井应对全套井控装置进行试压，并对防喷器液缸、闸板、控制部分作可靠性检查；对含硫油气井连续使用超过3个月，一般油气井连续使用超过12个月的闸板胶芯予以更换。

3.4.4 物资储备条件。认真落实压井液、加重剂、加重泥浆、堵漏材料和其他处理剂的储备数量；对于距离远、交通条件差和地面环境复杂的井应适当提高应急物资储备标准。

3.5 进入油气层主要井控措施

3.5.1 发现设计地层压力与实钻不符时应及时报告；变更泥浆设计须经批准；紧急情况可先处理、后补报。

3.5.2 按照要求进行低泵冲试验。起钻前应进行短程起下，确保油气上窜速度满足标准；下钻完毕应测油气后效。

3.5.3 起钻完毕应及时下钻，检修保养时井筒应有足够数量的钻具并加强坐岗观察。空井状况严禁检修保养。

3.5.4 发生卡钻需泡油、混油或因其他原因需降低井筒液柱压力时，应确保液柱压力不小于裸眼段地层最高压力。

3.5.5 在含硫油气层钻进，泥浆中应提前加入足量除硫剂，并保证pH值不小于9.5。

3.6 溢流和井漏处置及关井原则

3.6.1 发现溢流、井漏及油气显示异常应立即报告司钻，并做到溢流量$1m^3$报警、$2m^3$关井，确保快速控制井口。

3.6.2 发现泥浆气侵应及时排除，未经除气不得重新入井。对气侵泥浆加重应停止钻进，严禁边钻进边加重。

3.6.3 起下钻发生溢流时，应尽快抢接钻具止回阀或旋塞；条件允许时应抢下钻具，然后关井。关井后应及时求压和求取溢流量。

3.6.4 任何情况下关井，最大允许关井套压均应同时不超过井口装置额定工作压力、套管抗内压强度的80%和薄弱地层破裂压力。在允许关井套压值内严禁放喷。

3.6.5 气井关井后应采取措施，防止井口压力过高；空井关井后，应根据溢流严重程度，分别采取强行下钻分段压井法、置换法和压回法等措施进行处理。

3.6.6 压井施工作业应有详细设计，作业前进行技术交底、设备检查并落实岗位操作人员；压井结束后应认真整理压井作业单。

3.6.7　钻进中如发生井漏，应将方钻杆提出转盘以便观察，处理时遵守“先保持压力，后处理井漏”的原则。

3.7　井喷失控处理原则

3.7.1　采取相应措施保护井口装置，严防井喷着火和事故继续恶化。

3.7.2　立即启动应急预案并做好应急响应，同时上报上级主管单位(部门)及当地政府。

3.7.3　制定井喷及井喷失控应急抢险方案时，应同时考虑环境保护，防止发生次生环境事故。抢险方案每个步骤实施前，均应进行技术交底和模拟演习。

3.7.4　含 H_2S 油气井发生井喷失控，在人员生命受到严重威胁、撤离无望，且短时间内无法恢复井口控制时，应按照应急预案实施弃井点火。

3.8　下套管固井基本要求

3.8.1　下套管前应更换与套管外径一致的防喷器闸板芯子并试压合格。

3.8.2　下套管前应压稳地层，确保油气上窜速度小于 10m/h；固井前应确定井眼承压能力。

3.8.3　固井及候凝过程中应确保井筒液柱平衡地层压力。候凝时间未到，不得进行下一步工序作业。

3.8.4　固井和候凝期间应安排专人坐岗观察。

3.9　裸眼井中途测试基本要求

3.9.1　施工应有专项设计，设计中应有井控要求。

3.9.2　必须测双井径曲线，以确定坐封井段。

3.9.3　测试前应调整好泥浆性能，保证井壁稳定和井控安全。

3.9.4　测试阀打开后如有天然气喷出，应先点火后放喷。

3.9.5　测试完毕起封隔器前，如钻具内液柱已排空，应打开反循环阀，进行反循环压井方可起钻。

3.9.6　含硫气井中途测试前，应进行专项安全风险评估，符合测试条件应制定专项测试设计和应急预案。

3.9.7　含硫油气层测试应采用抗硫封隔器、抗硫油管和抗硫采气树。对“三高”油气井测试时，应准备充足的压井材料、设备和水源，以满足正反循环压井需要。

3.10　液相欠平衡钻井井控特殊要求

3.10.1　液相欠平衡钻井实施条件

3.10.1.1　对地层压力、温度、岩性、敏感性、流体特性、组分和产量基本清楚，且不含 H_2S 气体。

3.10.1.2　裸眼井宜选择压力单一地层，若地层存在多个压力系统，则各层压差值不应超过欠平衡钻井允许范围。

3.10.1.3　在主要目的层进行欠平衡钻井，上层套管下深及固井质量应能满足施工要求。

3.10.1.4　欠平衡钻井技术服务队伍应具备相应资质。

3.10.2　液相欠平衡钻井井控设计

3.10.2.1　井控设计以钻井地质设计提供的岩性剖面、岩性特征、地温梯度、油气藏类型、地层流体特性及邻井试油气等资料为依据，并纳入钻井工程设计中。

3.10.2.2　选择钻井方式和确定欠压值应综合考虑地层特性、孔隙压力、破裂压力、井壁稳定性、预计产量、地层流体及钻井流体特性，以及套管抗内压、抗外挤强度和地面设备处理能力等因素。

3.10.2.3　选择钻井井口、地面设备、钻具和井口工具应根据设计井深、预测地层压力、预计产量及设计欠压值等情况确定。

3.10.2.4　欠平衡钻井应安装并使用1套独立于常规节流管汇的专用节流管汇及专用液气分离器。

3.10.3　液相欠平衡钻井施工前期条件

3.10.3.1　成立现场施工领导小组，明确岗位、职责和权限。

3.10.3.2　组织落实施工作业准备、技术要求、作业交底、开工验收等事项；编写应急预案并进行演练。

3.10.3.3　对欠平衡钻井装备进行安装并试压合格；按标准和设计要求储备加重泥浆及处理材料、加重材料，并配齐消防、气防及安全防护器材。

3.10.3.4　配备综合录井仪，且监测设备应能满足实时监测、参数录取的要求。

3.10.4　液相欠平衡钻井施工作业

3.10.4.1　发现返出量明显增多或套压明显升高时，应在保证安全的前提下关井求压，并根据地层压力调整泥浆密度。

3.10.4.2　钻井队、录井队和欠平衡服务队值班人员应分工明确，实时观察并记录循环罐液面、钻井与泥浆参数、气测全烃值、返出量、火焰高度等变化，发现异常立即报告。

3.10.4.3　套压控制应以立管压力、循环液面和排气管出口火焰高度或喷出情况等为依据，综合分析，适时进行处理。

3.10.4.4　每次起钻前应对半封闸板防喷器进行关开检查；每次下钻前应对全封闸板防喷器进行关开检查。

3.10.4.5　钻柱至少应接2个止回阀，其中钻具底部至少接1个常闭式止回阀。每次下钻前，由专人负责检查确认钻具止回阀功能完好后方可入井。

3.10.4.6　钻进或起下钻具时，发现旋转防喷器(旋转控制头)失效时应紧急关井，视现场情况确定下一步施工措施。

3.10.5　进行液相欠平衡钻井时，如发现返出气体中含 H_2S，钻具内防喷工具失效，设备无法满足工艺要求或地层溢出流体过多等情况时，应立即终止欠平衡钻井作业。

3.11　气体钻井井控特殊要求

3.11.1　气体钻井施工基本条件

3.11.1.1　地层压力剖面和岩性剖面清楚，井身结构合理，裸眼井段井壁稳定。

3.11.1.2　地层出水量不影响井壁稳定和气体钻井工艺实施，且所钻地层不含 H_2S 气体。

3.11.1.3　实施空气钻井井段返出气体中全烃含量小于3%；实施氮气钻井井段天然气出气无阻流量在 $8\times10^4m^3/d$ 以下。

3.11.1.4　实施气体钻井的专业队伍应具有相应资质。

3.11.2　气体钻井井控设计特殊要求

气体钻井井控设计应纳入钻井工程设计中，至少包括：分层地层压力系数、地表温度和地温梯度；准确预告所钻井段油、气、水层和预测产量，并提供地层流体组分和性质；气体流量设计；气体钻井井控设备配备及安装使用；燃爆检测系统、气防器具和消防器材配备及安装使用；异常情况应急措施等。

3.11.3　气体钻井准备及施工特殊要求

3.11.3.1　按照标准和设计要求安装好井控装置、气体钻井设备及监测仪器设备，配齐消防、气防及安全防护器材，并按要求储备泥浆及处理材料、加重材料。

3.11.3.2　施工作业前应由气体钻井工程师、地质工程师和井队工程师对全体施工作业人员进行作业交底，并组织进行施工前检查验收。

3.11.3.3　编制气体钻井专项应急预案，并组织培训和演练。

3.11.3.4　在钻柱底部(钻头之上)至少安装1只钻具止回阀。

3.11.3.5　实施气体钻前应关闭内防喷管线靠近四通的平板阀，且每趟钻活动1次；每趟钻至少应用喷射接头冲洗1次防喷器；每次下完钻应在钻杆顶部接1只可泄压止回阀。

3.11.4　气体钻井终止条件

3.11.4.1　全烃含量连续大于3%或井下连续发生2次燃爆，应立即停止空气钻井并转换为其他钻井；天然气出气无阻流量超过$8\times10^4\ m^3/d$，应立即停止氮气钻井并转换为常规钻进。

3.11.4.2　钻遇地层出油，应立即停止并转换为其他钻井方式。

3.11.4.3　钻井过程发现返出气体含有H_2S，应立即停止气体钻井并转换为常规钻井。

3.11.4.4　大风天气且风向使排砂口处于井场上风方向并危及井场安全时，应立即停止气体钻井。

4. 录井井控管理要求

4.1　录井队应结合钻井队应急预案编制防井喷、防H_2S应急预案，并参加联合应急演练。

4.2　在含H_2S区域或新探区录井作业时，应按标准安装固定式气体检测报警系统及声光报警系统，配备便携式气体检测仪、正压式空气呼吸器。

4.3　综合录井仪应能为现场监督和司钻提供终端显示及井场通讯系统。

4.4　现场录井人员应加强地质分析，在钻开油气层前向井队提出预告。钻开油气层后，每次起下钻均应进行后效录井，测量油气上窜速度等。

4.5　发现有油气或H_2S显示，应先向当班司钻报告，同时向现场监督、值班干部报告。

4.6　钻井队在起下钻、检修设备、电测等非钻进过程中，录井人员应坚持坐岗观察，发现溢流应及时通知当班司钻，并提供井控相关资料。

4.7　若发生井喷或H_2S浓度超标，应按井队应急预案统一行动。

5. 测井井控管理要求

5.1　“三高”油气井及重点探井测井前，应与钻井队、录井队制定联合应急预案，并组织联合演练。

5.2　“三高”油气井及重点探井测井应有测井施工设计，并按规定程序审批、签字。

5.3　测井车辆应停放在井架大门前，且距离井口25米以上。

5.4　测井队应在施工前组织召开由钻井队、地质录井队参加的施工交底会，通报井眼状况、油气上窜速度、测井安全施工时间等，明确配合事项，确保安全施工。

5.5　在含 H_2S 井测井时，入井仪器、电缆应具有良好的抗硫性能；现场至少应配备空气呼吸器和便携式 H_2S 检测仪各 3 套。

5.6　施工中应严格控制电缆起下速度，钻井队应有专人观察井口，并及时灌满泥浆。钻台上应备有 1 根带回压阀且与防喷器闸板尺寸相符的钻杆，以备封井使用。如发生溢流，应服从钻井队指挥。

5.7　测井前应进行通井循环，保证井眼通畅、泥浆性能稳定和压稳油气水层。测井作业应在井筒安全时间内进行，超出安全时间应通井循环。

5.8　测井过程中发生溢流，应首先考虑切断电缆并按空井溢流进行处理。

5.9　带压测井应使用专用电缆防喷器，并安装防喷管，测井仪器长度应小于防喷管长度；带压测井防喷装置压力级别应满足井口控制压力要求；带压测井要有专人观察记录套压，发现异常及时报告。

6. 试油(气)与井下作业井控管理要求

6.1　试油(气)与井下作业施工应有地质设计、工程设计和施工设计，设计应包括井控和 H_2S 防护内容，长停井作业井控措施应充分考虑区域地质特点和该井现状。

6.2　井场设备就位与安装应符合有关规定，道路及井场布置能满足突发情况下的应急需要。

6.3　在含 H_2S 区域进行试油(气)与井下作业施工时，应按规定配备气防设施。

6.4　井控装置安装要求

6.4.1　试油(气)与井下作业应安装井控装置，气井、高气油比井和“三高”油气井应安装液压井控装置，压力等级原则上应同时不小于施工层位目前最高地层压力和套管抗内压强度的额定工作压力。

6.4.2　当井下地层压力高于现有最高额定工作压力级别时，井控装置可按最大关井井口压力选用。

6.4.3　井控装置组合方式由企业根据标准选择，高含 H_2S 油气井应安装剪切闸板。

6.4.4　井筒存在多种规格管柱组合时，防喷器通径应能满足不同外径管柱的井控要求，内防喷工具应配有相应的转换接头，并能迅速完成连接。

6.5　电缆射孔应安装全封闸板防喷器、电缆防喷器、放喷管线和压井管线，并有专人观察井口和放喷管线出口，发生溢流时应迅速关井。

6.6　气井与气层不应进行抽汲作业。

6.7　连续油管作业时，应安装连续油管防喷器组；含气抽油井进行起下抽油杆作业时，应安装抽油杆防喷器。

6.8　存在管柱上顶潜在风险井进行起下作业时，应制定防止井内管柱顶出措施。起管柱过程中，应向井内及时补充压井液，并保持井筒液柱压力。

6.9　采取不压井作业应使用专用设备并安装液控防喷装置。井口控制装置应固定牢靠并有防顶(飞)出措施，同时现场储备井筒容积 1.5 倍的压井液。

6.10　不连续作业时，应关闭井控装置。

6.11　进行抽汲、气举、泡排、连续油管、替喷、酸化压裂、钻磨、冲砂、测试等作业，应执行相关井控要求。

6.12 试油(气)与井下作业施工时，拆卸采油(气)树部件要清洗、保养备用，严禁使用闸板阀控制放喷或将防喷器作采油树使用。

6.13 含 H_2S 油气井作业应制定应急预案，并报当地政府审查备案，同时将 H_2S 气体及危害、安全事项、撤离程序等告知1.5公里范围内人员。

6.14 当2支以上队伍联合作业时，责任主体队伍应与配合(协助)队伍在施工前相互进行施工交底，交底内容至少包括设计、现状、操作程序、防范措施、应急预案等，并由责任主体队伍组织联合演练。

6.15 在已开发油气区进行试油(气)与井下作业时，井口安全距离如未达到标准要求，应由油田企业主管部门进行安全评估、环境评估，并按评估意见处置。

6.16 利用井下作业设备进行钻井(含侧钻和加深钻井)时，应执行钻井井控标准。

7. 油气生产井井控管理要求

7.1 采油(气)井、注入井应根据压力等级、流体特性选择相应的井下和地面井控装置，并定期进行检测。

7.2 “三高”气井应安装井口安全控制系统；含 H_2S 井场应安装固定式 H_2S 检测仪和防爆排风扇等，并配备足够数量的气防器具。

7.3 采油井在开关井作业前应做好检查和准备工作，并按操作规程实施开关井作业。气井、“三高”油气井开井前应编制施工方案，方案中应包括井控内容。

7.4 采油(气)井在生产过程中，应严格执行生产管理制度，及时开展生产动态监测和分析；含 H_2S、CO_2 等酸性气体的采气井，应按照工艺设计要求采取防腐、防垢、防水合物等工艺措施。

7.5 出砂气井应采取防砂、控砂措施，并制定针型阀、油嘴等节流装置冲蚀情况检查检测制度。

7.6 “三高”油气井管汇台和井口装置应定期进行配件完整性、灵活性、密封性及腐蚀状况等专项检查和维修保养，并做好记录。

7.7 采油(气)井进行清蜡、洗井、气举诱喷等作业和试井作业施工前，应提前预测压力变化，并下达施工设计，其内容包含井控安全及防井喷措施。

8. 长停井与废弃井井控管理要求

8.1 长停井应保持井口装置完整，并建立巡检、报告制度；“三高”油气井应根据停产原因和停产时间，采取可靠的井控措施。

8.2 废弃井封堵施工作业应有施工设计，并按程序进行审批。作业前应进行压井，压稳后方可进行其他作业。

8.3 采油及注入井废弃时，井口套管接头应露出地面，并用厚度不低于5毫米的圆形钢板焊牢，钢板面上应用焊痕标注井号和封堵日期。气井及含气油井废弃时应安装简易井口，装压力表，盖井口房。

8.4 已完成封堵的废弃井每年至少巡检1次，并记录巡井资料；“三高”油气井封堵废弃后应加密巡检。

参考文献

[1]《钻井手册(甲方)》编写组．钻井手册(甲方)[M]．北京：石油工业出版社，1990.

[2]黄国志．钻井司钻[M]．北京：石油工业出版社，1993.

[3]孙振纯，夏月泉，徐明辉．井控技术[M]．北京：石油工业出版社，1997.

[4]张桂林．石油作业井控技术[M]．东营：石油大学出版社，2003.

[5][美]罗伯特·D. 格蕾斯．井喷与井控手册[M]．高振果等，译．北京：石油工业出版社，2006.

[6]蒋希文．钻井事故与复杂问题[M]．北京：石油工业出版社，2001.

[7]集团公司井控培训教材编写组．中国石油化工集团公司井控培训教材：钻井井控工艺技术[M]．东营：中国石油大学出版社，2008.

[8]集团公司井控培训教材编写组．中国石油化工集团公司井控培训教材：钻井井控设备[M]．东营：中国石油大学出版社，2008.

[9]孙振纯，王守谦，徐明辉．井控设备[M]．北京：石油工业出版社，1997.

[10]长城钻探井控培训中心，辽河油田井控培训中心编．钻井井控技术与设备[M]．北京：石油工业出版社，2012.

[11]赵金州，张桂林．钻井工程技术手册[M]．北京：中国石化出版社，2005.

[12]孔孝真．实用井控手册[M]．北京：石油工业出版社，2013.

参考文献

[illegible]